建筑与市政工程施工现[illegible]材

机械员通用与基础知识

本书编委会 编

中国建材工业出版社

图书在版编目(CIP)数据

机械员通用与基础知识 /《机械员通用与基础知识》编委会编. —— 北京 : 中国建材工业出版社, 2016.10(2019.12 重印)

建筑与市政工程施工现场专业人员职业培训教材

ISBN 978-7-5160-1697-8

Ⅰ. ①机… Ⅱ. ①机… Ⅲ. ①建筑机械—职业培训—教材 Ⅳ. ①TU6

中国版本图书馆 CIP 数据核字(2016)第 243164 号

机械员通用与基础知识

本书编委会 编

出版发行:中国建材工业出版社

地　址:北京市海淀区三里河路 1 号

邮　编:100044

经　销:全国各地新华书店

印　刷:北京雁林吉兆印刷有限公司

开　本:787mm×1092mm　1/16

印　张:13

字　数:280 千字

版　次:2016 年 10 月第 1 版

印　次:2019 年 12 月第 3 次

定　价:40.00 元

本社网址:www.jccbs.com　微信公众号:zgjcgycbs

《建筑与市政工程施工现场专业人员职业培训教材》

编审委员会

前　言

随着工程建设的不断发展和建筑科技的进步，国家及行业对于工程质量安全的严格要求，对于工程技术人员岗位职业技能要求也不断提高，为了更好地贯彻落实《建筑与市政工程施工现场专业人员职业标准》(JGJ/T 250—2011)和2015年最新颁布的《建筑业企业资质管理规定》对于工程建设专业技术人员素质与专业技能要求，全面提升工程技术人员队伍管理和技术水平，促进建设科技的工程应用，完善和提高工程建设现代化管理水平，我们组织编写了这套《建筑与市政工程施工现场专业人员职业培训教材》。本丛书旨在从岗前考核培训到实际工程现场施工应用中，为工程专业技术人员提供全面、系统、最新的专业技术与管理知识，满足现场施工实际工作需要。

本丛书主要依据现场施工中各专业岗位的实际工作内容和具体需要，按照职业标准要求，针对各岗位工作职责、专业知识、专业技能等知识内容，遵循易学、易懂、能现场应用的原则，划分知识单元、知识讲座，这样既便于上岗前培训学习时使用，也方便日常工作中查询、了解和掌握相关知识，做到理论结合实践。本丛书以不断加强和提升工程技术人员职业素养为前提，深入贯彻国家、行业和地方现行工程技术标准、规范、规程及法规文件要求；以突出工程技术人员施工现场岗位管理工作为重点，满足技术管理需要和实际施工应用，力求做到岗位管理知识及专业技术知识的系统性、完整性、先进性和实用性相统一。

本丛书内容丰富、全面、实用，技术先进，适合作为建筑与市政工程施工现场专业人员岗前培训教材，也是建筑与市政工程施工现场专业人员必备的技术参考书。

由于时间仓促和能力有限，本书难免有谬误之处和不完善的地方，敬请读者批评指正，以期通过不断修订与完善，使本丛书能真正成为工程技术人员岗位工作的必备助手。

编委会

2016年10月

CONTENTS 目录

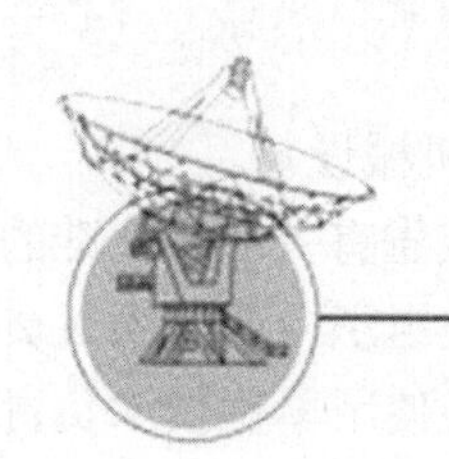

第1部分

施工机械管理知识

第1单元　施工机械管理任务与制度

第1讲　施工机械管理工作体制及内容

一、施工机械管理体制

施工项目机械设备管理是指项目经理部针对所承担的施工项目，运用科学方法优化选择和配备施工机械设备，并在生产过程中合理使用，进行维修保养等各项管理工作。

项目经理部应设置相应的设备管理机构和配备专、兼职的设备管理人员。设备出租单位也应派驻设备管理人员和设备维修人员，配合施工项目总承包企业加强对施工现场机械设备的管理，确保机械设备的正常运行。项目经理部的主要任务是编制机械设备使用计划，报企业审批。负责对进入现场的机械设备（机械施工分包人的机械设备除外）做好使用中的管理、维护和保养。

施工机械设备的管理体制的建立，必须着眼于建筑施工企业的技术、经济效果，在装备机械设备的同时，还应大力发展建筑机械设备的租赁业务。工程项目施工，应根据施工机械的购置（租赁）、使用、维修保养等不同环节工作要求，建立完善施工机械管理体制：

1.购置（租赁）

（1）进入工地的机械必须是正规厂家生产，必须具有生产许可证、出厂合格证。

（2）严禁购置和租赁国家明令淘汰的，规定不准再使用的机械设备。

（3）严禁购置和租赁经检验达不到安全技术标准规定的机械设备。

（4）严禁租赁存在严重事故隐患，没有改造或维修价值的机械设备。

2.安装（拆除）

（1）机械设备已经国家或省有关部门核准的检验检测机构检验合格，并通过了国家或省有关主管部门组织的产品技术鉴定。

（2）不得安装属于国家、本省明令淘汰或限制使用的机械设备。

（3）建筑施工企业采购的二手机械设备，必须有国家或省有关部门核准的机械检验检测单位出具的质量安全技术检测报告，并由使用单位组织专业技术人员对机械设备的技术性能和质量进行验收，符合安全使用条件，经使用单位技术负责人签字同意。

（4）各种机械设备应具备下列技术文件。

1）机械设备安装、拆卸及试验图示程序和详细说明书。

2）各安全保险装置及限位装置调试说明书。

3）维修保养及运输说明书。

4）安装操作规程。

5）生产许可证（国家已经实行生产许可的起重机械设备）、产品鉴定证书、合格证书。

6）配件及配套工具目录。

7）其他注意事项。

（5）从事机械设备安装、拆除的单位，应依法取得建设行政主管部门颁发的相应等级的资质证书和安全资格证书后，方可在资质证书等级许可的范围内从事机械设备安装、拆除活动。

（6）机械设备安装、拆除单位，应当依照机械设备安全技术规范及本条的要求进行安装、拆除活动，机械设备安装单位对其安装的机械设备的安装质量负责。

（7）从事机械设备安装、拆除的作业人员及管理人员，应当经建设行政主管部门考核合格，取得国家统一格式的建筑机械设备作业人员岗位证书，方可从事相应的作业或管理工作。

3.验收检测

（1）机械设备安装单位必须建立如下机械设备安装工程资料档案，并在验收后30日内将有关技术资料移交使用单位，使用单位应将其存入机械设备的安全技术档案。

1）合同或任务书。

2）机械设备的安装及验收资料。

3）机械设备的专项施工方案和技术措施。

（2）机械设备安装后能正常使用，符合有关规定和使用等技术要求。

4.使用

（1）机械设备操作人员，必须持证上岗。

（2）操作必须严格执行机械技术操作规程和技术交底要求。

（3）非机具工操作要追查责任者，并按公司规定处理。

5.保养

（1）定期保养的目的。机械设备正确合理的使用和精心及时的维修保养，其目的在于保证设备的正常运转、延长机械设备的使用寿命，防止不应有的损坏和不应有的机械事故。

（2）保养作业项目。清洁、润滑、调整、紧固、防腐等。

6.维修改造

（1）小修的工作内容，主要是针对日常定期检查发现的问题，部分拆卸零部件进行检查、修整、更换或简单修复磨损件，同时通过检查、调整、紧固机件等技术手段，恢复设备的性能。

（2）项修是根据设备的实际技术状态，对状态劣化已达不到生产工艺要求的项目，按实际需要而进行的针对性的修理，项修时一般要进行部分拆卸、检查、更换或修复失效的零件，必要时对基准件进行局部修理和校正，从而恢复所修复部分的性能和精度，以保证机械在整个大修间隔内有良好的技术状况和正常的工作性能。

（3）大修是机械在寿命期内周期性的彻底检查和恢复性修理。大修时，对设备的全部或大部分部件解体，修复基准件，更换或修复全部不适用的零件，修理设备的电气系统，修理设备的附件以及翻新外观等，从而达到全面消除修前存在的缺陷，恢复设备的规定技术性能和精度。

7.报废

设备不能大修时或没有修理的价值时应报废。

二、项目施工机械设备管理主要内容

1.贯彻落实国家、当地政府、企业有关施工企业机械设备管理的方针、政策和法规、条例、规定，制定适应本工程项目的设备管理制度；

2.按照施工组织设计做好机械设备的选型工作；

3.对设备租赁单位进行考察

4.签订租赁合同，并组织实施，组织设备进场与退场；

5.对进场的机械设备认真做好验收工作，做好验收记录，建立现场设备台账；

6.坚持对施工现场所使用的机械设备日巡查、周检查、月专业大检查制度，及时组织对设备维修保养，杜绝设备带病运转；

7.做好设备使用安全技术交底，监督操作者按设备操作规程操作，设备操作者必须经过相应的技术培训，考试合格，取得相应设备操作证方可上操作；

8.负责制定机械管理制度、掌握机械数量、发布和安全技术状况。

9.负责机械准入和有关人员准入确认审查，留取检查表和登记造册。

10.参与重要机械安拆、吊装、改造、维修等作业指导书、防范措施的制定审查等，并留存复印件。

11.负责或参与机械危害辨识和应急预案的编制和演练。

12.负责机械使用控制和巡检、月检、专项检查、评价、评比和奖罚考核及整改复查验收等。

13.负责或参与机械事故、未遂事故的调查处理、报告。

14.负责各种资料、记录收集、整理、存档及机械统计表报工作。

15.负责完成上级和企业考核要求。

第 2 讲　施工机械管理岗位责任

一、施工机械管理责任制

在建筑施工企业和建筑施工项目中，对机械设备管理负有责任的人员是：企业的经理、企业分管机械设备的领导、项目经理、施工现场负责人、各级机械技术负责人和各级机械管理部门负责人等。各级机械管理的负责人应该由具备全面机械管理知识的技术人员担任。

1.机械设备管理负责人的主要职责

机械设备管理负责人的主要职责有如下几点。

（1）对所属单位的机械管理工作进行组织、技术和业务的指导，领导并完成本部门职责范围内的各项工作。

（2）贯彻执行机械管理各项规章制度，根据本单位情况制定实施细则，检查各项规章制度的执行情况。

（3）负责组织所属单位管好、用好机械设备，监督机械设备的合理使用、安全生产，组织机械事故的分析和处理。

（4）负责推行“红旗设备”竞赛和同行业业务竞赛活动，组织检查评比，促进机械设备管理工作的全面提高。

（5）组织贯彻机械维修制度，审查维修计划，帮助维修单位提高技术水平。

（6）审查机械统计报表，组织统计分析、掌握机械设备全面情况，解决存在的问题。

（7）组织机械租赁和经济承包，推行单机经济核算，保证完成各项技术经济指标。

（8）负责会同有关部门做好机械管理的横向联系和协同配合工作。

（9）及时、定期向主管领导汇报机械管理和维修工作情况，提出改进工作的方案和建议。

（10）经常深入基层调查研究，组织互相学习和交流经验，不断提高机械管理水平。

2.一般机械管理人员守则

对于一般机械管理人员，应在本单位主管领导、项目经理和部门负责人的领导下，根据分工，制定岗位责任制，并应遵守以下守则。

（1）模范地遵守并贯彻执行国家和上级有关机械管理的方针、政策和规章制度。

（2）努力学习机械管理专业知识，不断提高技术业务水平。

（3）认真执行岗位责任制，做好本职工作。

（4）面向基层，为施工生产服务，切实解决机械管理、使用、维修中的问题。

（5）加强调查研究，如实反映情况，敢于纠正违反机械管理规定等的错误。

3.机械设备群众管理的主要形式

一切机械设备都要靠人去操作和维修，操作人员和维修人员对机械的情况最为熟悉，管好、用好机械设备的规定和措施也必须通过他们来具体体现。因此，必须发挥群众管理的作用，使各项机械管理工作有广泛的群众基础，才能使机械设备管好、用好，并使其完好状态得到充分保证。其主要形式有：

（1）建立定人、定机、定岗位责任的“三定”制度，把每台机械设备、每项机械管理工作具体落实到人。

（2）建立以工人为主的机械检查组，负责机械日常状况的检查，监督力保执行并负责修、保机械的验收工作，必要时可协同处理管理工作中的重大问题。

（3）在作业班组设立由经验丰富的工人担任兼职机械员，协同专职机械员做好机械管理工作。

（4）开展“红旗设备”竞赛和各种爱机活动，通过激励调动群众管理机械设备的积极性。

二、施工机械操作、维修岗位素质要求

1.机械操作人员岗位工作素质要求

专业职能人员一般应具有高中以上文化水平，经过岗位职务培训，达到中专专修班水平，考核合格取得岗位职务合格证书。

（1）应具备的知识：

1）基础知识。

①懂得施工机械的名称、型号、规格、性能、用途以及施工生产中的合理配套要求。

②懂得机械基础、电工基础、流体力学、液压传动、机械制图、公差配合以及与机械有关的各项技术标准的基本知识。

③懂得安全生产知识。

④掌握一门外语的基本知识。

2）专业知识。

①熟知本企业机械管理的基本制度、业务范围、岗位职责的内容和标准。

②熟知本企业机械管理组织概况和机械的配备、分布情况。

③懂得现代设备管理的理论、内容和方法，能按照综合管理要求对机械实施全过程管理。

④懂得机械技术经济指标的种类、含义、应用范围及其考核方法。

⑤懂得机械固定资产分类、编号以及机械折旧、更新、改造等机械投资基本知识。

⑥懂得计划检修和预防维修制度的原理及其特点。

⑦懂得选定重点机械的方法及其管理内容。

⑧懂得在机械维修中应用状态监测和诊断技术的一般原理和方法。

⑨懂得信息管理中各项原始记录、资料的内容和要求以及信息传递、反馈路线。

⑩懂得目标管理、系统管理、价值工程、网络技术等现代管理方法，以及计算机在机械管理工作中的应用等。

⑪机械前期（经营）管理员应具备的专业知识：

a.懂得机械综合管理的基本内容和要求、机械管理全过程中各环节的联系以及机械寿命周期费用、机械投资效益计算等基本知识；

b.懂得机械施工的合理配套组合，机械选择及生产率的计算方法；

c.懂得机械前期管理（规划、投资、引进、更新、改造等）的政策和法规，包括装备政策、改造政策、能源政策、环境保护和安全法规、经济合同法、专利法、订货合同条款和结算办法、技术引进和外贸政策以及索赔规定等；

d.掌握机械商品的市场供求情况，生产厂的产品质量、售后服务等情况，了解市场学、采购学的基本知识；

e.掌握与机械有关的技术经济信息管理知识、数据处理知识、系统工程和价值工程在机械管理中的应用等；

f.懂得机械的质量控制和检测方法，以及可靠性、维修性的基本知识。

⑫机械资产管理员应具备的专业知识：

a.了解机械管理的基本知识，掌握机械的分类管理范围，生产能力核算，固定资产管理等要求；

b.懂得统计的基本理论和方法，掌握机械统计的任务、内容、统计指标体系的含义、计算方法、资料来源及其与相关指标之间的关系；

c.懂得与机械管理有关的原始记录、统计台账、统计报表的设计与使用，工作程序及信息传递路线，统计分析方法；

d.掌握机械完好、利用、维修等方面的考核指标，以及本企业历史最高水平和国内外同行业的先进水平。

⑬机械状态管理员（工程师）应具备的专业知识：

a.懂得设备综合工程学、全员生产维修、后勤工程学等现代设备管理的理论、内容以及国内外机械管理的发展动态；

b.懂得机械结构、性能、使用要求、完好标准，以及维护保养的目的、内容和要求，有关维护保养的技术规程和质量管理等；

c.熟悉机械状态的检测重点、内容和性能的检测方法及标准；

d.懂得机械状态监测及诊断技术的原理、方法和手段（包括振动、温度、噪声、油况、泄漏、绝缘、静动态精度的检测方法）；

e.懂得机械磨损规律和润滑管理的要求，各种油液的规格、性能及使用要求等。

（2）应具备的能力

1）能贯彻执行国家和上级有关机械管理的方针、政策和法规。

2）能参与拟定机械管理制度和工作程序。

3）能设计机械管理必需的原始凭证和报表，并能搜集、整理、分析、积累有关数据和资料。

4）能计算、分析、评价机械管理的技术经济指标。

5）能指导现场正确使用和管理机械，对存在问题能提出改进措施和建议。

6）能组织机械操作和维修人员的技术培训和考核发证。

7）能编制与机械管理有关的简单计算机程序，并能上机操作。

8）机械前期（经营）管理员应具备的能力：

①能拟定机械前期管理制度、工作程序，编制机械订货计划，搜集机械货源信息，掌握机械生产厂的生产品种和质量情况，提出机械选型调查报告；

②能提供机械投资规划的方案意见，运用适当的方法进行机械投资的可行性和技术经济论证，提出机械选型方案；

③能参与机械订货谈判，签订能保证机械的质量和性能、价格合理并获得优质服务的订货合同，以及组织机械的运输、验收、处理索赔等工作；

④能通过调查研究，综合分析有关机械选型、采购、市场情况、价格、质量等机械前期管理方面的经营管理问题，并能提出相应的措施和对策；

⑤能运用现代管理方法，不断改进机械选型、订货、采购等业务工作。

9）机械资产管理员应具备的能力：

①能划分机械分类和管理范围，完整地建立机械台账和单机卡片，按时填登动态，保证账、卡、物一致。

②能按机械资产管理要求，处理机械验收移交、内部转移、封存启封、调拨、租用、报废等业务工作，做好机械库的管理工作；

③建立机械信息管理系统，准确、及时全面地编制机械统计报表，反映机械管理、使用、维修各种基本情况；

④能熟练地计算机械各项技术经济指标，组织分析考核；

⑤能进行资料积累，对机械资料进行搜集、整理和分析，及时反映机械构成、役龄、技术状况、利用程度、生产效率等，及时提出改进工作的建议；

⑥能建立主要机械的技术档案，做到档案完整、正确，符合档案管理要求；

⑦能使用计算机进行机械资产管理，编制统计报表，并能用图示管理方法，绘制机械各种数据和曲线或排列图；

⑧能指导和解答机械资产管理和统计方面的业务技术问题。

10）机械状态管理员（工程师）应具备的能力：

①能确定机械分类，划分重点设备，编制各类机械的维护保养规程，拟定机械各级检查内容及标准；

②能组织机械使用、维护和完好状态的检查评比工作；

③会判断机械状态，能使用常用的检测工具和诊断仪器，能参与机械故障或事故的分析；能处理现场机械故障诊断和检测的技术问题；

④能编制和整理、分析机械状态管理和维护保养的各项文件和资料（包括机械点检卡、各级维护保养记录、检测标准和检测周期），应用图示管理的方法，绘制各种图表；

⑤能全面掌握机械技术状况的动态，进行调查研究，不断发现问题，及时提出改进措施和建议；

⑥能指导机械使用、操作人员正确使用和操作，及时纠正不合理使用或违章操作现象。

2.机械维修人员岗位工作素质要求

操作维修人员一般应具有高中以上文化水平，经过岗位职务培训，达到中专专修班水平，考核合格取得岗位职务合格证书。

（1）应具备的知识。

1）基础知识。

操作维修人员应具备的基础知识要求与主管人员大体相同，具体可参考上述 1.（1）中的要求。

2）专业知识。

①机械修理管理员（工程师）应具备的专业知识：

a.熟悉机械各种修理方法的特点、要求和适用范围；机械大修周期以及送修标志；

b.熟悉机械修理计划的基本任务和系统管理方法以及计划编制方法和要求；

c.熟知滚动计划和网络计划的特点、编制方法与应用；

d.懂得机械修理的工艺过程、质量检查、竣工检验的基本要求；

e.了解机械故障的检查、诊断方法和对故障的分析与控制的知识；

f.熟悉机械修理的技术经济定额和指标，懂得修理费用的核算和分析。

②配件技术管理员（工程师）应具备的专业知识：

a.懂得库存管理的基本概念、目的、控制方法，以及 ABC 管理法的原理和做法；

b.熟悉配件管理工作的内容和基本要求；

c.懂得机械构造、零部件的装配要求和磨损规律以及零部件质量的检测方法；

d.熟悉本企业机械种类、型号、规格、性能、拥有量、结构特点及其易损的关键零部件与消耗情况；

e.懂得各种材料的性能、用途及各种零件修复工艺在机械修理中的应用；

f.掌握常用配件的消耗规律，懂得配件的互换和改、代方法；

9.熟悉本地区配件供求情况及配件供应、协作渠道。

（2）应具备的能力

1）能贯彻执行国家和上级有关机械管理的方针、政策和法规。

2）能参与拟定机械管理制度和工作程序。

3）能设计机械管理必需的原始凭证和报表，并能搜集、整理、分析、积累有关数据和资料。

4）能计算、分析、评价机械管理的技术经济指标。

5）能指导现场正确使用和管理机械，对存在问题能提出改进措施和建议。

6）能组织机械操作和维修人员的技术培训和考核发证。

7）能编制与机械管理有关的简单计算机程序，并能上机操作。

8）机械修理管理员（工程师）应具备的能力：

①能编制各种机械修理计划，进行平衡、协调，按时检查并实施；

②能拟订机械修理计划的工作程序、管理制度、绘制工作流程图，能制定计划修理用的各种表式及收集、整理、分析、积累、贮存和反馈与修理计划有关的数据

资料；

③会运用滚动计划进行计划调整，会应用网络计划技术控制修理进度，并能对较大的机械修理或改造项目进行时间与资源的优化管理；

④能协助主管建立机械维修体系，选择机械维修方式，善于发现机械维修中的问题，提出改进维修管理的意见和措施；

⑤能对机械修理计划的实施进行技术指导和解决修理中的技术问题；能组织机械修前鉴定和修后验收工作；

⑥能熟练地运用各种计算技术与方法，能估算、核算、分析、评价机械维修费用和各项技术经济指标。

9）配件技术管理员（工程师）应具备的能力：

①能拟定配件管理工作程序，编制各类配件管理基础表卡，以及收集、整理配件目录、图册等资料；

②能经济合理地确定配件储备的原则、品种、方式、定额和最佳储备量，预测配件的需要和费用；

③能根据机械维修需要和配件消耗规律，编制配件采购、自制计划，组织配件采购和自制工作，并提出自制配件的图纸和质量要求；

④能参与关键配件更换鉴定，对回收的旧件根据技术状况提出修复利用意见；

⑤能进行调查研究，综合分析配件供需中的主要问题，并提出对策；

⑥善于发现配件管理工作中的薄弱环节，并予以改进。能应用现代管理方法不断提高配件管理工作；

⑦能领导配件库做好配件保管、保养工作。

三、施工项目机械设备管理制度

施工项目要根据企业的设备管理制度，建立健全项目的机械设备管理制度。一般项目应建立健全以下设备管理制度：

1.项目机械设备管理的岗位责任制制度；

2.设备使用前验收制度；

3.设备使用保养与维护制度；

4.操作人员培训教育持证上岗制度；

5.多班作业交叉接班制度；

6.设备安全管理制度；

7.设备使用检查制度；

8.设备修理制度；

9.设备租赁管理制度。

四、施工机械使用管理制度

在工程项目施工过程中，要合理使用机械设备，严格遵守项目的机械设备使用管理规定。

1.“三定”制度

“三定”制度是指主要机械在使用中实行定人、定机、定岗位责任的制度。

（1）每台机械的专门操作人员必须经过培训和考试，获得“操作合格证”之后才能操作相关的设备。

（2）单人操作的机械，实行专机专责；多人操作的机械应组成机组，实行机组长领导下的分工负责制。

（3）机械操作人员选定后应报项目机械管理部门审核备案并任命，不得轻易更换。

2.交接班制度

在采用多班制作业，多人操作机械时，要执行交接班制度。

（1）交接工作完成情况。

（2）交接机械运转情况。

（3）交接备用料具、工具和附件。

（4）填写本班的机械运行记录。

（5）交接应形成交接记录，由交接双方签字确认。

（6）项目机械管理部门及时检查交接情况。

3.安全交底制度

严格实行安全交底制度，使操作人员对施工要求、场地环境、气候等安全生产要素有详细的了解，确保机械使用的安全。

各种机械设备使用安全技术交底书应由项目机械管理人员交与机械承租单位现场负责人，再由机械承租单位现场负责人交与机械操作人签字，签字后安全交底记录返给项目机械管理人员一份备案存档管理。

4.技术培训制度

通过进场培训和定期的过程培训，使操作人员做到“四懂三会”，即懂机械原理、懂机械构造、懂机械性能、懂机械用途，会操作、会维修、会排除故障；使维修人员做到“三懂四会”，即懂技术要求、懂质量标准、懂验收规范，会拆检、会组装、会调试、会鉴定。

5.检查制度

项目应制定机械使用前和使用过程中的检查制度。检查的内容包括：

（1）各项规章制度的贯彻执行情况。

（2）机械的正确操作情况。

（3）机械设施的完整及受损情况。

（4）机械设备的技术与运行状况，维修及保养情况。

（5）各种原始记录、报表、培训记录、交底记录、档案等机械管理资料的完整情况。

6.操作证制度

（1）施工机械操作人员须经过技术考核合格并取得操作证后，方可独立操作该机械。

（2）审核操作的每年度的审验情况，避免操作证过期和有不良记录的操作人员上岗。

（3）机械操作人员应随身携带操作证备查。

（4）严禁无证操作。

第 2 单元 施工机械的选择与进场验收

第 1 讲 施工项目机械设备的选择

工程施工机械的种类、型号、规格很多，各自又有独特的技术性能和作业范围。为了保证工程项目的施工质量，按时完成施工任务，并获得最佳的技术经济效益，根据项目具体施工条件，对施工机械进行合理选择和组合，使其发挥最大效能是施工项目机械管理的重要内容。

一、施工项目机械设备选择的依据

1.工程特点

根据工程的平面分布、占地面积、长度、宽度、高度、结构形式等来确定设备选型。

2.工程量

充分考虑建设工程需要加工运输的工程量大小，决定选用的设备型号。

3.工期要求

根据工期的要求，计算日加工运输工作量，确定所需设备的技术参数与数量。

4.施工项目的施工条件

主要是现场的道路条件、周边环境与建筑物条件、现场平面布置条件等。

二、施工机械选择的原则

1.适应性

施工机械与建设项目的具体实际相适应，即施工机械要适应建设项目的施工条件和作业内容。施工机械的工作容量、生产率等要与工程进度及工程量相符合，尽量避免因施工机械的作业能力不足而延误工期，或因作业能力过大而使施工机械利用率降低。

2.高效性

通过对机械功率、技术参数的分析研究，在与项目条件相适应得前提下，尽量选用生产效率高的机械设备。

3.稳定性

选用性能优越稳定、安全可靠、操作简单方便的机械设备。避免因设备经常不能正常运转影响施工的正常进行。

4.经济性

在选择工程施工机械时，必须权衡工程量与机械费用的关系。尽可能选用低能耗、易维修保养的机械设备。

5.安全性

选用的施工机械各种安全防护装置要齐全、灵敏可靠。此外，在保证施工人员、设备安全的同时，应注意保护自然环境及已有的建筑设施，不致因所采用的施工机械及其作业而受到破坏。

三、施工机械需用量的计算

施工机械需用量根据工程量、计划期内的台班数量、机械的生产率和利用率计算确定。计算公式为：

$$N=P/（W.Q.K_1.K_2）$$

式中 N——需用机械数量

P——计划期内的工作量

W——计划期内的台班数

Q——机械每台班生产率（即单位时间机械完成的工作量）

K_1——工作条件影响系数（因现场条件限制造成的）

K_2——机械生产时间利用系数（指考虑了施工组织和生产时间损失等因素对机械生产效率的影响系数）

四、施工项目机械设备选择的方法

1.单位工程量成本比较法

机械设备使用的成本费用分为可变费用和固定费用两大类。可变费用又称操作费，它随着机械的工作时间变化，如操作人员的工资、燃料动力费、小修理费、直接材料费等。固定费用是按一定施工期限分摊的费用，如折旧费、大修理费、机械管理费、投资应付利息、固定资产占用费等，租入机械的固定费用是要按期交纳的租金。在多台机械可供选用时，可优先选择单位工程量成本费用较低的机械。单位工程量成本的计算公式是：

$$C=（R+P_X）/Q_X$$

式中 C——单位工程量成本；

R——定期间固定费用；

P——单位时间变动费用；

Q——单位作业时间产量；

X——实际作业时间（机械使用时间）。

2.界限时间比较法

界限时间（X_0）是指两台机械设备的单位工程量成本相同时的时间。由方法 2 的计算公式可知单位工程量成本 C 是机械作业时间 X 的函数，当 A、B 两台机械的单位工程量成本相同，即 $C_a=C_b$ 时，则有关系式：

$$(R_a+P_aX_0)/Q_aX_0=(R_b+P_bX_0)/Q_bX_0$$

解得界限时间 X_0 的计算公式：

$$X_0=(R_aQ_a\text{-}R_aQ_b)/(P_aQ_b\text{-}PbQ_a)$$

当 A、B 两机单位作业时间产量相同，即 $Q_a=Q_b$ 时，上式可简化为：

$$X_0=(R_b\text{-}R_a)/(P_a\text{-}P_b)$$

上面公式可用图 1－1 表示。

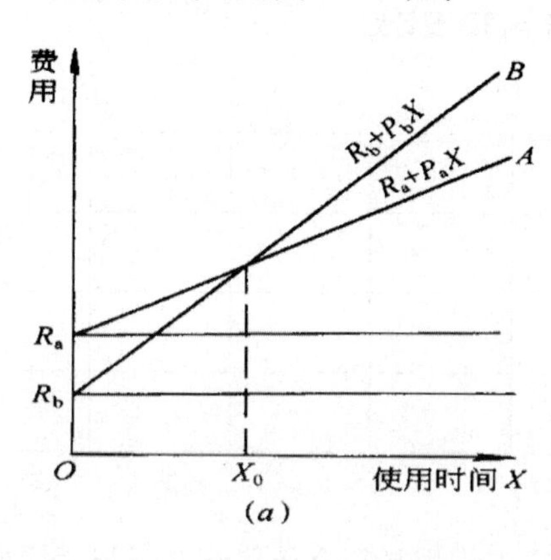

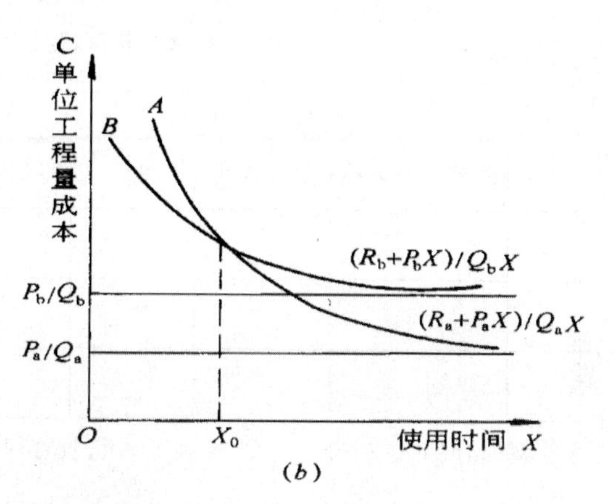

图 1－1　界限时间比较法

（a）单位作业时间产量相同时，$Q_a=Q_b$；（b）单位作业时间产量不同时，$Q_a\neq Q_b$

由图 1－1（a）可以看出，当 $Q_a=Q_b$ 时，应按总费用多少，选择机械。由于项目已定，两台机械需要的使用时间 X 是相同的，即

$$\text{需要使用时间}(x)=\frac{\text{应完成工程量}}{\text{单位时间产量}}=x_a=x_b$$

当 $x<x_0$ 时，选择 B 机械；$x>x_0$ 时，选择 A 机械。

由图 1－1（b）可以看出，当 $Q_a\neq Q_b$ 时，这时两台机械的需要使用时间不同，$x_a\neq x_b$。在都能满足项目施工进度要求的条件下，需要使用时间 x，应根据单位工程量成本较低者，选择机械。项目进度要求确定，当 $x<x_0$ 时选择 B 机械；$x>x_0$ 时选择 A 机械。

3.折算费用法（等值成本法）

当施工项目的施工期限长，某机械需要长期使用，项目经理部决策购置机械时，可考虑机械的原值、年使用费、残值和复利利息，用折算费用法计算，在预计机械使用的期间，按月或年摊入成本的折算费用，选择较低者购买。计算公式是：

年折算费用＝（原值－残值）×资金回收系数十残值×利率＋年度机械使用费

$$\text{其中资金回收系数}=\frac{i(1+i)^n}{(1+i)^n-1}$$

式中 i－－复利率；

n－－计利期。

五、施工机械的购置

建筑施工企业需要购置部分大型建筑机械时，一般由施工企业每年向主管部门申报一次年度设备申请购置计划（表 1—1），由各级主管部门根据需要和可能进行审批。获得批准添置的机械设备，首先在本系统内部进行平衡或调剂，然后订货。而中小型建筑机械和施工配套机具（包括配件）实行产需双方合同供应或自由选购的办法。

表 1—1 ××年度机械设备申请购置计划

填表单位　　　　　　　　　　　　　　　　　　　　　　年　月　日

序号	机械设备名称	型号规格	单位	需要数量	生产厂家	出厂价格	用途	备注
1								
2								
3								

主管部门（或主管人）：　　　　　　　机械管理部门：　　　　　　　制表：

在选厂订货之前，通过产品展销会、产品广告、产品简介等了解并选择适用的机种型号。对新产品最好能见到机型样品的运转情况，对老产品应了解到其他用户的使用反映。选择性能和质量全优的产品作为订货的目标，然后通过洽谈再订货。订货时应注意厂家的价格、运费、交货期限、供应方式、售后服务等是否对本企业有利。在国家政策、法律、有关规定的范围内，协商互助，认真负责地签订合同，并信守合同。

合同的内容，应明确地规定供货的品种、规格、型号、质量、单位和数量；注明产品或设备的技术标准和包装标准；包装物是否回收；写清交货单位、交货方法、运输方法、到货地点、提货单位及提货人、交（提）货日期；价格、结算方式、结算银行、账号、结算单位以及其他需要注明的事项（包括违反合同的处理方法和赔款金额）等。

供货合同一经签订，即具有法律效力，单方擅自改变或不履行合同，均须负经济和法律责任。同时要加强合同的管理工作，定期检查执行情况，并及时处理出现的偏差。

由于国外机械设备的质量与价格均大大地高于国内产品，所以在引进国外的设备时，首先要认真地进行技术、经济效益分析，综合对比国内外同类产品的性能、价格、使用条件、总的技术经济性能指标等。确认于己方有利时，方可提出订货。订货时一般是由用户（需用单位）提出需要进口的设备名称、型号、规格和技术要求，经主管部门与外贸部门共同向外商洽谈，通过选型比价，满足技术要求后，办理签订合同等手续。

综上可以看出，企业在添置机械设备时，一般应按以下几项原则进行考虑。

1.必要性与可靠性

根据施工需要和企业发展规划制定机械设备的添置计划，有目的地进行装备更新是非常必要的。但是，对于企业技术及管理水平难以消化的机械应慎重。需要自制设备时，应考虑机械加工能力、产品质量、技术性能及可靠性，防止粗制滥造，避免造成经济损失。

2.经济效益

无论是新购（或自制），还是对现有机械进行技术改造，都要充分地进行分析比较及论证，以能取得良好的经济效益为原则。

3.机械配套与合理化配备

为满足现场施工需要，机械设备在品种、型号和规格数量应有合理的比例，适应各种工程施工的要求。

4.维护保养和配件来源

对于设备结构复杂，操作及维护保养技术要求高，而企业内部缺乏维护保养的技术能力，委托外单位保养机械费用较高，这类设备应慎重考虑。而对于配件来源困难的机械不宜添置。企业添置机械设备，应编制机械设备购置计划，并报送主管部门审批。

第 2 讲 施工项目机械设备的进场验收管理

施工项目总承包企业的项目经理部，对进入施工现场的所有机械设备安装、调试、验收、使用、管理、拆除退场等负有全面管理的责任。所以项目经理部对无论是企业自有、租用的设备，还是分包单位自有或租用的设备，都要进行监督检查。

一、进入施工现场的机械设备应具有的技术文件

1.设备安装、调试、使用、拆除及试验图标程序和详细文字说明书；
2.各种安全保险装置及行程限位器装置调试和使用说明书；
3.维护保养及运输说明书；
4.安全操作规程；
5.产品鉴定证书、合格证书；
6.配件及配套工具目录；
7.其他重要的注意事项等。

二、进入施工现场的机械设备验收

1.施工现场的机械设备验收管理要求

（1）项目经理部应对进入施工现场的机械设备的安全装置和操作人员的资质进行审验，不合格的机械和人员不得进入施工现场。

（2）大型机械设备安装前，项目经理部应根据设备租赁方提供的参数进行安装设计架设，经验收合格后的机械设备，可由资质等级合格的设备安装单位组织安装。安装完成后，报请主管部门验收，验收合格后方可办理移交手续。

（3）对于塔式起重机、施工升降机的安装、拆卸，必须是具有资质证件的专业队承担，要按有针对性的安拆方案进行作业，安装完毕应按规定进行技术试验，验收合格后方可交付使用。

（4）中、小型机械由分包单位组织安装后，项目部机械管理部门组织验收，验收合格后方可使用。

（5）所有机械设备验收资料均由机械管理部门统一保存，并交安全部门一份备案。

2.施工现场的机械设备验收组织管理

（1）企业的设备验收：企业要建立健全设备购置验收制度，对于企业所新购置的设备，尤其大型施工机械设备和进口的机械设备，相关部门和人员要认真进行检查验收，及时安装、调试、移交使用，以便在索赔期内发现问题，及时办理索赔手续。同时要按照国家档案管理要求，及时建立设备技术档案。

（2）工程项目的设备验收：工程项目要严格设备进场验收工作，一般中小型机械设备由施工员（工长）会同专业技术管理人员和使用人员共同验收；大型设备、成套设备需在项目经理部自检自查基础上报请公司有关部门组织技术负责人及有关部门及人员验收；对于重点设备要组织第三方具有人证或相关验收资质单位进行验收，如：塔式起重机、电动吊篮、外用施工电梯、垂直卷扬提升架等。

3.施工机械进场验收主要内容

（1）安装位置是否符合施工平面布置图要求。

（2）安装地基是否坚固，机械是否稳固，工作棚搭设是否符合要求。

（3）传动部分是否灵活可靠，离合器是否灵活，制动器是否可靠，限位保险装置是否有效，机械的润滑情况是否良好。

（4）电气设备是否安全可靠，电阻摇测记录应符合要求，漏电保护器灵敏可靠，接地接零保护正确。

（5）安全防护装置完好，安全、防火距离符合要求。

（6）机械工作机构无损坏；运转正常，紧固件牢固。

（7）操作人员必须持证上岗。

4.起重设备安装验收参考表格

起重设备是施工项目机械设备管理最为重要的部分。对于起重机械的验收可以参照以下表格内容进行，并做好验收记录。

（1）设备情况表（表1−2）

（2）安装单位情况表（表 1—3）

（3）施工操作单位情况表（表 1—4）

（4）塔式起重机安装单位自检验收表（表 1—5）

（5）塔式起重机共同验收记录（表 1—6）

表 1—2　设备情况表

产权单位		设备备案证证号	
设备名称		设备型号	
起升高度		额定起重力矩（起重量）	
生产厂家		出厂日期	

表 1—3　安装单位情况表

安装单位（章）				联系电话		
企业法定代表人				技术负责人		
起重设备安装工程专业承包企业资质证证号		资质等级		发证单位		
拟安装日期				拟拆卸日期		
专业安装人员及现场监督专业技术人员	性别	年龄	岗位工种	操作证证号	发证时间	复审记录

表 1—4　施工操作单位情况表

工程名称				结构层次		建筑面积	
施工单位				项目经理		电话	
司机	性别	年龄	本工种年限	操作证证号		发证时间	复审记录
指挥、司索人员	性别	年龄	本工种年限	操作证证号		发证时间	复审记录

表 1—5　塔式起重机安装单位自检验收表

验收项目	验收内容	验收结果	结论
技术资料	设备备案证，出租设备检测合格证明		
	基础验槽、隐蔽记录，钢筋、水泥复试报告，砼试块强度报告		
	改造（大修）的设计文件，安全性能综合评价报告		

续表

验收项目	验收内容	验收结果	结论
	设备使用情况记录表、设备大修记录表		
作业环境及外观	起重机与建筑物等之间的安全距离		
	起重机之间的最小架设距离		
	起重机与输电线的安全距离		
	危险部位安全标志及起重臂幅度指示牌（自由高度以下安装幅度指示牌，自由高度以上安装变幅仪）		
	产品标牌（包括设备编号牌）和检验合格标志		
	红色障碍灯		
金属结构	金属结构状况		
	金属结构联接		
	平衡重、压重的安装数量及位置		
	塔身轴心线对支承面的侧向垂直度		
	斜梯的尺寸与固定		
	直立梯及护圈的尺寸与固定		
	休息小平台、卡台		
	附着装置的布置与联接状况		
	司机室固定、位置及其室内设施		
	司机室视野及结构安全性		
	司机室门的开向及锁定装置		
	司机室内的操纵装置及相关标牌、标志		
基础	基础承载及碎石敷设		
	路基排水		
轨道	起重机轨道固定状况		
	a. 轨道顶面纵、横向上的倾斜度		
	b. 轨距误差		
	c. 钢轨接头间隙，两轨顶高度差		
	支腿工作、起重机的工作场地		
主要零部件及机构	吊钩标记和防脱钩装置		
	吊钩缺陷及危险断面磨损		
	吊钩开口度增加量		
	钢丝绳选用、安装状况及绳端固定		
	钢丝绳安全圈数		
	钢丝绳润滑与干涉		
	钢丝绳缺陷		
	钢丝绳直径磨损		
	钢丝绳断丝数		
	滑轮选用		
	滑轮缺陷		
	滑轮防脱槽装置		
	制动器设置		
	制动器零部件缺陷		
	制动轮与摩擦片		
	制动器调整		

续表

验收项目	验收内容	验收结果	结论
	制动轮缺陷		
	减速器联接与固定		
	减速器工作状况		
	开式齿轮啮合与缺损		
	车轮缺陷		
	联轴器及其工作状况		
	卷筒选用		
	卷筒缺陷		
电气	电气设备及电器元件		
	线路绝缘电阻		
	外部供电线路总电源开关		
	电气隔离装置		
	总电源回路的短路保护		
	失压保护		
	零位保护		
	过流保护		
	断错相保护		
	便携式控制装置		
	照明		
	信号（障碍灯）		
	电气设备的接地		
	金属结构的接地		
	防雷		
安全装置与防护措施	高度限位器		
	起重量限制器		
	力矩限制器		
	行程限位器		
	强迫换速		
	防后翻装置		
	回转限制		
	小车断绳保护装置		
	风速仪		
	防风装置		
	缓冲器和端部止挡		
	扫轨板		
	防护罩和防雨罩		
	防脱轨装置		
	紧急断电开关		
	防止过载和液压冲击的安全装置		
	液压缸的平衡阀及液压锁		
试验	空载试验		
	额载试验		
	超载25%静载试验		
	超载10%动载试验		

续表

验收结论	
验收签字	现场安装负责人： 现场专业技术监督人员： 安装单位技术负责人： 安装单位负责人： 安装单位（章） 年　月　日

注：验收结论必须量化。

表1－6　塔式起重机共同验收记录

验收项目	验收内容和要求	验收结果	结论
技术资料	设备备案证、出租设备的检测合格证明及基础验槽、隐蔽记录、钢筋水泥复试报告，砼试块强度报告齐全，改造（大修）的设计文件、安全性能综合评价报告齐全，检验检测机构对设备的检测合格证明，设备的安装使用记录、大修记录，安装单位的自检验收记录，设备的安全使用说明等资料齐全		
方案及安全施工措施	塔吊的安全防护设施符合方案及安全防护措施的要求		
塔吊结构	部件、附件、联结件安装齐全，位置正确，安装到位		
	螺栓拧紧力矩达到原厂设计要求，开口销齐全、完好		
	结构无变形、开焊、疲劳裂纹		
	压重、配重重量、位置达到原厂说明书要求		
保险装置	吊钩上安装防钢丝绳脱钩的保险装置（吊钩挂绳处磨损不超10%）		
	卷扬机的卷筒上有钢丝绳防滑脱装置，上人爬梯设护圈（护圈从平台上2.5米处设置直径0.65米～0.8米，间距0.5～0.7米；当上人爬梯在结构内部，与结构间的自由通道间距小于1.2米可不设护圈）		
限位装置	动臂变幅塔吊吊钩顶距臂架下端0.8米停止运动；小车变幅，上回转塔机起重绳2倍率时为1米，4倍率时为0.7米，下回转塔吊起重绳2倍率时为0.8米，4倍率为0.4米时，应停止运动		
	轨道式塔吊或变幅小车应在每个方向装设行程限位装置		
	对塔吊周围有高压线或其它特殊要求的场所应设回转限位器		
	起重力矩和起重量限制器灵敏、可靠		
绳轮系统	钢丝绳在卷筒上缠绕整齐，润滑良好		
	钢丝绳规格正确，断丝，磨损未达到报废标准		
	钢丝绳固定不少于3个绳卡，且规格匹配，编插正确		
	各部位滑轮转动灵活、可靠、无卡塞现象		
电气系统	电缆供电系统供电充分，正常工作电压380±5%V		
	炭刷、接触器、继电器触点良好		
	仪表、照明、报警系统完好、可靠		
	控制、操纵装置动作灵活、可靠		

续表

验收项目	验收内容和要求	验收结果	结论
	电气各种安全保护装置齐全、可靠		
	电气系统对塔吊金属部分的绝缘电阻不小于 0.5MΩ		
	驾驶室内有灭火器材及夏天降温，冬天取暖装置		
	接地电阻 R≤4Ω，设置防雷击装置		
附墙装置与夹轨钳	自升塔吊超过规定必须安装附墙装置，附墙装置应由厂家生产，不得用其它材料代替		
	轨道式塔吊必须安装夹轨钳		
安装与拆除	安装与拆除必须制定方案，有书面安全技术交底		
	安装与拆除必须有相应资质的专业队伍进行		
路基	路基坚实、平整，无积水，路基资料齐全		
	枕木铺设按规定进行，道钉、螺栓齐全		
	钢轨顶面纵、横方向上的倾斜度≯0.001，轨距偏差不超过其名义值的 0.001		
	塔身对支持面的垂直度不大于 3‰		
	止挡装置距离钢轨两端距离≥1 米，限位器灵敏可靠		
	高塔基础符合设计要求		
多塔作业	多塔作业有防碰撞措施		
试验	空载荷、额定载荷、超载 10%载荷、超载 25%静载等各种情况下的运行情况		
试运行	检查各传动机构是否准确、平稳、有无异常声音，液压系统是否渗漏，操纵和控制系统是否灵敏可靠，钢结构是否有永久变形和开焊，制动器是否可靠，调整安全装置并进行不少于 3 次的检测。		
验收结论			

验收签字		
	出租单位负责人： （章） 年月日	安装单位负责人： （章） 年月日
	施工单位项目负责人： （章） 年月日	施工分包单位负责人： （章） 年月日

第3单元　施工机械的资产管理及经济管理

第1讲　施工机械的资产管理

一、固定资产

1.固定资产的分类

（1）固定资产的划分原则。

1）耐用年限在一年以上；非生产经营的设备、物品，耐用年限超过两年的。

2）单位价值在2000元以上。

不同时具备以上两个条件的为低值易耗品。

3）有些劳动资料，单位价值虽然低于规定标准，但为企业的主要劳动资料，也应列作固定资产。

4）凡是与机械设备配套成台的动力机械（发动机、电动机），应按主机成台管理；凡作为检修更换、更新、待配套需要而购置的，不论其功率大小、价值多少，均作为备品、备件处理。

（2）固定资产分类。

1）按经济用途分类。

①生产用固定资产；②非生产用固定资产。

2）按使用情况分类。

①使用中的；②未使用的；③不需用的；④封存的；⑤租出的。

3）按资产所属关系分类。

①国有固定资产；②企业固定资产；③租入固定资产；④不同经济所有制的固定资产。

4）按资产的结构特征分类。

①房屋及建筑物；②施工机械；③运输设备；④生产设备；⑤仪器及试验设备；⑥其他固定资产。

其中施工机械、运输设备、生产设备三大类，作为施工企业的技术装备，统一计算技术装备率和装备产值率的基数，也是施工企业机械管理的主要对象。

2.固定资产的计价

固定资产按货币单位进行计算，即固定资产计价。在固定资产核算中，分不同情况，有以下计价项目。

（1）原值。

原值又称原始价值或原价，是企业在制造、购置某项固定资产时实际发生的全部费用支出，包括制造费、购置费、运杂费和安装费等。它反映固定资产的原始投资，是计算折旧的基础。

（2）净值。

净值又称折余价值，它是固定资产原值减去其累计折旧的差额，反映继续使用中的固定资产尚未折旧部分的价值。通过净值与原值的对比，可以大概地了解企业固定资产的平均新旧程度。

（3）重置价值。

重置价值又称重置完全价值，是按照当前生产条件和价格水平，重新购置固定资产时所需的全部支出。一般在企业获得馈赠或盘盈固定资产无法确定原值时，或经国家有关部门批准对固定资产进行重新估价时作为计价的标准。

（4）增值。

增值是指在原有固定资产的基础上进行改建、扩建或技术改造后增加的固定资产价值。增值额为由于改建、扩建或技术改造而支付的费用减去过程中发生的变价收入。固定资产大修理不增加固定资产的价值，但在大修理的同时进行技术改造、属于用更新改造基金等专用基金以及用专用拨款和专用借款开支的部分，应当增加固定资产的价值。

（5）残值与净残值。

残值是指固定资产报废时的残余价值，即报废资产拆除后余留的材料、零部件或残体的价值；净残值则为残值减去清理费后的余额。

3.固定资产的折旧

固定资产折旧，是对固定资产磨损和损耗价值的补偿，是固定资产管理的重要内容。

（1）折旧年限。

机械折旧年限就是机械投资的回收期限。回收期过长则投资回收慢，将会影响机械正常更新和改进的进程，不利于企业技术进步；回收期过短则会提高生产成本，降低利润，不利于市场竞争。

1985年国务院发布《国营企业固定资产折旧实施条件》中规定，一般施工机械的折旧年限在12～16年之间。1993年财政部、建设部制发的《施工、房地产开发企业财务制度》规定，在减少一次大修周期的基础上，将施工机械的折旧年限缩短到8～12年，以加快施工机械的更新。

（2）计算折旧的方法。

根据国务院对大型建筑施工机械折旧的规定，应按每班折旧额和实际工作台班计算提取；专业运输车辆根据单位里程折旧额和实际行驶里程计算、提取；其余按平均年限计算、提取折旧。

1）平均年限法（直线折旧法）。这种方法是指在机械使用年限内，平均地分摊继续的折旧费用，计算公式为：

年折旧额＝（原值－残值）/折旧年限＝原值（1－残值率）/折旧年限　（1－1）

月折旧额＝年折旧额/12　（1－2）

其中，原值是指机械设备的原始价值，包括机械设备的购置费、安装费和运输费等；残值是指机械设备失去使用价值报废后的残余价值；残值率是指残值占原值的比率。根据建设部门的有关规定，大型机械残值率为 5%，运输机为 6%，其他机械为 4%。

在实际工作中，通常先确定折旧率，再根据折旧率计算折旧额，其公式为：

年折旧率＝（年折旧额/原值）×100%　　(1－3)

月折旧率＝［年折旧额/（12×原值）］×100%　　(1－4)

2）工作量法。对于某些价值高而又不经常使用的大型机械，采用工作时间（或工作台班）计算折旧；运输机械采用行驶里程计算折旧。

①按工作时间计算折旧：

每小时（每台班）折旧额＝（原值－残值）/折旧年限内总工作时间（总台班定额）　　(1－5)

②按行驶里程计算折旧：

每公里折旧额＝（原值－残值）/车辆总行驶里程定额　　(1－6)

3）快速折旧法。从技术性能分析，机械的性能在整个寿命周期内是变化的，投入使用起初，机械性能较好、产量高、消耗少，创造的利润也较多。随着使用的延续，机械效能降低，为企业提供的经济效益也就减少。因此，机械的折旧费可以逐年递减，以减少投产的风险，加快回收资金。快速折旧法就是按各年的折旧额先高后低，逐年递减的方法计提折旧。常用的有以下几种。

①年限总额法（年序数总额法）。这种方法的折旧率是以折旧年限序数的总和为分母，以各年的序数为分子组成为序列分数数列，此数列中最大者为第一年的折旧率，然后按顺序逐年减少，其计算见式（1－7）：

$$Z_t=\frac{n+1-t}{\sum_{t=1}^{n}t}(S_0-S_t) \qquad (1-7)$$

式中 Z_t——第 t 年折旧额（第一年 t 为 1，最末年 t 为 n）；

n——预计固定资产使用年限；

S_0——固定资产原值；

S_t——固定资产预计残值。

②余额递减法。这种方法是指计提折旧额时以尚待折旧的机械净值作为该次机械折旧的基数，折旧率固定不变。因此机械折旧额是逐年递减的。

（3）大修基金。

大修基金提取额和提取率的计算公式为：

年大修基金提取额＝（每次大修费用×使用年限内大修次数）/使用年限（1－8）

年大修基金提取率＝（年大修基金提取额/原值）×100%　　(1－9)

月大修基金提取率＝［（年大修基金提取额/12）/原值］×100%　　(1－10)

大修基金也可以分类综合提取，在提取折旧的同时提取大修基金，运输设备按综合折旧率 100%计算，其余设备按综合折旧率的 50%计算。

机械设备的大修必须预先编制计划，大修基金必须专款专用。

二、重点机械的管理要点

重点机械重点管理是现代科学管理方法之一。企业拥有大量机械设备，它们在生产中所起的作用及其重要性各不相同，管理时不能一律对待。对那些在施工生产中占重要地位和起重要作用的机械，应列为企业的重点机械，对其实行重点管理，以确保企业施工生产。

1.重点机械的选定

重点机械的选定依据可参考表 1－7，其选定方法通常有经验判定法和分项评分法两种。

表 1－7　重点机械选定依据

影响关系	选定依据
生产方面	（1）关键施工工序中必不可少而又无替换的机械； （2）利用率高并对均衡生产影响大的机械； （3）出故障后影响生产面大的机械； （4）故障频繁，经常影响生产的机械
质量方面	（1）施工质量关键工序上无代用的机械； （2）发生故障即影响施工质量的机械
成本方面	（1）购置价格高的高性能、高效率机械； （2）耗能大的机械； （3）修理停机对产量、产值影响大的机械
安全方面	（1）出现故障或损坏时可能发生事故的机械； （2）对环境保护及作业有严重影响的机械
维修方面	（1）结构复杂、精密，损坏后不易修复的机械； （2）停修期长的机械； （3）配件供应困难的机械

2.重点机械的管理

对重点机械的管理应实行五优先（日常维护和故障排除、维修、配件准备、更新改造、承包与核算）。具体要求如下：

（1）建立重点机械台账及技术档案，内容必须齐全，并有专人管理。

（2）重点机械上应有明显标志，可以编号前加符号 A。

（3）重点设备的操作人员必须严格选拔，能正确操作和做好维护保养，人机要相对稳定。

（4）明确专职维修人员，逐台落实定期定点检（保养）内容。

（5）对重点机械优先采用监测诊断技术，组织好重点机械的故障分析和管理。

（6）重点机械的配件应优先储备。

（7）对重点机械的各项考核指标与奖惩金额应适当提高。

（8）对重点机械尽可能实行集中管理，采取租赁和单机核算，力求提高经济效益。

（9）重点机械的修理、改造、更新等计划，要优先安排，认真落实。

（10）加强对重点机械的操作和维修人员的技术培训。

A、B、C 三类机械的管理、维修对策见表 1－8。

表1—8 A、B、C三类机械的管理、维修对策

项目＼类别	A类重点机械	B类主要机械	C类一般机械
机械购置	企业组织论证	机械部门组织论证	不论证，一般选用
机械验收	企业组织验收	机械部门组织验收	使用单位验收
机械登记卡片	集中管理	使用单位管理	可不要求
机械技术档案	内容齐全、重点管理	内容符合要求	不要求
三定责任制	严格定人定机、合格率100％	定人定机，合格率80％	一般不要求
操作证	经过本机技术培训，考核合格后颁发	经过工种培训，考核合格后颁发	一般不采用
操作规程	专用	通用	通用
保养规程	专用	通用	通用
故障分析	分析探索维修规律	一般分析	不分析
维修制度	重点预防维修	预防维修	可事后维修
维修计划	重点保证	尽可能安排	一般照顾
修理分类	分大修、项修及小修	分大修、项修及小修	不分类
改善性修理	重点实施	一般实施	不要求
维修记录	齐全	一般记录	不要求
维修力量配备	高级修理工、主要维修力量	一般维修力量	适当照顾
配件储备	重点储备零部件及总成，供应率100％	储备常用零部件，供应率80％	少量储备
各项技术经济指标	重点考核	一般考核	不考核
“红旗设备”	重点评比	一般评比	不评比
安全检查	每月一次	每季一次	每年一次

三、施工机械的基础资料

施工机械资产管理的基础资料包括：机械登记卡片、机械台账、机械清点表和

机械档案等。

1.机械登记卡片

机械登记卡片是反映机械主要情况的基础资料，其主要内容：正面是机械各项自然情况，如机械和动力的厂型、规格，主要技术性能，附属设备、替换设备等情况；反面是机械主要动态情况，如机械运转、修理、改装、机长变更、事故等记录。

机械登记卡片由产权单位机械管理部门建立，一机一卡，按机械分类顺序排列，由专人负责管理，及时填写和登记。本卡片应随机转移，报废时随报废申请表送审。

本卡的填写要求，除表格及时填写外，“运转工时”栏，每半年统计一次填入栏内，具体填写内容见表 1－9 及表 1－10。

表 1－9　机车车辆登记卡

填写日期　　　　年　月　日

名称		规格		管理编号	
厂牌		应用日期		重量/kg	
		出厂日期		长×宽×高/mm	
	厂牌	型式	功率	号码	出厂日期
底盘					
主机					
副机					
电机					
附属设备	名称	规格	号码	单位	数量
前轮	规格	气缸	数量	备胎	
中轮					
后轮					
来源		移动调拨记录	日期	调入	调出
计人日期					
原值					
净值					
折旧年限					
更新时间	时间	更新改装内容		价值	

表 1－10　运转统计

（每半年汇总填一次）

	记载日期	运转工时	累计工时	记载日期	运转工时	累计工时
大修理记录	进厂日期	出厂日期	承修单位	进厂日期	出厂日期	承修单位
事故记录	时间	地点	损失和处理情况			肇事人

2.机械台账

机械台账是掌握企业机械资产状况，反映企业各类机械的拥有量、机械分布及其变动情况的主要依据，它以《机械分类及编号目录》为依据，按类组代号分页，按机械编号顺序排列，其内容主要是机械的静态情况，由企业机械管理部门建立和管理，作为掌握机械基本情况的基础资料。其应填写的表格见表 1－11～表 1－13。

表 1－11　机械设备台账

类别：

序号	管理编号	名称	型号规格	制造厂	出厂日期	出厂号码	底盘号码	来源	调入日期	原值/元	净值/元	动力部分					调出		备注
												名称	制造	型号	功率/kW	号码	日期	接收单位	

表1－12 机械车辆使用情况月报表

共 页 第 页

序号	分类	管理编号	机械名称	技术规格	制度台日	质量情况		运转情况		利用率	行驶里程		完成情况		燃油消耗		备注
						完好台日	完好率/(%)	实作台日	实作台时		重驶里程	空驶里程	定额产量	实作台班	汽油	柴油	

表1－13 机械车辆单机完好、利用率统计台账

机械名称：

管理编号：

年	月	制度台日	完好台日	完好率/(%)	实作台日	利用率/(%)	加班台日数	实作台时		台班或行驶里程		油料消耗/kg		维修情况		
								本月	累计	本月	累计	本月	累计	大修	中修	小修

（1）机械原始记录的种类。

机械原始记录共包括以下几种：

1）机械使用记录，是施工机械运转的记录。由驾驶操作人员填写，月末上报机械部门。

2）汽车使用记录，是运输车辆的原始记录。由操作人员填写，月末上报机械部门。

机械原始记录的填写应符合下列要求：

1）机械原始记录，均按规定的表格，不得各搞一套，这样既便于机械统计的需要，又避免造成混乱。

2）机械原始记录要求驾驶操作人员按实际工作小时填写准确、及时、完整，不得有虚假，机械运转工时按实际运转工时填写。

3）机械驾驶人员的原始记录填写应与奖励制度结合起来，作为评优条件之一。

（2）机械统计报表的种类。

1）机械使用情况月报，本表为反映机械使用情况的报表，由机械部门根据机械

使用原始记录按月汇总统计上报。

2）施工单位机械设备，实有及利用情况（季、年）报表。

3）机械技术装备情况（年报），是反映各单位机械化装备程度的综合考核指标。

4）机械保修情况（月、季、年）报表，本表为反映机械保修性能情况的报表，由机械部门每月汇总上报。

（3）几项统计指标的计算公式和解释。

1）机械完好率。指本期制度台日数内处于完好状态下的机械台日数，不管该机械是否参加了施工，都应计算完好台日数，包括修理不满一天的机械，不包括在修、待修、送修在途的机械。

$$\text{机械完好率}=\frac{\text{机械完好台日数}+\text{例节假日加班台日数}}{\text{报告期制度台日数}+\text{例节假日加班台日数}}\times 100\% \quad (1-11)$$

制度台日是指日历台日数扣除例节假日数。

2）机械利用率。指在期内机械实际出勤进行施工的台日数，不论该机械在一日内参加生产时间的长短，都作为一个实作台日，节假日加班工作时，则在计算利用率分子和分母都加例节假日加班台日数。

3）技术装备：

$$\text{技术装备率(元/人)}=\frac{\text{报告期内自有机械净值(元)}}{\text{报告期内职工人数(人)}} \quad (1-12)$$

$$\text{动力装备率(千瓦/人)}=\frac{\text{报告期内所有机械动力总功率(千瓦)}}{\text{报告期内职工人数(人)}} \quad (1-13)$$

（4）对统计报表的基本要求。

1）统计报表要求做到准确、及时和完整，不得马虎草率，数字经得起检查分析，不能有水分。

2）规定的报表式样、统计范围、统计目录、计算方法和报送期限等都必须认真执行，不能自行修改或删减。

3）要逐步建立统计分析制度，通过统计分析的资料，可以进一步指导生产，为生产服务。

4）进一步提高计算机网络技术设备管理中的应用。

3.机械资产清点表

按照国家对企业固定资产进行清查盘点的规定，企业于每年终了时，由企业财务部门会同机械管理部门和使用保管单位组成机械清查小组，对机械固定资产进行一次现场清点。清点中要查对实物，核实分布情况及价值，做到台账、卡片、实物三相符。

清点工作必须做到及时、深入、全面、彻底，在清查中发现的问题要认真解决。如发现盘盈、盘亏，应查明原因，按有关规定进行财务处理。清点后要填写机械资产清点表，留存并上报。

为了监督机械的合理使用，清点中对下列情况应予处理：

（1）如发现保管不善、使用不当、维修不良的机械，应向有关单位提出意见，帮助并督促其改进。

（2）对于实际磨损程度与账面净值相差悬殊的机械，应查明造成原因，如由于少提折旧而造成者，应督促其补提；如由于使用维护不当，造成早期磨损者，应查明原因，作出处理。

（3）清查中发现长期闲置不用的机械，应先在企业内部调剂；属于不需用的机械，应积极组织向外处理，在调出前要妥善保管。

（4）针对清查中发现的问题，要及时修改补充有关管理制度，防止前清后乱。

4.机械技术档案

（1）机械技术档案是指机械自购入（或自制）开始直到报废为止整个过程中的历史技术资料，能系统地反映机械物质形态运动的变化情况，是机械管理不可缺少的基础工作和科学依据，应由专人负责管理。

（2）机械技术档案由企业机械管理部门建立和管理，其主要内容有以下几方面。

1）机械随机技术文件。包括使用保养维修说明书、出厂合格证、零件装配图册、随机附属装置资料、工具和备品明细表，配件目录等。

2）新增（自制）或调入的批准文件。

3）安装验收和技术试验记录。

4）改装、改造的批准文件和图纸资料。

5）送修前的检测鉴定、大修进厂的技术鉴定、出厂检验记录及修理内容等有关技术资料。

6）事故报告单、事故分析及处理等有关记录。

7）机械报废技术鉴定记录。

8）机械交接清单。

9）其他属于本机的有关技术资料。

（3）A、B类机械设备使用同时必须建立设备使用登记书，主要记录设备使用状况和交接班情况，由机长负责运转的情况登记。应建立设备使用登记书的设备有：塔式起重机、外用施工电梯、混凝土搅拌站（楼）、混凝土输送泵等。

（4）公司机械管理部门负责A、B类机械设备的申请、验收、使用、维修、租赁、安全、报废等管理工作。做好统一编号、统一标示。

（5）机械设备的台账和卡片是反映机械设备分布情况的原始记录，应建立专门账、卡档案，达到账、卡、物三项符合。

（6）各部门应指定专门人员负责对所使用的机械设备的技术档案管理，作好编目归档工作，办理相关技术档案的整理、复制、翻阅和借阅工作，并及时为生产提供设备的技术性能依据。

（7）已批准报废的机械设备，其技术档案和使用登记书等均应保管，定期编制销毁。

（8）机械履历书是一种单机档案形式，由机械使用单位建立和管理，作为掌握机械使用情况，进行科学管理的依据。其主要内容有：

1）试运转及磨合期记录；

2）运转台时、产量和消耗记录；

3）保养、修理记录；

4）主要机件及轮胎更换记录；

5）机长更换交接记录；

6）检查、评比及奖惩记录；

7）事故记录。

四、施工机械的库管与报废

1.施工机械的库存管理

（1）机械保管。

1）机械仓库要建立在交通方便、地势较高、易于排水的地方，仓库地面要坚实平坦；要有完善的防火安全措施和通风条件，并配备必要的起重设备。根据机械类型及存放保管的不同要求，建立露天仓库、棚式仓库及室内仓库等，各类仓库不宜距离过远，以便于管理。

2）机械存放时，要根据其构造、重量、体积、包装等情况，选择相应的仓库，对不宜日晒雨淋，而受风沙与温度变化影响较小的机械，如汽车、内燃机、空压机等和一些装箱的机电设备，可存放在棚式仓库。对受日晒雨淋和灰沙侵入易受损害、体积较小、搬运较方便的设备，如加工机床、小型机械、电气设备、工具、仪表以及机械的备品配件和橡胶制品、皮革制品等应储存在室内仓库。

（2）出入库管理。

1）机械入库要凭机械管理部门的机械入库单，并核对机械型号、规格、名称等是否相符，认真清点随机附件、备品配件、工具及技术资料，经点收无误签认后将其中一联通知单退机械管理部门以示接收入库，并及时登记建立库存卡片。

2）机械出库必须凭机械管理部门的机械出库单办理出库手续。原随机附件、工具、备品配件及技术资料等要随机交给领用单位，并办理签证。

3）仓库管理人员对库存机械应定期清点，年终盘点，对账核物，做到账物相符，并将盘点结果造表报送机械管理部门。

（3）库存机械保养。

1）清除机体上的尘土和水分。

2）检查零件有无锈蚀现象，封存油是否变质，干燥剂是否失效，必要时进行更换。

3）检查并排除漏水、漏油现象。

4）有条件时使机械原地运转几分钟，并使工作装置动作，以清除相对运动零件配合表面的锈蚀，改善润滑状况和改变受压位置。

5）电动机械根据情况进行通电检查。

6）选择干燥天气进行保养，并打开库房门窗和机械的门窗进行通气。

（4）施工机械封存。

为了加强施工机械的维护管理，消除存放施工机械无人管理的现象，防止或减轻自然条件对机械的侵蚀损坏，保证封存机械处于完全良好的状态，特作如下规定。

1）封存时间的规定。凡计划连续在三个月以上不用的完好的机械，都要进行封存、集中统一管理。

2）封存机械的停放地点，原则上选择地势平整、地质坚硬、排水性能良好和便于管理的地点。大型设备露天存放时，应做到上盖下垫。中小型机械放入停机棚或库房。

3）机械技术状况必须完好，随时发动随时可以工作，并在封存前进行一次彻底的保养检查，损坏、待修的机械不能与完好的机械混在一起封存。

4）机械封存的技术需求：

①清除机械外部污垢并补漆；

②各润滑部位加足润滑油；

③向发动机汽缸内加注机油，然后转动曲轴数圈，使机油均匀的涂在缸壁和活塞上；

④放净机械内存水；

⑤放净油箱内全部燃油；

⑥所有未刷漆表面涂上黄油，再用不透水的纸贴盖；

⑦轮胎式机械应将整机架高，使轮胎脱离地面，消除机械对轮胎及弹簧钢板的压力，并降低轮胎气压的 20%～30%；

⑧封闭驾驶室或操作室；

⑨露天存放的机械用帆布盖好，尽量做到不受阳光的直接照射。

5）封存期间的保养。

①每旬一次的检查内容。

a.检查设备的外部有无异常。

b.检查精密工作面和活动关节的防护情况。

c.检查其盖物品有无潮湿、霉烂和破损，必要时晾晒和缝补。

②每日一次保养内容。

a.检查全部密封点，必要时补封。

b.对有内燃机的设备进行发动、运转 5～10 分钟，按封存机械的技术要求重新密封发动机。

机械车辆封存时，应按当地的规定暂时交牌照。封存机械设备明细表见表 1—14。

2.施工机械更新、改造、报废制度

（1）机械的更新、改造。

施工机械进行部分总成拆换、改装等技术改造时，必须根据技术可靠，经济合理的原则，先做可行性研究，然后提出改造方案，由处主管领导批准，有计划、有领导地进行，不得乱拆、乱放。

表 1－14 封存机械设备明细表

填报单位：　　　　　　　　　　　　　　　　　　　　　　年　月　日

序号	机械编号	机械名称	规格型号	技术状况	封存时间	封存地点	备注

单位主管　　　　　　　　机械部门　　　　　　　　制表

（2）闲置机械的处理。

企业必须做好闲置设备的处理工作。主要要求如下：

1）企业闲置机械是指除了在用、备用、维修、改装等必需的机械外，其他连续停用 1 年以上不用或新购验收后 2 年以上不能投产的机械。

2）企业对闲置机械必须妥善保管，防止丢失和损坏。

3）企业处理闲置机械时，应建立审批程序和监督管理制度，并报上级机械管理部门备案。

4）企业处理闲置机械的收益，应当用于机械更新和机械改造，专款专用，不准挪用。

5）严禁把国家明文规定的淘汰、不许扩散和转让的机械，作为闲置机械进行处理。

（3）机械报废条件。

机械设备凡具下列条件之一者，则可申请报废：

1）机型老旧、性能低劣或属于淘汰机型，主要配件供应困难。

2）长期使用后，已达到或超过使用年限，各总成的基础件损坏严重者，危及安全的。

3）长期使用后，虽未达到报废年限，但损坏严重，修理费用过高者。

4）燃料消耗超过规定的 20%以上者。

5）因意外事故使主要总成及零部件损坏，已无修复可能或修理费过高者。

6）经大修后虽能恢复技术性能，但不如更新经济的。

7）自制的非标准设备，经生产验证不能使用且无法改造的。

8）国家或部门规定淘汰的设备。

（4）机械报废手续。

1）凡属固定资产的机械设备报废时，都要经过“三结合”小组进行技术鉴定，符合报废条件者方可报废。

2）凡经“三结合”小组鉴定要报废的机械设备，需填写“机械报废申请单”一式四份（表1－15），加盖本单位公章，并附有主要技术参数的说明，报总公司审批。

表1－15 机械设备报废申请单

填报单位： 年 月 日

管理编号		机械名称		规格	
厂牌		发动机号		底盘号	
出厂年月		规定使用年限		已使用年限	
机械原值		已提折旧		机械残值	
报废净值		停放地点		报废审批权限	
设备现状及报废原因					
三结合小组及领导鉴定意见	审批签章				
总公司审批意见	审批签章				
部审批意见	审批签章				
备注					

3）申请报废的机械设备，待上报的“机械设备申请单”批复后方可消除固定资产台账。

（5）机械报废设备的管理。

1）已经总公司批准报废的工程机械，可根据工程的需要对机械状况的好坏，在保证安全生产的前提下留用，还可以进行整机处理，收回残值上交财务。

2）已经总公司批准报废的车辆，原则上将车上交到指定回收公司进行回收，注销牌照，暂时留用的车辆，必须根据车管部门的规定按期年审。

3）报废留用的车辆、机械都应建立相应的台账，做到账物相符。

第2讲 施工机械的经济管理

一、机械寿命周期费用

机械寿命周期费用就是机械一生的总费用，它包括与该机械有关的研究开发、设计制造、安装调试、使用维修、一直到报废为止所发生的一切费用总和。研究寿命周期费用的目的，是全面追求该费用最经济、综合效率最高，而不是只考虑机械在某一阶段的经济性。

1.机械寿命周期费用的组成

机械寿命周期费用由其设置费（或称原始费）和维持费（或称使用费）两大部分组成。

对寿命周期费用进行计算时，首先要明确所包括的具体费用项目。一些发达国家的企业规定的寿命周期费用构成见表1－16。

表1－16 机械寿命周期费用构成

<table>
<tr><th colspan="3">费用项目</th><th>直接费</th><th>间接费</th></tr>
<tr><td rowspan="4">机械寿命周期费用</td><td rowspan="4">设置费用</td><td>研究开发费</td><td>开发规划费、市场调研费、试验费、试制费、试验实验设备费等</td><td rowspan="4">技术资料费、上机机时费、管理费、图书费、与合同有关的费用</td></tr>
<tr><td>设计费</td><td>专利使用费、设计费</td></tr>
<tr><td>制造安装费</td><td>制造费、包装费、运输费、库存费、安装费、操作指导及印刷费、操作人员培训费、培训设施费、备件费、图样资料</td></tr>
<tr><td>试运行费</td><td>调整及试运行费</td></tr>
<tr><td rowspan="4">机械寿命周期费用</td><td rowspan="4">使用费用</td><td>运行费</td><td>操作人员费、辅助人员费、动力费（电、气、燃料、润滑油、蒸汽）、材料费、水费、操作人员培训费等</td><td rowspan="4">办公费、调研费、搬运费、图书费</td></tr>
<tr><td>维修费</td><td>维修材料费、备件费、维修人员工资、维修人员培训费、维修器材及设施费、设备改造费</td></tr>
<tr><td>后勤费</td><td>库房保管费（库存器材、备用设备、维修用材料）、租赁费、固定资产税及其他后勤保障费用</td></tr>
<tr><td>报废处理费</td><td>出售残值减去拆除处理费</td></tr>
</table>

2.机械寿命周期费用的变化

在机械的整个寿命周期费用内，从各个阶段费用发生的情况来分析，在一般情况下，机械从规划到设计、制造，其所支出的费用是递增的，到安装调试时下降，其后运转阶段的费用支出则保持一定的水平。但是到运转阶段的后期，机械逐渐劣化，修理费用增加，维持费上升；上升到一定程度，机械寿命终止，机械就需要改进和更新，机械的寿命周期也到此结束。

二、施工机械的效率

施工机械的寿命周期费用最经济只是评价机械经济性的一个方面，还要评价机械的效率。同样的机械如果寿命周期费用相同，就要选择效率高而又全面的机械。

评价机械的效率有综合效率、系统效率和费用效率。

1.机械的综合效率

在日本全员设备管理理论中，把机械效率用综合效率来衡量，其计算公式是：

$$机械综合效率=\frac{机械整个寿命期内的输出}{对机械的输入} \tag{1-14}$$

机械寿命周期费用即对机械的输入，是这个公式的分母，而公式的分子即机械整个寿命期内的输出，是指机械在六个方面的任务和目标，简化为六个英文字头：

P（Product）——产量：要完成产品产量任务，即机械的生产率要高。

Q（Quality）——质量：能保证生产高质量的产品，即保证产品质量。

C（Cost）——成本：生产的产品成本要低，即机械的能耗低，维修费小。

D（Delivery）——交货期：机械故障少，能如期完成任务。

S（Safety）——安全：机械的安全性能好，保证安全，文明生产，对环境污染小。

M（Morale）——劳动情绪：人、机匹配关系比较好，使操作人员保持旺盛干劲和劳动情绪。

机械综合效率还同时指机械运行现场的综合效率，其计算公式如下：

$$机械综合效率=时间开动率\times性能开动率\times成品率 \tag{1-15}$$

式中的时间开动率、性能开动率、成品率与机械时间利用及各种损失的关系，如图 1－2 所示。

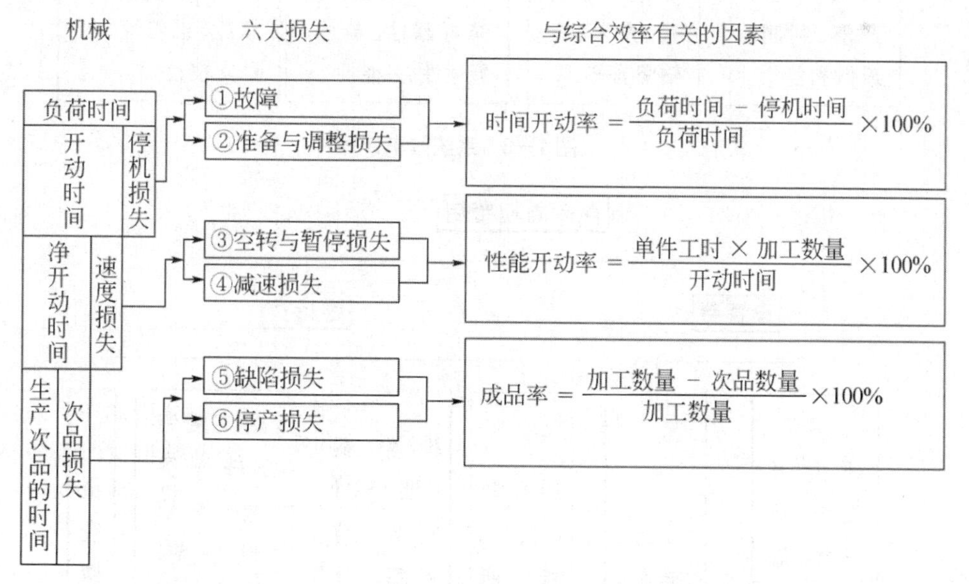

图 1－2　机械综合效率与各种因素的关系图

2.机械的系统效率

机械的系统效率是综合概念的扩大与延伸，它是指投入寿命周期费用所取得的效果。如果以寿命周期费用为输入，则系统效率为输出。系统效率通常用经济效益、价值效果来表示。

3.机械的费用效率

机械寿命周期费用是机械一生的总费用，包含多项费用，是综合性的费用指标。机械的效率，不论是综合效率或系统效率，同样包含很多因素。费用效率就是把上述两个综合指标进一步加以权衡分析。

费用效率有两种计算公式：

$$费用效率=\frac{综合效率}{寿命周期费用} \quad (1-16)$$

或

$$费用效率=\frac{系统效率}{寿命周期费用} \quad (1-17)$$

式中综合效率可根据图 1－2 计算，系统效率计算见图 1－3，寿命周期费用计算如图 1－4 所示。

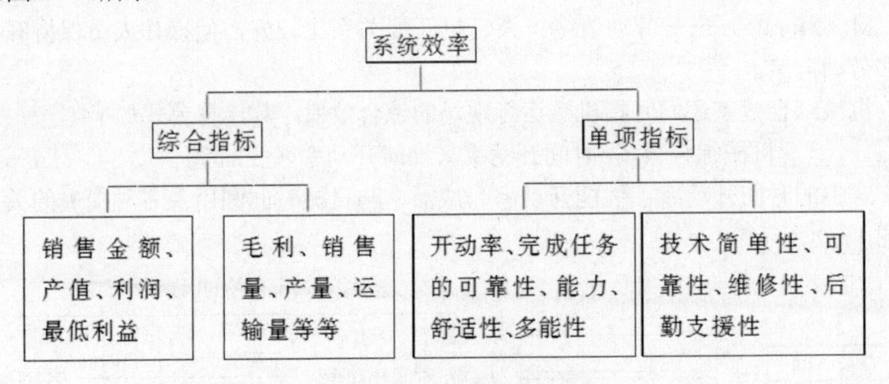

图 1－3　系统效率计算

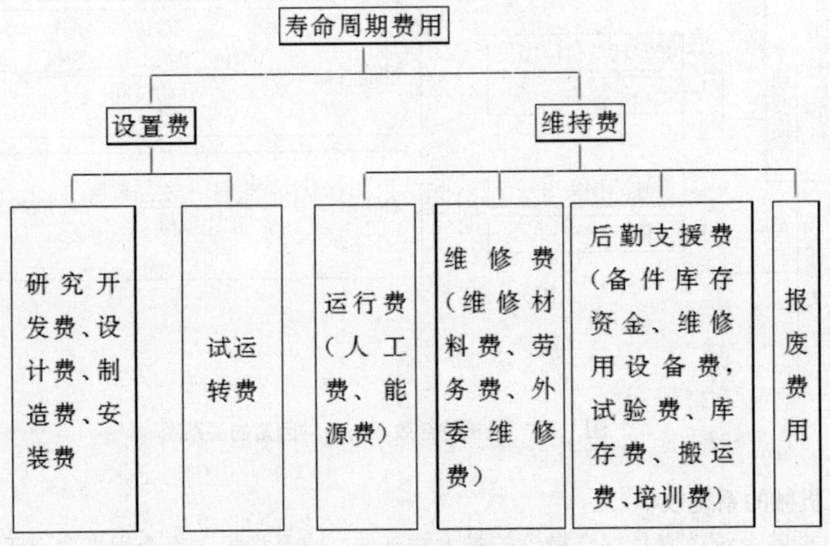

图 1－4　寿命周期费用计算

三、施工机械的定额管理

技术经济定额是企业在一定生产技术条件下，对人力、物力、财力的消耗规定的数量标准，是企业进行科学管理与经济核算的基础，也是衡量机械管理水平的主要依据。

1.机械主要定额

（1）产量定额。产量定额按计算时间区分为台班产量定额、年台班定额和年产量定额；台班产量定额指机械按规格型号，根据生产对象和生产条件的不同，在一个台班中所应完成的产量数额；年台班定额是机械在一年中应该完成的工作台班数。它根据机械使用条件和生产班次的不同而分别制定；年产量定额是各种机械在一年中应完成的产量数额。其数量为台班产量定额与年台班定额之积。

（2）油料消耗定额。是指内燃机械在单位运行时间（或 km）中消耗的燃料和润滑油的限额。一般按机型、道路条件、气候条件和工作对象等确定。润滑油消耗定额按燃油消耗定额的比例制定，一般按燃油消耗定额的2%～3%计算。油料消耗定额还应包括保养修理用油定额，应根据机型和保养级别而定。

（3）轮胎消耗定额。是指新轮胎使用到翻新或翻新轮胎使用到报废所应达到的使用期限数额（以 km 计）。按轮胎的厂牌、规格、型号等分别制定。

（4）随机工具、附具消耗定额。是指为做好主要机械设备的经常性维修、保养所必须配备的随机工具、附具的限额。

（5）替换设备消耗定额。是指机械的替换设备，如蓄电池、钢丝绳、胶管等的使用消耗限额。一般换算成耐用班台数额或每台班的摊销金额。

（6）大修理间隔期定额。是新机到大修，或本次大修到下一次大修应达到的使用间隔期限额（以台班数计）。它是评价机械使用和保养、修理质量的综合指标，应分机型制定，对于新机械和老机械采取相应的增减系数。新机械第一次大修间隔期应按一般定额时间增加10%～20%。

（7）保养、修理工时定额。指完成各类保养和修理作业的工时限额，是衡量维修单位（班组）和维修上的实际工效，作为超产计奖的依据，并可供确定定员时参考，分别按机械保养和修理类别制定。为计算方便，常以大修理工时定额为基础，乘以各类保养、修理的换算系数，即为各类保养、修理的工时定额。

（8）保养、修理费用定额。包括保养和修理过程中所消耗的全部费用的限额，是综合考核机械保养、修理费用的指标。保养、修理费用定额应按机械类型、新旧程度、工作条件等因素分别制定。并可相应制定大修配件、辅助材料等包干费用和大修喷漆费用等单项定额。

（9）保养、修理停修期定额。是指机械进行保养、修理时允许占用的时间，是保证机械完好率的定额。

（10）机械操作、维修人员配备定额。指每台机械设备的操作、维修人员限定的名额。

（11）机械设备台班费用定额。是指使用一个台班的某台机械设备所耗用费用的限额。它是将机械设备的价值和使用、维修过程中所发生的各项费用科学地转移到生产成本中的一种表现形式，是机械使用的计费依据，也是施工企业实行经济核算、单机或班组核算的依据。

上述机械设备技术经济定额由行业主管部门制定。企业在执行上级定额的基础上，可以制定一些分项定额。

2.施工机械台班定额

施工机械使用费是根据施工中耗用的机械台班数量和机械台班单价确定的。施工机械台班耗用量按预算定额规定计算；施工机械台班单价是指一台施工机械，在正常运转条件下一个工作班中所发生的全部费用，每台班按八小时工作制计算。正确制定施工机械台班单价是合理控制工程造价的重要方面。

施工机械台班单价由七项费用组成，包括折旧费、大修理费、经常修理费、安拆费及场外运费、人工费、燃料动力费、养路费及车船使用税等。

（1）折旧费。是指施工机械在规定使用期限内，陆续收回其原值及购置资金的时间价值。计算公式如下：

$$\text{台班折旧费} = \frac{\text{机械预算价格} \times (1 - \text{残值率}) \times \text{时间价值系数}}{\text{耐用总台班}}$$

①国产机械的预算价格。国产机械预算价格按照机械原值、供销部门手续费和一次运杂费以及车辆购置税之和计算。

a.机械原值。国产机械原值应按下列途径询价、采集：编制期施工企业已购进施工机械的成交价格；编制期国内施工机械展销会发布的参考价格；编制期施工机械生产厂、经销商的销售价格。

b.供销部门手续费和一次运杂费可按机械原值的5%计算。

c.车辆购置税应按下列公式计算：车辆购置税=计税价格×车辆购置税率

（1－18）

其中，计税价格=机械原值+供销部分手续费和一次运杂费-增值税。

车辆购置税应执行编制期间国家有关规定。

②进口机械的预算价格。按照机械原值、关税、增值税、消费税、外贸手续费和国内运杂费、财务费、车辆购置税之和计算。

a.进口机械的机械原值按其到岸价格取定。

b.关税、增值税、消费税及财务费应执行编制期国家有关规定，并参照实际发生的费用计算。

c.外贸部门手续费和国内一次运杂费应按到岸价格的6.5%计算。

d.车辆购置税的计税价格是到岸价格、关税和消费税之和。

2）残值率。是指机械报废时回收的残值占机械原值的百分比。残值率按目前有关规定执行：运输机械2%，掘进机械5%，特大型机械3%，中小型机械4%。

3）时间价值系数。指购置施工机械的资金在施工生产过程中随着时间的推移而产生的单位增值。其公式如下：

$$时间价值系数 = 1 + \frac{(折旧年限 + 1)}{2} \times 年折现率$$

其中，年折现率应按编制期银行年贷款利率确定。

4）耐用总台班。指施工机械从开始投入使用至报废前使用的总台班数，应按施工机械的技术指标及寿命期等相关参数确定。

机械耐用总台班的计算公式为：耐用总台班=折旧年限×年工作台班=大修间隔台班×大修周期（1－25）年工作台班是根据有关部门对各类主要机械最近三年的统计资料分析确定。

大修间隔台班是指机械自投入使用起至第一次大修止或自上一次大修后投入使用起至下一次大修止，应达到的使用台班数。

大修周期是指机械正常的施工作业条件下，将其寿命期（即耐用总台班）按规定的大修理次数划分为若干个周期。其计算公式为：

大修周期=寿命期大修理次数+1

（2）大修理费。是指机械设备按规定的大修间隔台班进行必要的大修理，以恢复机械正常功能所需的费用。台班大修理费是机械使用期限内全部大修理费之和在台班费用中的分摊额，它取决于一次大修理费用、大修理次数和耐用总台班的数量。其计算公式为：

$$台班大修理费 = \frac{一次大修理费 \times 寿命期内大修理次数}{耐用总台班}$$

1）一次大修理费指施工机械一次大修理发生的工时费、配件费、辅料费、油燃料费及送修运杂费。

一次大修费应以《全国统一施工机械保养修理技术经济定额》为基础，结合编制期市场价格综合确定。

2）寿命期大修理次数指施工机械在其寿命期（耐用总台班）内规定的大修理次数，应参照《全国统一施工机械保养修理技术经济定额》确定。

（3）经常修理费。指施工机械除大修理以外的各级保养和临时故障排除所需的费用，包括为保障机械正常运转所需替换与随机配备工具附具的摊销和维护费用，机械运转及日常保养所需润滑与擦拭的材料费用及机械停滞期间的维护和保养费用等，分摊到台班费中，即为台班经修费。其计算公式为：

$$台班经修费 = \frac{\sum(各级保养一次费用 \times 寿命期各级保养总次数) + 临时故障排除费}{耐用总台班}$$

$$+ 替换设备和工具附具台班摊销费 + 倒保辅料费$$

当台班经常修理费计算公式中各项数值难以确定时，也可按下列公式计算：

台班经修费=台班大修费×K

式中　K——台班经常修理费系数。

1）各级保养一次费用。分别指机械在各个使用周期内为保证机械处于完好状况，必须按规定的各级保养间隔周期，保养范围和内容进行的一、二、三级保养或定期保养所消耗的工时、配件、辅料、油燃料等费用。应以《全国统一施工机械保养修理技术经济定额》为基础，结合编制期市场价格综合确定。

2）寿命期各级保养总次数。分别指一、二、三级保养或定期保养在寿命期内各个使用周期中保养次数之和，应按照《全国统一施工机械保养修理技术经济定额》确定。

3）临时故障排除费。指机械除规定的大修理及各级保养以外，临时故障所需费用以及机械在工作日以外的保养维护所需润滑擦拭材料费，可按各级保养（不包括例保辅料费）费用之和的3%计算。

4）替换设备及工具附具台班摊销费。指轮胎、电缆、蓄电池、运输皮带、钢丝绳、胶皮管、履带板等消耗性设备和按规定随机配备的全套工具附具的台班摊销费用。

5）例保辅料费。即机械日常保养所需润滑擦拭材料的费用。替换设备及工具附具台班摊销费、例保辅料费的计算应以《全国统一施工机械保养修理技术经济定额》为基础，结合编制期市场价格综合确定。

（4）安拆费及场外运费。指施工机械在现场进行安装与拆卸所需的人工、材料、机械和试运转费用以及机械辅助设施的折旧、搭设、拆除等费用；场外运费指施工机械整体或分体自停放地点运至施工现场或由一施工地点运至另一施工地点的运输、装卸、辅助材料及架线等费用。

安拆费及场外运费根据施工机械不同分为计入台班单价、单独计算和不计算三种类型。

1）工地间移动较为频繁的小型机械及部分中型机械，其安拆费及场外运费应计入台班单价。台班安拆费及场外运费应按下列公式计算：

$$\text{台班安拆费及场外运费} = \frac{\text{一次安拆费及场外运费} \times \text{年平均安拆次数}}{\text{年工作台班}}$$

①一次安拆费应包括施工现场机械安装和拆卸一次所需的人工费、材料费、机械费及试运转费。

②一次场外运费应包括运输、装卸、辅助材料和架线等费用。

③年平均安拆次数应以《全国统一施工机械保养修理技术经济定额》为基础，由各地区（部门）结合具体情况确定。

④运输距离均应按25 km计算。

2）移动有一定难度的特、大型（包括少数中型）机械，其安拆费及场外运费应单独计算。

单独计算的安拆费及场外运费除应计算安拆费、场外运费外，还应计算辅助设施（包括基础、底座、固定锚桩、行走轨道枕木等）的折旧、搭设和拆除等费用。

3）不需安装、拆卸且自身又能开行的机械和固定在车间不需安装、拆卸及运输的机械，其安拆费及场外运费不计算。

4）自升式塔式起重机安装、拆卸费用的超高起点及其增加费，各地区（部门）

可根据具体情况确定。

（5）人工费。指机上司机（司炉）和其他操作人员的工作日人工费及上述人员在施工机械规定的年工作台班以外的人工费。按下式计算：

$$台班人工费 = \frac{人工消耗量 \times 1 + 年制度工作日 \times 年工作台班 \times 人工单价}{年工作台班}$$

1）人工消耗量指机上司机（司炉）和其他操作人员工日消耗量。

2）年制度工作日应执行编制期国家有关规定。

3）人工单价应执行编制期工程造价管理部门的有关规定。

（6）燃料动力费。是指施工机械在运转作业中所耗用的固体燃料（煤、木柴）、液体燃料（汽油、柴油）及水、电等费用。计算按下式计算：

台班燃料动力费=台班燃料动力消耗量×相应单价　（1－19）

1）燃料动力消耗量应根据施工机械技术指标及实测资料综合确定。例如可采用式（1－220）：

台班燃料动力消耗量=（实测数×4+定额平均值+调查平均值）/6　（1－20）

2）燃料动力单价应执行编制期工程造价管理部门的有关规定。

四、施工机械租赁管理

机械施工单位有时由于工程任务的不均衡，必然有一部分施工机械闲置。为了发挥机械效能，其他工程单位需要时，往往以出租的形式租赁给其他单位使用，一般称为“机械出租”。这种办法的优点是：既可以提高机械管理单位的机械利用率，又可以解决其他工程单位施工设备不足的困难。这种办法还是多数机械单位的一种主要经营形式。在现阶段虽然大部分施工单位都逐步实行自管自用的办法，但对于一时闲置不用的机械设备，还是以出租的形式租给其他单位使用，作为机械经营管理中的一种辅助形式。

租赁机械设备有租入和租出两种情况，均不改变机械设备的原有产权隶属关系。租赁方式有随机带人、单机不带人的承包制和收取台班费方式。不论哪种方式的租赁合同，应按有关规定计取租金。

签订租赁合同时应明确：工程任务和机械的工作量；租赁机械的形式、规格和数量；租赁的时间；双方的经济责任；运输方式和退还地点；原燃材料的供应方式、租赁费用的结算方法等。

一般机械的租赁，由施工单位的机械管理部门批准即可，重要的机械租赁应报上级主管部门备案。

机械出租手续，一般都是事先签订租赁合同，明确双方责任。合同大致有如以下内容：

（1）租用机械名称、规格及数量。

（2）租用时间。

（3）使用地点、工程项目。

（4）计费办法。

（5）付款办法。

（6）双方责任。

（7）燃料供应。

（8）其他条款。

五、施工机械单机核算

1.核算的起点

凡项目经理部拥有大、中型机械设备 10 台以上，或按能耗计量规定单台能耗超过规定者，均应开展单机核算工作，无专人操作的中小型机械，有条件的也可以进行单机核算，以提高机械使用的经济效果。

2.单机核算的内容与方法

（1）单机选项核算。

一般核算完成年产量、燃油消耗等，因为这两项是经济指标中的主要指标。表 1－17 是举核算“完成产量情况”与“燃油消耗”的例子，如核算其他项目表式可以参照表 1－18 自行拟定。

表 1－17　单机选项核算表一

机械编号　　　　年　月　日

日期	机械名称	运转台时	完成产量情况				油料消耗/kg						节(－)超(＋)		
			单位	定额	实际	增(＋)减(－)	汽油		柴油		其他油料		汽油	柴油	其他油料
							应耗	实耗	应耗	实耗	应耗	实耗			

经济效果：

核算员：　　　　机长(驾驶员)：

表 1－18　单机选项核算表二

车辆编号　　　　年　月　日

日期	车种	规格型号	完成运输/(吨千米)					油料消耗/kg						节(－)超(＋)		
			重驶公时	空驶公里	计划	实际	超(＋)亏(－)	汽油		柴油		其他油耗		汽油	柴油	其他油耗
								应耗	实耗	应耗	实耗	应耗	实耗			

经济效果：

核算员：　　　　司机：

（2）单机核算台账。

是一种费用核算（表 1－19），一般按机械使用期内实际收入金额与机械使用期内实际支出的各项费用进行比较，考核单机的经济效益如何，是节约还是超支。

表1－19　单机核算台账

机械名称：　　　　　　　　　　　　　　编号：　　　　　　　　　　　　　驾驶员：

年	月	实际完成数量及收入					各项实际支出/元													节(+)超(-)
		台班收入		吨千米收入		合计/元	折旧费	大修费	中修三保费	一二保及小修费	配件费	轮胎费	设备替换及工具费	安装拆卸及辅助设施费	燃料及其他润滑油费	工资奖金	管理费	事故费	合计/元	
		数量	金额/元	数量	金额/元															

（3）核算期间。

一般每月进行一次，如有困难也可每季进行一次，每次核算的结果要定期向群众公布，以激发群众的积极性。

（4）进行核算分析。

通过核算资料的分析，找出节约与超支的原因，提出解决问题的具体措施，以不断提高机械使用中的经济效益，分析资料应与核算同时公布。

3.核算的分工

核算单位的机械、施工、财务、材料、人事等部门应互相密切配合，提供有关资料。

4.核算要点

（1）要有一套完整的先进的技术经济定额，作为核算依据。

（2）要有健全的原始记录，要求准确、齐全、及时，同时要统一格式、内容及传递方式等。

（3）要有严格的物资领用制度，材料、油料发放时做到计量准确，供应及时，记录齐全。

5.奖罚规定

（1）通过核算，对于经济效益显著的机车驾驶员，除精神奖励外，应给予适当的物质奖励。

（2）对于经济效果差，长期完不成指标而亏损的机车司机，除帮助分析客观原因外，并指出主观上存在的问题，订出改进措施，如仍无扭转，应给予批评或罚款。

第 4 单元　施工机械操作使用管理

第 1 讲　施工机械的使用管理

一、施工机械的合理选用

在机械化施工中，机械的选用是否合理，将直接关系到施工进度、质量和成本，是优质、高产、低耗地完成施工生产任务和充分发挥机械效能的关键。

1.编制机械使用计划

根据施工组织设计编制机械使用计划。编制时要采用分析、统筹、预测等方法，计算机械施工的工程量和施工进度，作为选择调配机械类型、台数的依据，以尽量避免大机小用、早要迟用，既要保证施工需要，又不使机械停置，或不能充分发挥其效率。

2.通过经济分析选用机械

建筑工程配备的施工机械，不仅有机种上的选用，还有机型、规格上的选择。在满足施工生产要求的前提下，对不同类型的机械施工方案，从经济性进行分析比较。即将几种不同的方案，计算单位实物工程量的成本费，取其最小者为经济最佳方案。对于同类型的机械施工方案，如果其规格、型号不相同，也可以进行分析比较，按经济性择优选用。

3.机械的合理组合

机械施工是多台机械的联合作业，合理的组合和配套，才能最大限度地发挥每台机械的效能。合理组合机械的原则是：

（1）尽量减少机械组合的机种类。机械组合的机种数越多，其作业效率会越低，影响作业的概率就会增多，如组合机械中有一种机械发生故障，将影响整个组合作业。

（2）注意机械能力相适应的组合。在流水作业中使用组合机械时，必须对组合的各种机械能力进行平衡。如作业能力不平衡时，会出现一台或几台机械能力过剩，发挥不出机械的正常效率。

（3）机械组合要配套和平列化。在组织机械化施工中，不仅要注意机械配套，而且要注意分成几个系列的机械组合，同时平列地进行施工，以免组合中一台机械损坏造成全面停工。

（4）组合机械应尽可能简化机型，以便于维修和管理。

（5）尽量选用具有多种作业装置的机械，以利于一机多用，提高机械利用率。

二、施工机械工作参数

1.工作容量

施工机械的工作容量常以机械装置的尺寸、作用力（功率）和工作速度来表示。

例如挖掘机和铲运机的斗容量，推土机的铲刀尺寸等。

2.生产率

施工机械的生产率是指单位时间（小时、台班、月、年）机械完成的工程数量。生产率的表示可分以下三种。

（1）理论生产率。指机械在设计标准条件下，连续不停工作时的生产率。理论生产率只与机械的形式和构造（工作容量）有关，与外界的施工条件无关。一般机械技术说明书上的生产率就是理论生产率，是选择机械的一项主要参数。通常按下式表示：

$$Q_L=60A \quad (1-21)$$

式中 Q_L——机械每小时的理论生产率；

A——机械一分钟内所完成的工作量。

（2）技术生产率。指机械在具体施工条件下，连续工作的生产率，考虑了工作对象的性质和状态以及机械能力发挥的程度等因素。这种生产率是可以争取达到的生产率，用式（1－22）表示：

$$Q_W=60AK_W \quad (1-22)$$

式中 Q_W——机械每小时的技术生产率；

K_W——工作内容及工作条件的影响系数，不同机械所含项目不同。

（3）实际生产率。是指机械在具体施工条件下，考虑了施工组织及生产时间的损失等因素后的生产率。可用式（1－23）表示：

$$Q_z=60AK_Wk_B \quad (1-23)$$

式中 Q_z——机械每小时的实际生产率；

k_B——机械生产时间利用系数。

3.动力

动力是驱动各类施工机械进行工作的原动力。施工机械动力包括动力装置类型和功率。

4.工作性能参数

施工机械的主要参数，一般列在机械的说明书上，选择、计算和运用机械时可参照查用。

三、施工机械使用初期管理

新机械经技术检验合格后投入生产的初期使用管理，一般为半年左右（内燃机要经过初期磨合的特殊过程）。

1.初期管理的内容

（1）培养和提高操作工人对新机械的使用、维护能力。

（2）对新机械在使用初期运转状态变化进行观察，并作适当调整，降低机械载荷，平稳操作，加强维护保养，适当缩短润滑油的更换期。

（3）做好机械使用初期的原始记录，包括运转台时，作业条件，零部件磨损及故障记录等。

（4）机械初期使用结束时，机械管理部门应根据各项记录填写机械初期使用鉴定书。

（5）由于内燃机械结构复杂、转速高、受力大等特点，当新购或经过大修、重新安装的机械，在投入施工生产的初期，必须经过运行磨合，使各相配机件的摩擦表面逐渐达到良好的磨合，从而避免部分配合零件因过度摩擦而发热膨胀形成粘附性磨损，以致造成拉伤、烧毁等损坏性事故。因此，认真执行机械磨合期的有关规定，是机械初期管理的重要环节。

1）机械的磨合期应按原机技术文件规定的要求执行。如无规定，一般内燃机械为100h，汽油汽车为1000km，柴油汽车为1500km。

2）在磨合期内应采用符合规定的优质润滑油料，以免影响润滑作用；内燃机使用的燃料应符合机械性能要求，以免燃料在燃烧过程中产生突爆而损伤机件。

3）内燃机启动时，严禁猛加油门，应在500～600 r/min的转速下，稳定运转数分钟，使内燃机内部运动机件得到良好的润滑，随着温度的上升而逐渐增加转速。在严寒季节，必须先对内燃机进行预热后方可启动。在内燃机运转达到额定温度后，应对汽缸盖螺丝按规定程序和扭矩，用扭力扳手逐个进行紧固，在磨合期内不得少于2次。

4）磨合期满后，应更换内燃机曲轴箱机油，并清洗润滑系统，更换滤清器滤芯。同时应检查各齿轮箱润滑油的清洁情况，必要时更换。同时进行调整、紧固等磨合期后的保养作业，并拆除内燃机的限速装置。

5）磨合期完成后取下标志，拆除限速装置，审查磨合期记录并签章，作为磨合期完成的原始凭证，并纳入机械技术档案。

2.机械使用初期的信息反馈

对上述机械使用初期所收集的信息进行分析后作如下处理：

（1）属于机械设计、制造和产品质量上的问题，应向设计、制造单位进行信息反馈。

（2）属于安装、调试上的问题，向安装、试验单位进行信息反馈。

（3）属于需采取维修对策的，向机械维修部门反馈。

（4）属于机械规划、采购方面的问题，向规划、采购部门反馈。

四、施工机械的合理使用

正确使用机械是机械使用管理的基本要求，它包括技术合理和经济合理两个方面的内容。

技术合理就是按照机械性能、使用说明书、操作规程以及正确使用机械的各项技术要求使用机械。

经济合理就是在机械性能允许范围内，能充分发挥机械的效能，以较低的消耗，获得较高的经济效益。

根据技术合理和经济合理的要求，机械的正确使用主要应达到以下三个标志：

（1）高效率。机械使用必须使其生产能力得以充分发挥。在综合机械化组合中，至少应使其主要机械的生产能力得以充分发挥。机械如果长期处于低效运行状态，那就是不合理使用的主要表现。

（2）经济性。在机械使用已经达到高效率时，还必须考虑经济性的要求。使用管理的经济性，要求在可能的条件下，使单位实物工程量的机械使用费成本最低。

（3）机械非正常损耗防护。机械正确使用追求的高效率和经济性必须建立在不发生非正常损耗的基础上，否则就不是正确使用。机械的非正常损耗是指由于使用不当而导致机械早期磨损、事故损坏以及各种使机械技术性能受到损害或缩短机械使用寿命等现象。

以上三个标志是衡量机械是否做到正确使用的主要标志。要达到上述要求的因素是多方面的，有施工组织设计方面和人的因素，也有各种技术措施方面的因素等，图 1－5 是机械使用的主要因素分析，机械使用管理就是对图列各项因素加以研究，并付诸实现。

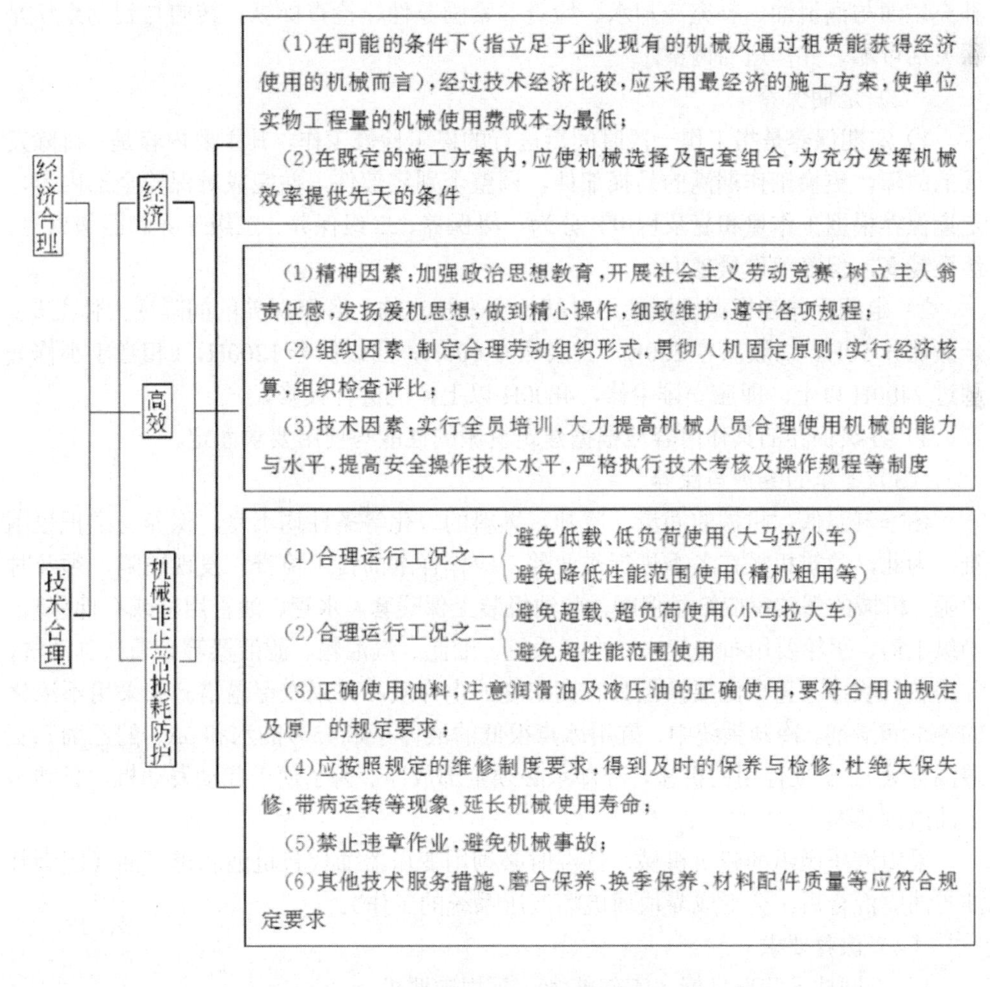

图 1－5　机械正确使用的主要因素分析

五、施工机械的维护保养

1.施工项目机械设备的保养

机械设备的保养指日常保养和定期保养，对机械设备进行清洁、紧固、润滑防腐、修换个别易损零件，使机械保持良好的工作状态。

（1）日常保养

1）日常保养工作主要是对某些零件进行检查、清洗、调整、紧固等，例如，空气滤清器和机油滤清器因尘土污染或聚集金属末与炭末，使滤芯失去过滤作用，必须经过清洗方能消除故障，锥形轴承或离合器等使用一段时间后，间隙有所增大，须经适当调整后，方可使间隙恢复正常，螺纹紧固件使用一段时间后，也会松动，必须给予紧固，以免加剧磨损。

2）建筑机械的日常保养分为班保养和定期保养两类。

3）班保养是指班前班后的保养，内容不多，时间较短，主要是：清洁零部件、补充燃油与润滑油、补充冷却水、检查并紧固零件、检查操纵、转向与制动系统是否灵活可靠，并作适当调整。

（2）定期保养

1）定期保养是指工作一段时间后进行的停工检修工作，其主要内容是：排除发现的故障，更换工作期满的易损部件，调整个别零部件，并完成难保养全部内容，定期保养根据工作量和复杂程度，分为一级保养、二级保养、三级保养和四级保养，级数越高，保养工作量越大。

2）定期保养是根据机械使用时间长短来规定的，各级保养的间隔期大体上是：一级保养 50H，二级保养 200H，三级保养 600H，四级保养 1200H，（相当于小修），超过 2400H 以上，即应安排中修，4800H 以上，应进行大修。

3）各级保养的具体内容应根据建筑机械的性能与使用要求而定。

（3）冬季的维护与保养

冬季气温低，机械的润滑、冷却、燃料的气化等条件均不良，保养与维护也困难。为此，建筑机械在冬季进行作业前，应作详细的技术检查，发现缺陷，须及时消除。机械的驾驶室应给予保暖，柴油机装上保暖套，水管、油管用毡或石棉保暖，操纵手柄、手轮要用布包起来。冷却系统、油匣、汽油箱、滤油器等必须认真清洗，并用空气吹净。蓄电池要换上具有高密度的电介质，并采取保温措施和采用不浓化的冬季润滑剂。冷却系统中，宜用冰点很低的液体（如 45％的水和 35％的乙烯乙氨酸混合液）。长期停用的机械，冷却水必须全部放净。为了便于起动发动机，必须装上油液预热器。

采用液压操纵的建筑机械，低温时必须用变压器油代替机油和透平油（因为甘油与油脚混合后，会形成凝块而破坏液压系统的工作）。

（4）保养要求

1）机械技术状况良好，工作能力达到规定要求。

2）操纵机构和安全装置灵敏可靠。

3）搞好设备的“十字”作业，清洁、紧固、润滑、调整、防腐。

4）零部件、附属装置和随机工具完整齐全。

5）设备的使用维修记录资料齐全、准确。

2.施工项目机械维修

机械修理包括零星小修、中修和大修。

（1）零星小修是临时安排的修理，一般和保养相结合，不列入修理计划。目的是消除操作人员无力排除的机械设备突然发生故障、个别零件损坏或一般事故性损坏，及时进行维修、更换、修复。

（2）大修和中修列入修理计划，并由企业负责按机械预检修计划对施工机械进行检修。

（3）大修是对机械设备进行全面的解体检查修理，保证各零部件质量和配合要求，使其达到良好的技术状态，恢复可靠性和精度等工作性能，以延长机械的使用寿命。

（4）中修是对不能继续使用的部分总成进行大修，使整机状况达到平衡，以延长机械设备的大修间隔。

（5）中修是在大修间隔期间对少数总成进行的一次平衡修理，对其他不进行大修的总成只执行检查保养。

第2讲　施工机械的安全管理

施工机械在使用过程中如果管理不严、操作不当，极易发生伤人事故。机械伤害已成为建筑行业“五大伤害”之一。现场施工人员了解常见的各种起重机械、物料提升机、施工电梯、土方施工机械、各种木工机械、卷扬机、搅拌机、钢筋切断机、钢筋弯曲机、打桩机械、电焊机以及各种手持电动工具等各类机械的安全技术要求对预防和控制伤害事故的发生非常必要。《建筑机械使用安全技术规程》（JGJ 33-2012）对机械的结构和使用特点，以及安全运行的要求和条件都进行了明确的规定。同时也规定了机械使用和操作必须遵守的事项、程序等基本规则。机械操作和管理人员都必须认真执行《建筑机械使用安全技术规程》（JGJ 33-2012），按照规程要求对机械进行管理和操作。

一、施工机械进场及验收安全管理

1.机械进场使用准备阶段的安全管理

（1）施工现场所需的机械，由施工负责人根据施工组织设计审定的机械需用计划，向机械经营单位签订租赁合同后按时组织进场。

（2）进入施工现场的机械，必须保持技术状况完好，安全装置齐全、灵敏、可靠，机械编号的技术标牌完整、清晰，起重、运输机械应经年审并具有合格证。

（3）电力拖动的机械要做到一机、一闸、一箱，漏电保护装置灵敏可靠；电气元件、接地、接零和布线符合规范要求；电缆卷绕装置灵活可靠。

（4）需要在现场安装的机械，应根据机械技术文件（随机说明书、安装图纸和技术要求等）的规定进行安装。安装要有专人负责，经调试合格并签署交接记录后，方可投入生产。

（5）现场机械的明显部位或机棚内要悬挂切实可行的简明安全操作规程和岗位责任标牌。

（6）进入现场的机械，要进行作业前的检查和保养，以确保作业中的安全运行。刚从其他工地转来的机械，可按正常保养级别及项目提前进行；停放已久的机械应进行使用前的保养；以前封存不用的机械应进行启封保养；新机或刚大修出厂的机械，应按规定进行走合期保养。

2.机械进场使用前验收的安全管理

（1）项目经理部应对进入施工现场的机械设备的安全装置和操作人员的资质进行审验，不合格的机械和人员不得进入施工现场。

（2）大型机械设备安装前，项目经理部应根据设备租赁方提供的参数进行安装设计架设，经验收合格后的机械设备，可由资质等级合格的设备安装单位组织安装。安装完成后，报请主管部门验收，验收合格后方可办理移交手续。

（3）对于塔式起重机、施工升降机的安装、拆卸，必须是具有资质证件的专业队承担，要按有针对性的安拆方案进行作业，安装完毕应按规定进行技术试验，验收合格后方可交付使用。

（4）中、小型机械由分包单位组织安装后，项目部机械管理部门组织验收，验收合格后方可使用。

（5）所有机械设备验收资料均由机械管理部门统一保存，并交安全部门一份备案。

二、机械设备安全技术管理

1.项目经理部技术部门应在工程项目开工前编制包括主要施工机械设备安全防护技术的安全技术措施，并报管理部门审批。

2.认真贯彻执行经审批的安全技术措施。

3.项目经理部应对分包单位、机械租赁方执行安全技术措施的情况进行监督。分包单位、机械租赁方应接受项目经理部的统一管理，严格履行各自在机械设备安全技术管理方面的职责。

三、贯彻执行机械使用安全技术规程

《建筑机械使用安全技术规程》（JGJ33-2012）由建设部制定和颁发。它对机械的结构和使用特点，以及安全运行的要求和条件都进行了明确的规定。同时压规定了机械使用和操作必须遵守的事项、程序等基本规则。机械操作和管理人员都必须认真执行《建筑机械使用安全技术规程》（JGJ 33-2012），按照规程要求对机械进行管理和操作。

三、做好机械安全教育工作

各种机械操作人员除进行必须的专业技术培训，取得操作证以后方能上岗操作以外，机械管理人员还应按照项目安全管理规定对机械使用人员进行安全教育，加强对机械使用安全技术规程的学习和强化。

四、严格机械安全检查

项目机械管理人员应采用定期、班前、交接班等不同的方式对机械进行安全检查。检查的主要内容：一是机械本身的故障和安全装置的检查，主要消除机械故障和隐患，确保机械安全装置灵敏可靠；二是机械安全施工生产检查，针对不断变化的施工环境，主要检查施工条件、施工方案、措施是否能够确保机械安全生产。

第 3 讲　机械事故的分类、处理和预防

一、机械事故的概念

凡由于使用、保养、修理不当，保管不善或其它原因，引起的机械非正常损坏或损失，造成机械技术性能下降，使用寿命缩短，均称为机械事故。

机动车辆在公路行驶发生交通事故，如伴有车辆损坏情况的，也应作为机械事故处理。

二、机械事故的分类

（1）机械事故按其发生的原因和性质，可分为责任事故和非责任事故。

1）责任事故。凡由于操作不当，违章作业，任意超速、超载运行；施工条件恶劣又未采取有效措施；维护保养不善，修理质量不合格，机械技术状况恶化，带病运转；管理不严，非司机操作；指挥失误等属于人为的原因造成的事故，均属于责任事故。

2）非责任事故。凡因自然灾害或不可抗拒的外界原因而引起的事故；或因设计、制造等先天缺陷，而又无法预防和补救所造成的事故，均属于非责任事故。

（2）根据机械损坏程度和损失价值进行分类，机械事故分为一般事故、大事故、重大事故三类：

一般事故：机械直接损失价值在 1000～5000 元者。

大事故：机械直接损失价值在 5000～20000 元者。

重大事故：机械直接损失价值在 20000 元以上者。

直接损失价值的计算，按机械损坏后修复至原正常状态时所需的工、料费用。

三、机械事故的调查

机械事故发生后，操作人员应立即停机，保持事故现场，并向单位领导和机械

主管人员报告。单位领导和机械主管人员应会同有关人员立即前往事故现场。如涉及人身伤亡或有扩大事故损失等情况，应首先组织抢救。

对已发生的事故，当事单位领导要组织有关人员进行现场检查和周密调查，听取当事人和旁证人的申述，详细记录事故发生的有关情况及造成后果，作为分析事故的依据。

四、机械事故的分析

机械事故处理的关键在于正确地分析事故原因。一般和大事故由事故单位负责人组织有关人员，在机械管理部门参加下进行现场分析；重大事故由企业机械技术负责人组织机械、安技部门和事故有关人员进行分析。事故分析的基本要求是：

（1）要重视并及时进行事故分析。分析工作进行得越早，原始数据越多，分析事故原因的根据就越充分。要保存好分析的原始证据。

（2）如需拆卸发生事故机械的部件时，要避免使零件再产生新的损伤或变形等情况发生。

（3）分析事故时，除注意发生事故部位外，还要详细了解周围环境，多访问有关人员，以便得出真实情况。

（4）分析事故应以损坏的实物和现场实际情况为主要依据，进行科学的检查、化验，对多方面的因素和数据仔细分析判断，不得盲目推测，主观臆断。

（5）机械事故往往是多种因素造成的，分析时必须从多方面进行，确有科学根据时才能作出结论，避免由于结论片面而引起不良后果。

（6）根据分析结果，填写故事报告单，确定事故原因、性质、责任者、损失价值、造成后果和事故等级等，提出处理意见和改进措施。

五、机械事故的处理

（1）事故发生单位应于 10 日内填写事故报告单逐级上报。重大事故应在 24h 内用电话报告上级主管部门。对于隐瞒不报或弄虚作假者要严肃处理。

（2）企业领导和主管部门必须按照“三不放过”的原则（事故原因没有分析清楚不放过；事故当事者和干部、群众没有受到教育不放过；没有切实可行的防范措施不放过），认真进行分析和处理。

（3）任何事故都要查清原因和责任，对违章作业、玩忽职守的事故责任者，要严肃处理，根据情节轻重，赔偿部分经济损失；对事故性质恶劣，或同类重复事故的责任者，除赔偿经济损失外，并应给予纪律处分直至追究法律责任；单位领导忽视安全生产，瞎指挥，迫使或纵容他人违章操作而造成事故者，应追究领导责任并从严处理。

（4）对长期坚持安全生产和采取有效措施消除隐患，避免机械事故发生的单位或个人，要给予表扬和奖励，并及时总结推广安全生产的经验。

（5）机械管理部门要建立事故台帐，积累事故的各项资料，定期进行分析，掌握事故规律，提出改进措施，以降低事故频率。

六、运用全面质量管理方法，提高机械事故管理水平

在机械事故管理中运用全面质量管理方法，遵循PDCA循环的工作程序，分析事故原因，寻找引起事故的主要因素，确定主攻方向，制定措施认真执行，检查总结，再循环……逐步提高管理水平。严格控制造成事故的各项因素，克服可避免的因素，将不可避免的客观因素控制在最小范围，并采取防范措施，使机械事故率降低到最小可能值，实现机械事故管理现代化。

以某单位全年发生机械事故25起、经济损失106500元为应用实例，列出如下图表：

根据对事故原因的分析，绘制机械事故因果图，如图1－6所示。

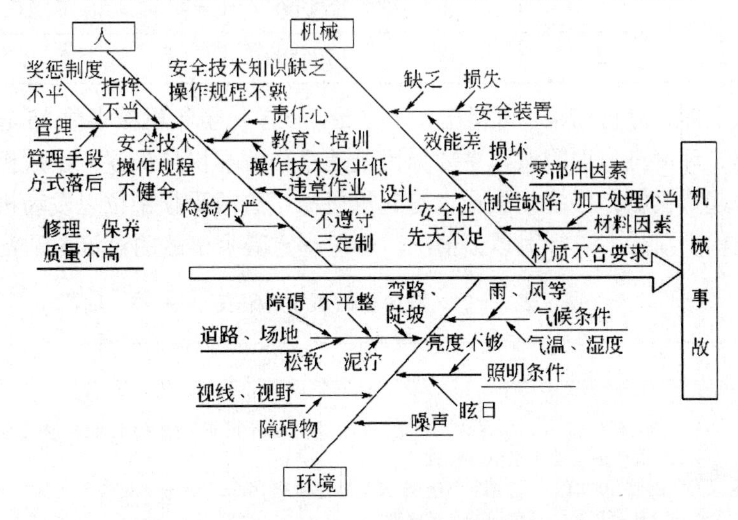

图1－6 机械事故因果图

按事故的机类和原因分别绘制排列图，如图1－7、图1－8所示。

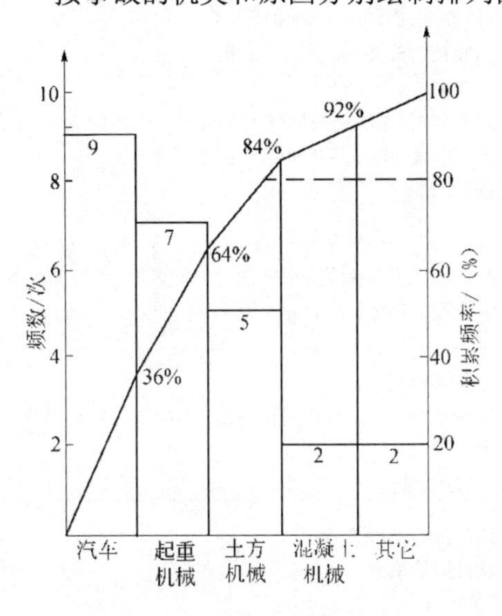

图1－7 事故机类排列图

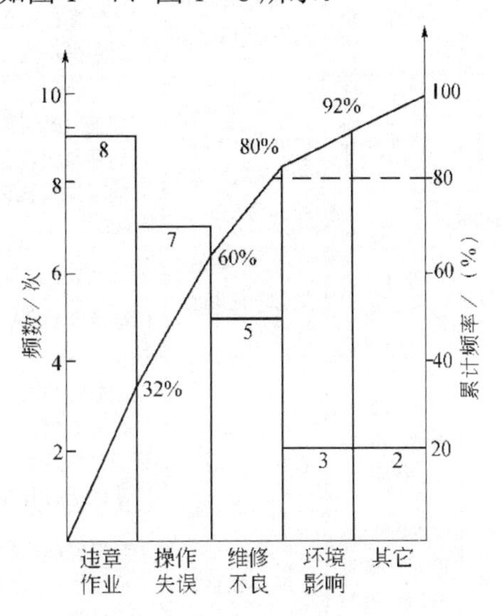

图1－8 事故原因排列图

分机类的事故次数和经济损失比例见表 1－20。

表 1－20 某单位全年机械事故次数和经济损失比较表

机械类别	事故次数		经济损失费	
	台 次	比例(%)	费用(元)	比例(%)
汽车	9	36	34250	32.2
起重机械	7	28	42350	39.8
土方机械	5	20	21500	20.2
混凝土机械	2	8	5200	4.9
其它	2	8	3200	2.9
合计	25	100	106500	100

根据以上图表分析结果，可得出如下结论：该单位全年机械事故 25 起的发生原因有人、物、环境三方面因素，主要原因是违章作业和操作失误；事故机械以汽车最多，其次起重机械；经济损失最大是起重机械；事故受损部位以发动机、传动机构、起重机构受损最多。针对以上情况，即可制定减少事故的对策，见表 1－21。

表 1－21 减少机械事故对策表

序号	要因项目	目 标	措 施
1	违章作业	落实"三定"和凭证上岗达到 100%减少违章事故	认真执行"三定"责任制，严格操作证审核，杜绝无证上机，由现场安全检查员负责检查 组织学习使用、操作技术规程，由安全检查员监督检查加强安全教育，定期组织安全日活动
2	操作失误	减少此类事故 50% 以上	举办技术培训班，重点提高青年工人操作技术素质 严格操作证的技术考核标准，淘汰不合格操作人员 关心操作人员，使他们能精力充沛、思想集中的投入作业
3	汽车事故最多	使汽车事故造成损失降低 50% 以上，杜绝人身伤亡	加强交通规则的学习，严格"三定"制及驾驶证的管理 加强维护保养，严格出场检查制，保持制动系统灵敏可靠 加强安全教育，严禁高速滑行
4	保养、修理质量差	消灭失保、失修，提高修理质量	严格执行定期保养制，由专人负责检查，按月进行检查评比，实行奖惩制 修理质量不合格者不得交付使用
5	起重机械事故概率高、损失大	减少此类事故 60% 以上	选好合格的机长，使之切实负责 举办起重机作业原理，稳定性要求，吊装安全技术的学习班，轮训操作人员、起重指挥等有关人员 定期进行起重机械的安全检查
6	发动机、传动、起重机构是事故常发部位	减少发生	开展发动机的检测诊断，预防事故发生 认真执行定期保养，及时消除隐患 严格遵守安全使用技术规程

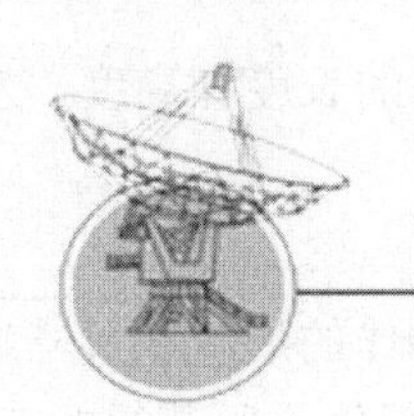

第 2 部分

机械识图与制图及传动

第 1 单元　机械识图与制图

第 1 讲　投影与视图

用灯光或是其他光照射物体,在地面上或墙面上便产生影子，这种现象叫做投影。如图 2－1 中，*S* 为投影中心，*A* 为空间点，平面 *P* 为投影面，*S* 与 *A* 点的连线为投射线，*SA* 的延长线与平面 *P* 的交点 *α*，称为 *A* 点在平面 *P* 上的投影，这种方法叫做投影法。

1.正投影

用一组平行射线，把物体的轮廓、结构、形状，投影到与射线垂直的平面上，这种方法就叫正投影。见图 2－2。

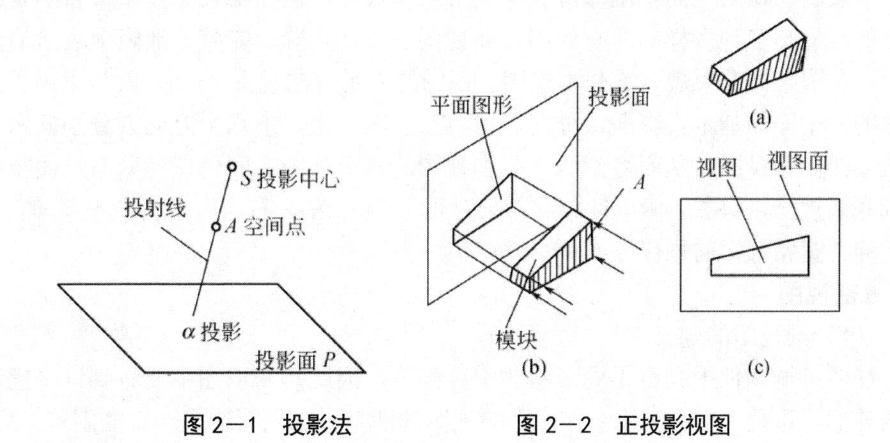

图 2－1　投影法　　　图 2－2　正投影视图

2.两面视图

两面视图的例子见图 2－3。该物体形状比较简单，但用一面视图不能全部表述它的形状和尺寸，因此，必须用两面视图来表示。按主视方向在正面投影所获得的平面图形叫主视图，在左侧方向投影所获得的平面图形叫左视图。为了将两视图构成一个平面，按标准规定，正面不动，左侧面转 90°，这样构成了一个完整的两面视图。从两面视图中，可以清楚地看出，主视图表示了物体的长度和高度，左侧视图表示了物体的高度和宽度。

3.三面视图

对于比较复杂的物体，只有两面视图不能全部反映物体的形状和尺寸，还需要增加一面视图，这就是由三个相互垂直的投影面构成的投影体系所获得的三面视图。俯视方向在水平面投影所获得的平面图形，叫俯视图。见图 2－4。

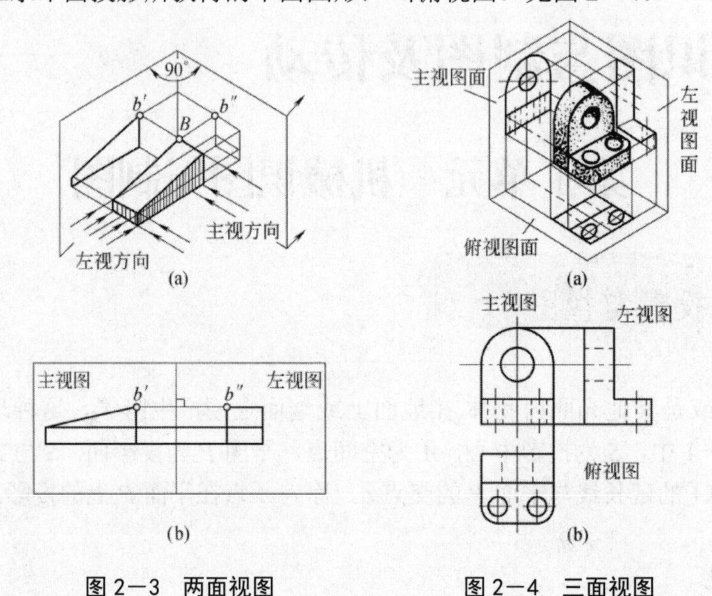

图 2－3　两面视图　　　　图 2－4　三面视图

4.多面视图

一般的物体用三面视图即可表明其形状和尺寸，但在实际工作中，特别是机械零件的结构是多种多样的，有的用三面视图还不能正确、完整、清晰地表达清楚，因此，在国家标准中规定了基本视图。视图的表示方法见图 2－5，就是采用了正六面体的六个面的基本投影面，分前、后、左、右、上、下六个方向，分别向六个基本投影面做正投影，从而得到六个基本视图。六个视图之间仍保持着与三面视图相同的联系规律，即主、俯、仰、后“长对正”，主、左、右、后“高平齐”，俯、左、右、仰“宽相等”的规律。

5.剖视图

（1）剖视图的定义。

许多机械零件中具有不同形状的空腔部位，因此，在识图中要看到许多虚线，使内外形状重叠，虚、实线交错，影响视图的清晰，给识图造成一定的困难。为此，国家标准中采用了剖视图的方法，来清晰表示零件的形状和尺寸。

剖视图就是假想用一剖切平面，在适当部位把机械零件切开，移去前半部分，将余下部分按正投影的方法，得到的视图，叫剖视图，见图 2－6。

（2）识图中常见的剖视图。

1）全剖视。把机械零件整个地剖开后得到的视图，它一般用于外形简单和不对称的零件。

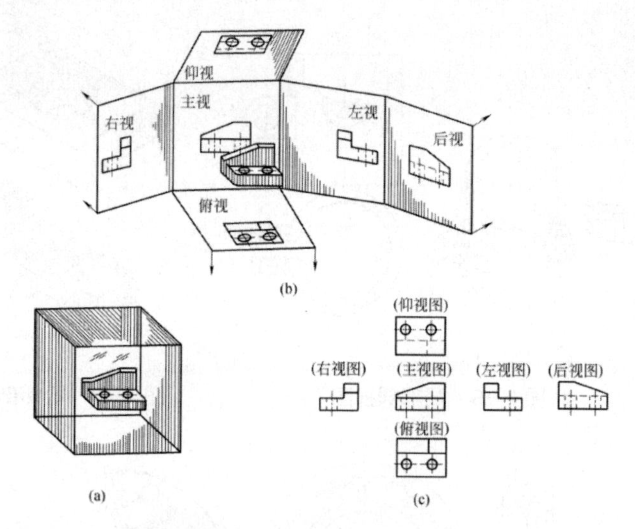

图 2—5　多面视图

2）半剖视。对称的部件一般采用半剖视的方法，只剖一半，另一半的外形用对称线作为剖切线的分界线。见图 2—7。

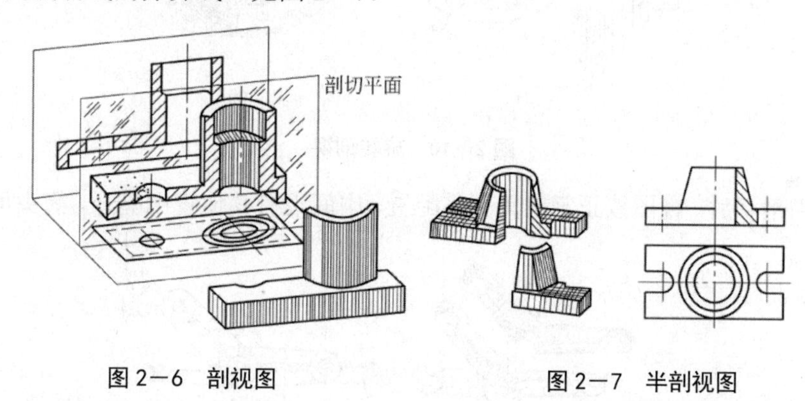

图 2—6　剖视图　　　　图 2—7　半剖视图

3）局部剖视。对机械零件某一部分进行剖视，一般用波浪线作为分界线。见图 2—8。

局部剖视有时还用来表达内外结构不对称的零件。

4）阶梯剖视。由于机械零件内部结构层次较多，用几个互相平行的剖切平面而得到的视图，叫阶梯剖视。见图 2—9。

5）旋转剖视。将机械零件用两个相交的剖切平面剖开后，把其中一个（倾斜的）剖切平面，旋转到另一个剖切平面平行的位置后，得到的视图，见图 2—10。

（3）剖视图的标记。

1）一般应用带字母的剖切符号及箭头标记剖切位置及剖视方向，并在剖视图上方注明标记，见图 2—11、图 2—12。

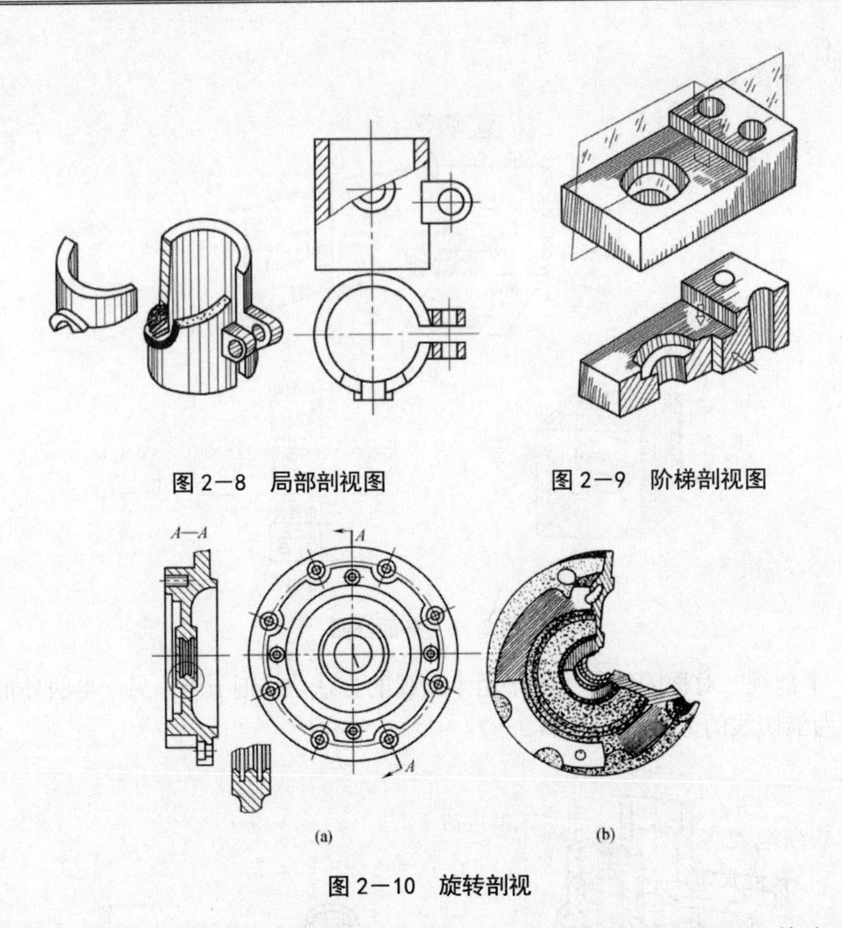

图 2—8 局部剖视图

图 2—9 阶梯剖视图

图 2—10 旋转剖视

2）当剖切后，视图按正常位置关系配置，中间没有其他视图隔开，箭头可省略。

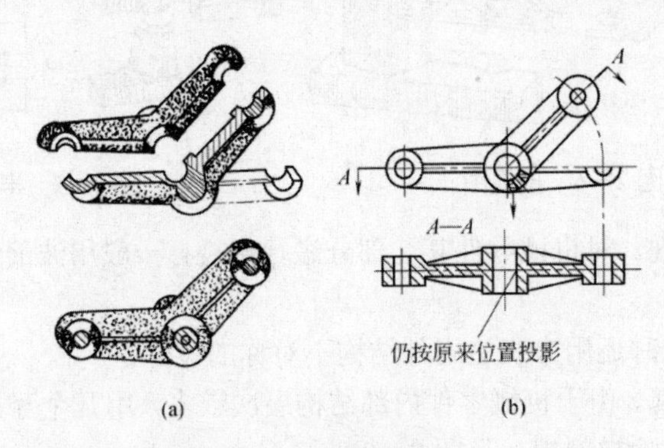

图 2—11 旋转剖视

3）剖切平面与机件的对称平面重合，且按正常视图关系配置，中间又没有其他视图隔开时，剖切平面连线位置不必进行标记。

4）剖切位置明显的局部视图，可不做标记。

（4）剖面图。

剖面图与剖视图是有区别的，在识图中可以注意到，剖面图要画出被剖切面的形状，而剖视图不仅要画出被剖切断面的形状，而且还要画出剖切断面后其余部分的形状。见图 2－12。

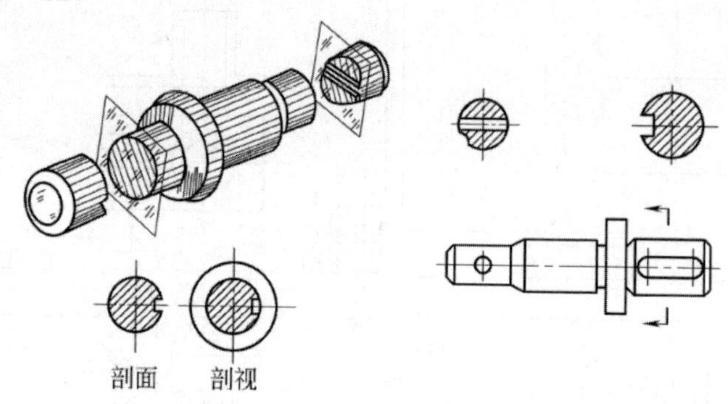

图 2－12　剖面与剖视

第 2 讲　机械零件图绘制

零件图是表示零件结构、大小及技术要求的图样。零件图是生产中的基本技术文件，直接指导零件制造、加工和检验的图样。

1.零件图应具备的内容

（1）一组表达零件的视图。用三视图、剖视图、剖面图及其他规定画法，正确、完整、清晰地表达零件的各部分形状和结构。

（2）零件尺寸。完整、清晰、合理地标注零件制造、检验时的全部尺寸。

（3）技术要求。用数字、规定符号或文字说明制造、检验时应达到的要求。

（4）标题栏。说明零件名称、材料、数量、作图比例、设计及审核人员、设计单位等。

2.零件图的测绘

零件的测绘是根据实际零件画出草图，用测量工具测量出它的尺寸和确定技术要求，最后画出零件工作图。

3.画零件草图的具体步骤

画零件草图的具体步骤如图 2－13 所示。

（1）根据视图数目及实物大小，确定适当的图幅。

（2）画出各视图的中心线、轴线、基准线，确定各视图位置。各视图之间要留有足够余地以便标注尺寸，右下角要画出标题栏。

（3）从主视图开始，先画出各视图的主要轮廓线，后画细部，画图时要注意各视图间的投影关系。

（4）选择基准，画出全部尺寸界线、尺寸线和箭头，并标注零件各部分的表面粗糙度。

（5）测量尺寸，确定技术要求，填写尺寸数值，把技术要求写在标题栏上方。

（6）仔细检查草图后，描深并画剖面线，填写标题栏。

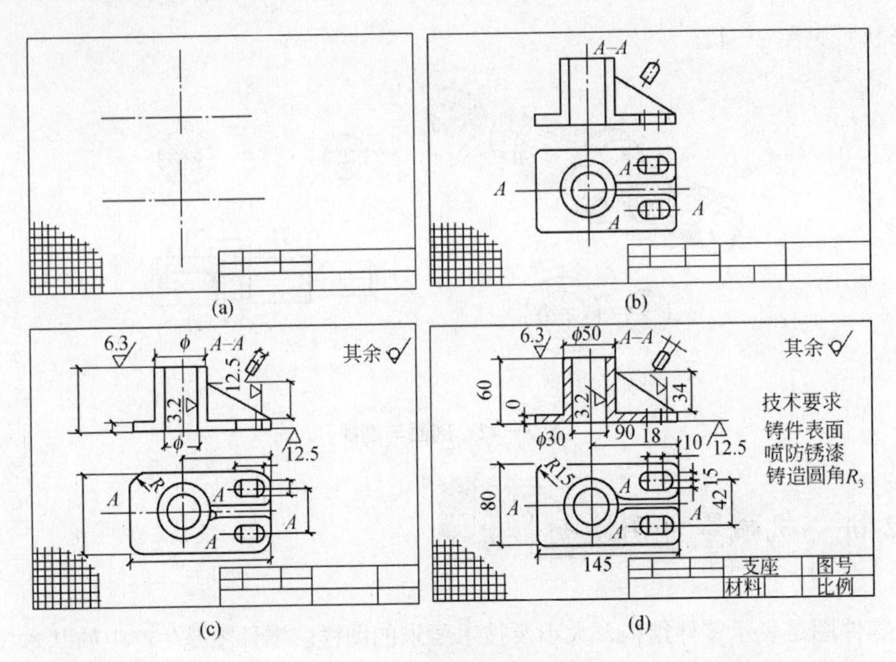

图 2—13　画零件草图的步骤

4.画零件图

画零件图的步骤与画草图的步骤基本相同，不同之处在于画零件图时，要根据草图中视图的数目，选择国家标准所规定的适当比例和合适的标准图幅，并画出图框。

5.尺寸标注

（1）基本规则。

图样中的尺寸，以毫米为单位时，不需要标注计量单位的代号“mm”或名称“毫米”；如采用其他单位则应标注计量单位或名称。

图样中所标注的尺寸，为该图样所示机件的最后完工尺寸，否则应另加说明。机件的每一尺寸，一般只标注一次。尽量避免在不可见轮廓线上标注尺寸。

（2）组成尺寸的三要素。

尺寸是由尺寸界线、尺寸线和尺寸数字三要素组成。

尺寸界线用以表示所标注尺寸的界线，用细实线绘制。尺寸界线应由图形的轮廓线、轴线或对称中心线处引出。尺寸界线一般应与尺寸线垂直，必要时才允许倾斜。

尺寸线用以表示尺寸范围，即起点和终点，尺寸线用细实线绘制，尺寸线不能用其他图线代替，也不得与其他图线重合或画在其延长线上。

尺寸数字一般应注写在尺寸线上方或下方中间处，也允许注在尺寸线的中断处。线性尺寸数字不可被任何图线穿过，否则必须将图线断开。

6.零件图的技术要求

零件图的技术要求主要有表面粗糙度、极限与配合、形状公差与位置公差。

（1）表面粗糙度。

表面粗糙度是指零件的加工表面的微观几何形状误差。它对零件的耐磨性、耐腐蚀性、抗疲劳强度、零件之间的配合等都有影响。

国家标准《产品几何技术规范（GPS）表面结构 轮廓法 表面粗糙度参数及其数值》（GB/T 1031-2009）和《产品几何技术规范(GPS) 技术产品文件中表面结构的表示法》（GB/T 131-2006）对零件表面粗糙度的参数、符号及表示方法有如下规定。

1）表面粗糙度的参数。

①轮廓算术平均偏差（R_a）：在取样长度内，测量方向上轮廓线上的点与基准线之间距离绝对值的算术平均值；

②微观不平度 10 点高度（R_z）：在取样长度内，5 个最大的轮廓线峰高的平均值与 5 个最大的轮廓谷深的平均值之和；

③轮廓最大高度（R_y）：在取样长度内，轮廓顶峰和轮廓谷底线之间的距离。

2）表面粗糙度代号的注法。表面粗糙度代号包括表面粗糙度的符号、参数值及其他有关数据，注法见表 2－1。

表 2－1　表面粗糙度参数及其他有关规定的标注示例

代号示例	意义说明	代号示例	意义说明
3.2	用任何方法获得的表面，R_a 的最大允许值为 3.2 μm R_a 为最常用参数符号，可省略不注	3.2 R_y 12.5	用去除材料方法获得的表面，R_a 的最大允许值为 3.2 μm，R_y 的最大允许值为 12.5 μm，R_y 和 R_z 参数符号必须标注
3.2	用不去除材料方法获得的表面，R_a 的最大允许值为 3.2 μm	铣 a	加工方法规定为铣制
3.2	用去除材料方法获得的表面，R_a 的最大允许值为 3.2 μm	a 2.5	取样长度为 2.5 mm
3.2 1.6	用去除材料方法获得的表面，R_a 的最大允许值为 3.2 μm，最小允许值为1.6 μm	a 5	加工余量为 5 mm

（2）极限与配合。

1）极限与配合的基本概念。

①偏差：指某一尺寸（实际尺寸、极限尺寸等）减其基本尺寸所得的代数差，偏差值可为正值、负值或零。

②极限偏差：指上偏差和下偏差。上偏差是指最大极限尺寸减其基本尺寸所得的代数差，其代号：孔为 *ES*，轴为 *es*。下偏差是指最小极限尺寸减其基本尺寸所得

的代数差，其代号为：孔为 *EI*，轴为 *ei*。

③尺寸公差：允许尺寸的变动量，即最大极限尺寸与最小极限尺寸之差。如图1－16 所示，轴的尺寸 50±0.008。

上偏差 *es*=50.008-50=+0.008

下偏差 *ei*=49.992－50=-0.008

最大极限尺寸=50+0.008=50.008

最小极限尺寸=50-0.008=49.992

尺寸公差=50.008-49.992=0.008-（-0.008）=0.016

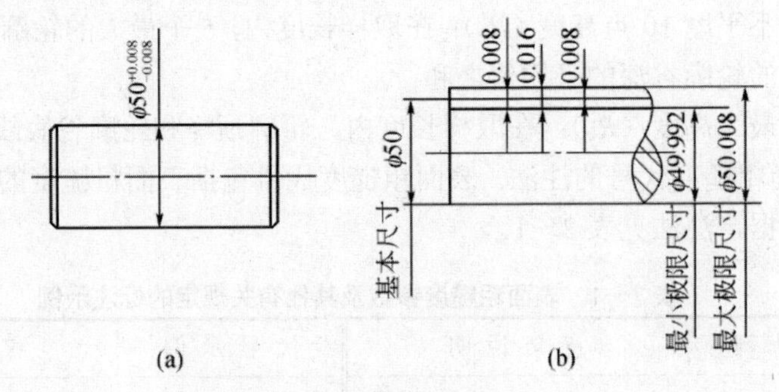

图 2－14 轴的尺寸公差

（a）零件图；（b）示意图

④公差带：在公差带示意图中（图 2－15 所示），零线是表示基本尺寸的一条直线。当零线画成水平位置时，正偏差位于其上，负偏差位于其下。

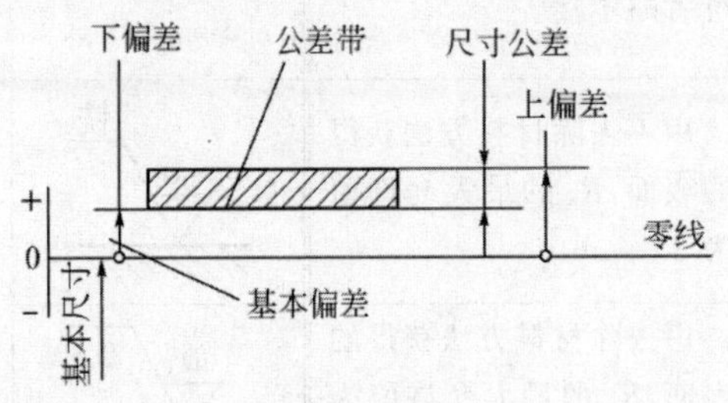

图 2－15 公差带示意图

2）标准公差与基本偏差。

①标准公差：在极限与配合标准中所规定的任一公差。标准公差分 18 个等级，即 IT1、IT2 至 IT18。IT 表示标准公差，公差等级的代号用阿拉伯数字表示。其中IT1 级最高，IT18 级最低，标准公差数值由基本尺寸和公差等级确定。

②基本偏差：用以确定公差带相对于零线位置的上偏差或下偏差，一般为靠近零线的那个偏差。

3）配合与基本偏差系列。

①配合。

基本尺寸相同的、相互结合的孔和轴公差带之间的关系。配合的种类分为间隙（孔的尺寸减去相配合的轴的尺寸之差为正）、过盈（孔的尺寸减去相配合的轴的尺寸之差为负）和过渡。

a.间隙配合：具有间隙（包括最小间隙等于零）的配合。此时，孔的公差带在轴的公差带之上。

b.过盈配合：具有过盈（包括最小过盈等于零）的配合。此时，孔的公差带在轴的公差带之下。

c.过渡配合：可能具有间隙或过盈的配合。此时，孔的公差带与轴的公差带相互交叠。

例如：已知基本尺寸孔 φ30，上偏差为+0.033，下偏差为 0。轴的基本尺寸 φ30，上偏差为-0.020，下偏差为-0.041，则：孔的最大极限尺寸=30+0.033=30.033 mm

孔小极限尺寸=30+0=30 mm

孔的公差=30.033-30=0.033 mm

轴的最大极限尺寸=30+（-0.020）=29.98 mm

轴的最小极限尺寸=30+（-0.041）=29.959 mm

轴的公差=29.98-29.959=0.021 mm

因为孔的下偏差大于轴的上偏差，所以该配合属于间隙配合。

②配合基准制。

a.基孔制配合。基本偏差为一定的孔的公差带，与不同基本偏差的轴公差带形成各种配合的一种制度。基孔制的孔称为基准孔，用代号 H 表示，孔的最小极限尺寸与基本尺寸相等，如图 2－16 所示。

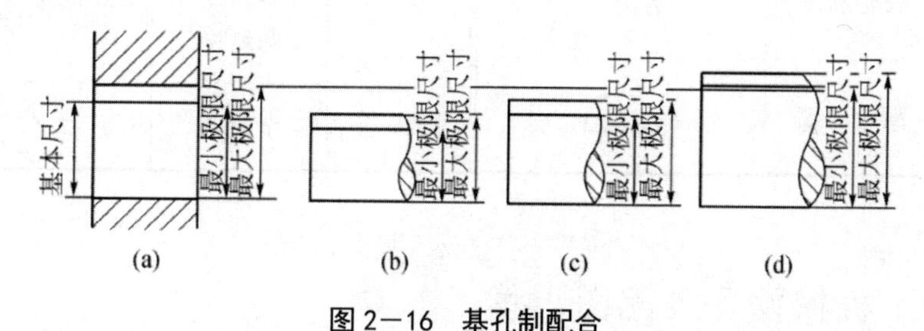

图 2－16　基孔制配合

（a）基准孔；（b）间隙配合；（c）过渡配合；（d）过盈配合

b.基轴制配合：基本偏差为一定的轴的公差带，与不同基本偏差孔的公差带形成各种配合的一种制度。基轴制的轴称为基准轴，用代号 h 表示。轴的最大极限尺寸与基本尺寸相等，如图 2－17 所示。

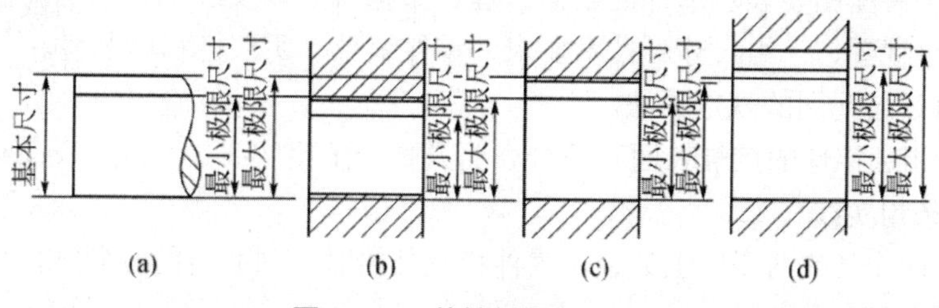

图 2－17　基轴制配合

（a）基准轴；（b）过盈配合；（c）过渡配合；（d）间隙配合

3）形状和位置公差。

①形状公差：单一实际要素的形状所允许的变动量。

②位置公差：关联实际要素的位置对基准所允许的变动量。

形位公差的表示方法是用细实线画出，由若干个小格组成，框格从左到右填写的内容是：第一格表示形位公差特征符号；第二格表示形位公差数值和有关符号；第三格表示基准符号和有关符号。形位公差的特征项目的符号见表2—2。

表2—2 形位公差特征项目的符号

分类	特征项目	符号
形状公差	直线度	—
	平面度	⏥
	圆度	○
	圆柱度	⌭
	线轮廓度	⌒
	面轮廓度	⌓

分类		特征项目	符号
位置公差	定向	平行度	//
		垂直度	⊥
		倾斜度	∠
	定位	同轴度	◎
		对称度	⌯
		位置度	⌖
	跳动	圆跳度	↗
		全跳动	⌰

第3讲 机械设备装配图识读

表达部件或机器这类产品及其组成部分的连接、装配关系的图样称为装配图。

一、装配图的主要内容

一张装配图要表示部件的工作原理、结构特点以及装配关系等，需要有如下内容：一组视图、一组尺寸、技术要求、零件编号、明细栏和标题栏。

（1）装配图的规定画法。

1）相邻零件的接触表面和配合表面只画一条粗实线，不接触表面和非配合表面应画两条粗实线。

2）两个（或两个以上）金属零件相互邻接时，剖面线的倾斜方向应当相反，或者以不同间隔画出。

3）同一零件在各视图中的剖面线方向和间隔必须一致。

4）当剖切平面通过螺钉、螺母、垫圈等标准件及实心件（如轴、键、销等）基本轴线时，这些零件均按不剖绘制，当其上孔、槽需要表达时，可采用局部剖视。当剖切平面垂直这些零件的轴线时，则应画剖面线。

（2）装配图的尺寸标注。

装配图一般应标注下列几方面的内容。

1）特性、规格尺寸：表明部件的性能或规格的尺寸。

2）配合尺寸：表示零件间配合性质的尺寸。

3）安装尺寸：将零件安装到其他部件或基座上所需要的尺寸。

4）外形尺寸：表示部件的总长、总宽和总高的尺寸（装配图的外形轮廓尺寸）。

5）相对位置尺寸：表示装配图中零件或部件之间的相对位置。

6）主要尺寸：部件中的一些重要尺寸，如滑动轴承的中心高度等。

（3）明细栏。

明细栏是部件的全部零件目录，将零件的编号、名称、材料、数量等填写在表格内，明细表格及内容可由各单位具体规定，明细表栏应紧靠在标题栏的上方，由下向上顺序填写零件编号。

（4）画装配图的步骤。

以图 2－18 所示为例说明画装配图的方法和步骤。

1）对所表达的部件进行分析。画装配图之前，必须对所表达的部件的功用、工作原理、结构特点、零件之间的装配关系及技术条件等进行分析、了解，以便着手考虑视图表达方案。

2）确定表达方案。对所画的部件有清楚的了解之后，就要运用视图选择原则，确定表达方案。本例采用全剖视作为主视图，而在俯视图上采用了局部剖视，另加了 A 向局部视图。

3）作图步骤。确定了表达方案，即可开始画装配图。作图步骤如下。

①根据部件大小、视图数量，决定图的比例以及图纸幅面。画出图框并定出标题栏、明细栏的位置。

②画各视图的主要基线，例如主要的中心线、对称线或主要端面的轮廓线等。确定主要基线时，各视图之间要留有适当的间隔，并注意留出标注尺寸、编号位置等，见图 2－18（a）。

③画主体零件（泵体）。一般从主视图开始，几个基本视图配合进行画图，见图 2－18（a）。

④按装配关系，逐个画出主要装配线上的零件的轮廓。例如柱泵中的柱塞套、垫片及柱塞等，见图 2－18（b）。

⑤依次画出其他装配线上的零件，如小轴、小轮及进、出口单向阀等，并画出 A 向视图，见图 2－18（c）。

⑥画其他零件及细节，如弹簧、开口销及倒角、退刀槽等，见图 2－18（d）。

⑦经过检查以后描深、画剖面线、标注尺寸及公差配合等。

⑧对零件进行编号、填写明细栏、标题栏及技术条件等。

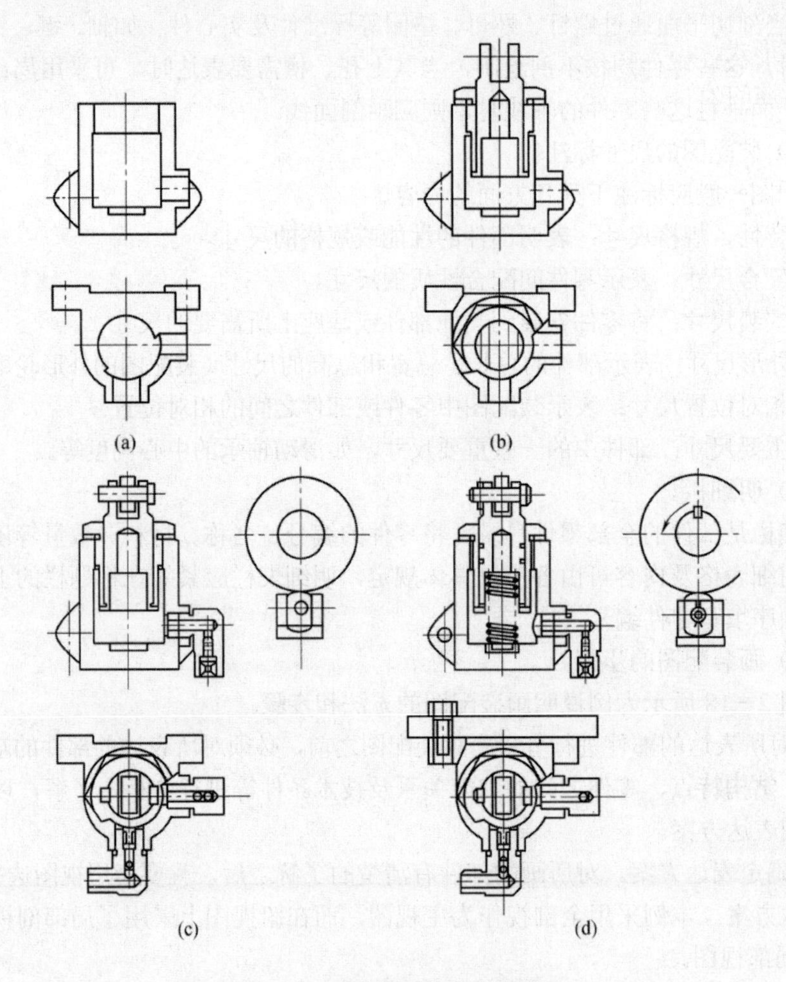

图 2—18　画装配图的方法和步骤

(a) 画主体零件；(b) 画零件轮廓；(c) A 向视图及零件；(d) 画其他零件

二、装配图的识读方法和步骤

(1) 识读装配图的主要要求。

了解机器或部件的名称、结构、工作原理和零件间的装配关系；了解零件的主要结构形状和作用。

(2) 识读装配图的方法和步骤。

1) 初步了解部件的作用及其组成零件的名称和位置。

看装配图时，首先概括了解一下整个装配图的内容。从标题栏了解此部件的名称，再联系生产实践知识可以知道该部件的大致用途。

2) 表达分析。

根据图样上的视图、剖视图、剖面图等的配置和标注，找出投影方向、剖切位置，搞清各图形之间的投影关系以及它们所表示的主要内容。

3) 工作原理和装配关系分析。

这是深入阅读装配图的重要阶段，要搞清部件的传动、支承、调整、润滑、密封等结构形式。弄清各有关零件间的接触面、配合面的连接方式和装配关系，并利用图上所注的公差或配合代号等，进一步了解零件的配合性质。

4）综合考虑，归纳小结。

对装配图进行上述各项分析后，一般对该部件已有一定的了解，但还可能不够完全、透彻。为了加深对所看装配图的全面认识，还需要从安装、使用等方面综合进行考虑。

①部件的组成和工作原理以及在结构上如何保证达到要求。

②部件上和各个零件的装拆。

③上述看装配图的方法和步骤仅是一个概括的说明，实际上看装配图的几个步骤往往是交替进行的。只有通过不断实践，才能掌握看图的规律，提高看图的能力。

第 2 单元　机械传动原理及零部件拆装

第 1 讲　机械传动

一、机械传动机构

1.凸轮机构

凸轮机构是一个具有曲线轮廓或凹槽的构件，它运动时，通过高副接触可以使从动件获得连续或不连续的任意预期运动。在自动化和半自动化机械中应用非常广泛。凸轮机构是由凸轮、从动件、机架三个基本构件组成的高副机构。

（1）按凸轮的形状分类。

1）盘形凸轮。它是凸轮的最基本形式（图 2－19）。是一个绕固定轴线转动并具有变化半径的盘形零件。

2）圆柱凸轮。如图 2－19 所示，是将移动凸轮卷成圆柱体而演化成的。

3）移动凸轮。当盘形凸轮的回转中心趋于无穷远时，凸轮相对机架作直移运动（图 2－20）。

盘形凸轮和移动凸轮与从动件之间的相对运动为平面运动；而圆柱凸轮与从动件之间的相对运动为空间运动。

（2）按从动件的形式分类。

1）尖底从动件。如图 2－21 所示，尖底能与任意复杂的凸轮轮廓保持接触，从而使从动件实现任意运动。但因为尖底易于磨损，故只用于传力不大的低速凸轮机构中。

2）滚子从动件。如图 2－20 所示。这种从动件耐磨损，可以承受较大的载荷，故应用最普遍。

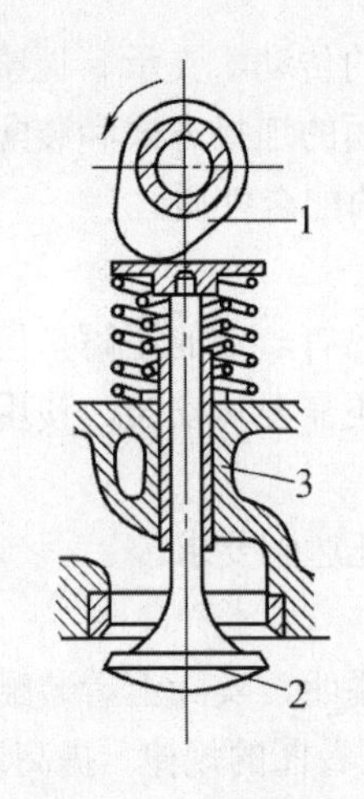

图 2－19　凸轮的基本形式

1－盘形凸轮；2－从动件；3－机架

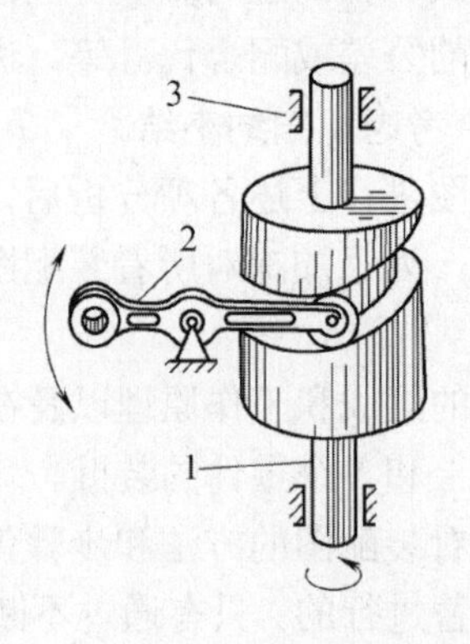

图 2－20　圆柱凸轮

1－圆柱凸轮；2－从动件；3－机架

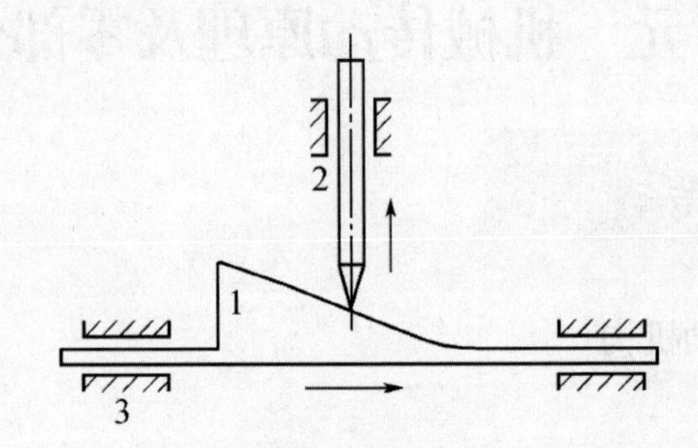

图 2－21　移动凸轮

1－移动凸轮；2－从动件；3－机架

3）平底从动件。如图 2－19 所示。这种从动件的底面与凸轮之间易于形成楔形油膜，故常用于高速凸轮机构之中。

（3）凸轮机构的优缺点。

1）优点。只须设计适当的凸轮轮廓，便可使从动件得到任意的预期运动，而且结构简单、紧凑、设计方便，因此在自动机床进刀机构、上料机构、内燃机配气机构、制动机构以及印刷机、纺织机、插秧机和各种电气开关中得到广泛运用。

2）缺点。是凸轮轮廓与从动件间为点接触，易于磨损，所以通常多用于传力不大的控制机构中。

2.轮系

实际机械中常常采用一系列互相啮合的齿轮将主动轮和从动轮连接起来，这种多齿轮的传动装置称为轮系。轮系的主要功用是获得大传动、多传动比传动和换向传动，它常被用作减速器、增速器、变速器和换向机构。根据轮系运转时其各轮几何轴线的位置是否固定，可以分为定轴轮系和周转轮系两大类。

（1）定轴轮系。当轮系运转时，各轮几何轴线位置均固定不动的称为定轴轮系或普通轮系。

（2）周转轮系。当轮系运转时，凡至少有一轮的几何轴线是绕另一齿轮的几何轴线回转的称为周转轮系。转轮系又可分为差动轮系和行星轮系。

3.其他传动机构

（1）变速、变向机构。

1）变速机构。变速机构是指在输入转速不变的条件下，使从动轮（轴）得到不同的转速的传动装置。例如机床主轴变速传动系统是将电动机的恒定转速变换为主轴的多级转速。

2）变向机构。变向机构的主要用途是改变被动轴的旋转方向。常用的有滑移齿轮变向机构、三星齿轮变向机构和圆锥齿轮变向机构。

（2）间歇运动机构。

在各种自动和半自动的机械中，常需要其中某些机件具有周期性时停时动的间歇运动机构。间歇机构的作用是把主动件的连续运动变为从动件的间歇运动。

1）棘轮机构。

①棘轮机构的工作原理。如图 2－24 所示，棘轮机构足由刺轮、棘爪及机架组成。主动杆 1 空套住与棘轮轴固连的从动轴上。驱动棘爪 4 与主动杆 1 用转动副相联。当主动杆 1 逆时针方向转动时，驱动棘爪 4 便插入棘轮轴的齿槽使棘轮跟着转过某一角度。这时止回棘爪 5 在棘轮的齿背上滑过。当杆 1 顺时针方向转动时，止回棘爪 5 阻止棘轮发生顺时针方向转动，同时棘爪 4 在棘轮的街背上滑过，所以此时棘轮静止小动。这样，当杆 1 作连续的往复摆动时，棘轮 3 便作单向的间歇运动。杆 1 的摆动可由凸轮机构、连杆机构或电磁装置等得到。

按照结构特点，棘轮机构有摩擦棘轮机构和具有齿轮的棘轮机构两大类型。

②棘轮机构的作用和特点。棘轮机构的作用是把主动件的连续运动变为从动件的间歇运动，使从动件具有周期性的时停时动的间歇运动机构。特点是结构简单，转角大小改变较方便。但它传递的动力不大，且传动的平稳性差，因此只适用于转速不高、转角不大的场合。

2）槽轮机构。槽轮机构分有外啮合槽轮机构和内啮合槽轮机构。其特点是结构简单，工作可靠，在进入和脱离啮合时运动比较平稳，但槽轮的转角大小不能调节，所以槽轮机构一般应用在转速不高、要求间歇地转过一定角度的分度装置中，如在自动机上以间歇地转动工作台或刀架。

3）不完全齿轮机构。不完全齿轮机构与普通渐开线齿轮机构不同之处足轮齿布满整个圆周，如图 2－23 所示。当主动轮 1 作连续回转运动时，从动轮 2 可以得到间歇运动。不完全齿轮机构与其他间歇运动机构相比，它结构简单，制造方便，从动轮的运动时间和静止时间的比例可不受机构结构的限制，它常用在计数器和某些进给机构中。

4）星轮机构。星轮机构的作用是使从动件达到运动时间与停止时间的不同，即在不同的运动时间内产生不同的传动比。

在星轮机构中，如图 2－24 所示，如主动轮上设置不等的多排滚子，其工作原理是当主动轮转动时，先由第一排滚子带动从动轮，接着由第二排、第三排等带动从动轮。由于不同排数的滚子与中心的距离不同，所以就有多种不同的传动比，使从动轮获得不同的转速。

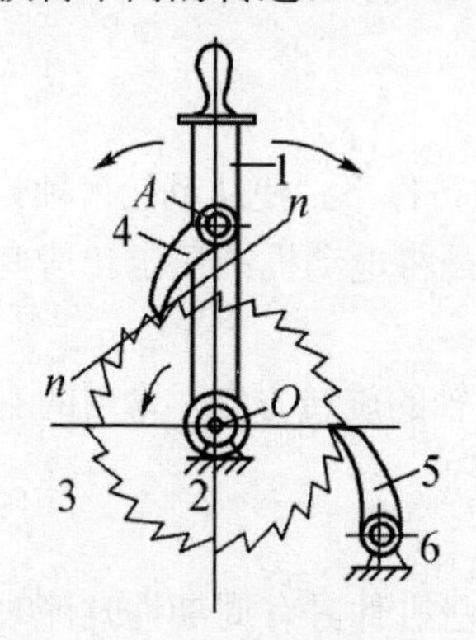

图 2－22 棘轮机构

1－主动杆；2－基座；3－棘轮；4－驱动棘爪；5－止回棘爪；6－基座

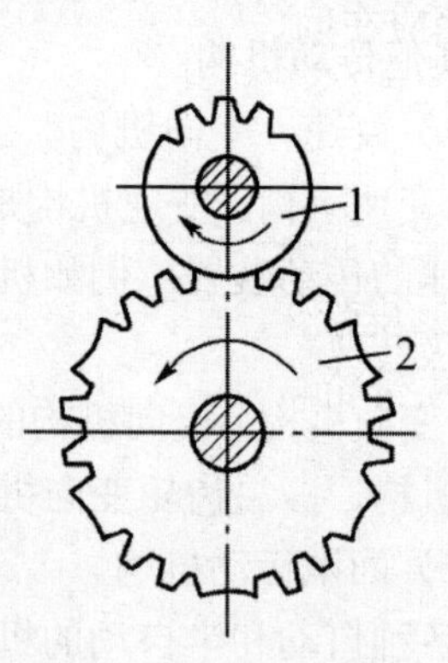

图 2－23 不完全齿轮机构

1－主动轮；2－从动轮

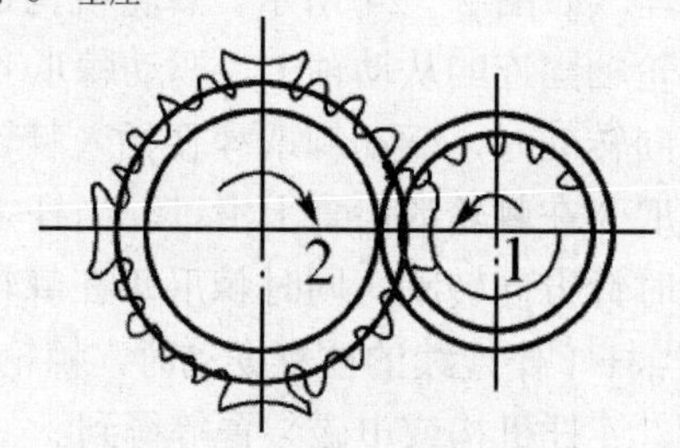

图 2－24 简单星轮机构

1－主动轮；2－从动轮

二、机械传动原理

1.皮带传动

皮带传动是在两个或多个带轮之间作为挠性拉曳元件的一种摩擦传动，常用于中心距较大的动力传动。带的削面形状有长方形、梯形和圆形三种，分别称为平形带、三角带和圆形带，此外还有多楔带和同步齿形带，如图 2－25 所示。平形带、三角带应用最广。三角皮带在同样初拉力下，其摩擦力是平皮带传动的 3 倍左右。平皮带适用于两轴中心距离较大的传动，且可用于两垂直轴间传递力矩，圆形带只能传递很小的功率。

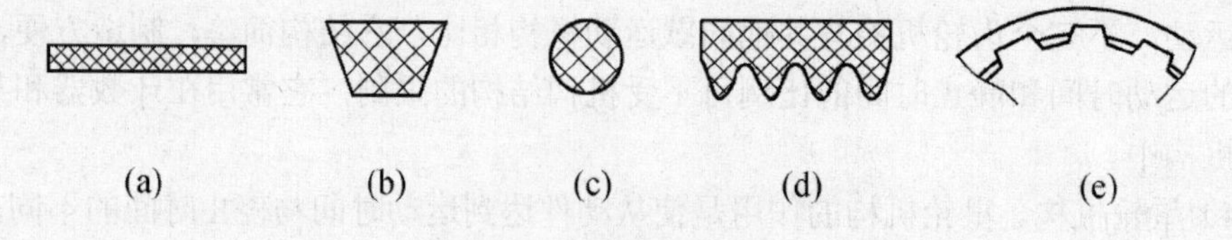

图 2－25 带的种类

（a）平形带；（b）三角带；（c）圆形带；（d）多楔带；（e）同步齿形带

（1）三角皮带传动的技术要求。

1）皮带轮的装配要正确，其端面和径向跳动应符合技术文件要求。两轮的轮宽中央平面应在同一平面上。

2）皮带轮工作表面的粗糙度要适当。皮带轮表面光滑则皮带容易打滑；表面粗糙，皮带工作时容易发热磨损。皮带的张紧力大小要适当。

3）三角胶带传动的包角一般不小于 120°，个别情况下可到 70°。

（2）皮带传动的装配。

1）皮带轮与轴的装配具有少量的过盈或间隙，对于有少量过盈的配合，可用手锤或压力机装配。装配后，两轮的轮宽中央平面应在同一平面上。其偏移值：三角皮带轮不应超过 1 mm；平皮带轮不应超过 1.5 mm。

2）三角皮带装配时，先将皮带套在小皮带轮上，然后转动大皮带轮，用适当的工具将皮带拨入大皮带轮槽中。三角皮带与皮带轮槽侧面应密切贴合，各皮带的松紧程度应一致。平皮带装在皮带轮上时，其工作面应向内，平皮带截面上各部分张紧力应均匀。

3）皮带张紧力的调整：皮带张紧力的大小是保证皮带正常传动的重要因素。张紧力过小，皮带容易打滑；过大胶带寿命低，轴和轴承受力大。合适的张紧力可根据以下经验判断。

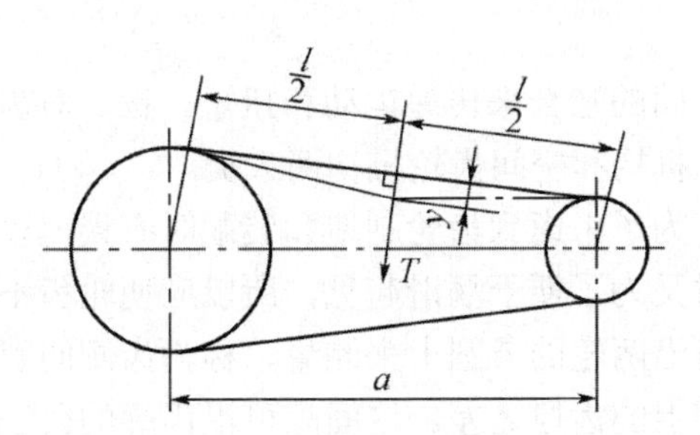

图 2－26　检验传动带预紧力加载示意图

①用大拇指在三角皮带切边的中间处，能将三角皮带按下 15 mm 左右即可。

②通过带与两带轮的切边中点处垂直带边加一载荷 T，如图 2－26 所示，使产生合适的张紧力所对应的挠度值 y，其计算公式：

$$y=a/50$$

式中　y——三角皮带挠度值，mm；

A——两皮轮中心距，mm。

调整张紧力的方法较多，常用的有改变皮带轮中心距；采用张紧轮装置（张紧轮一般应放在松边外侧，并靠近小皮带轮处，以增大其包角）；改变皮带长度（安装皮带时，使皮带周长稍小于皮带安装长度，皮带接好套上皮带轮之后，可使皮带产生一定初拉力）。

2.链传动

链传动是在两个或多于两个链轮之间用链作为挠性拉曳元件的一种啮合传动。

链传动具有效率高、传动轴间距离大、传动尺寸紧凑和没有滑动等优点。

（1）按照工作性质的不同，链有传动链、起重链和曳引链三种。其中传动链有套筒链、套筒滚子链、齿形链和成形链。

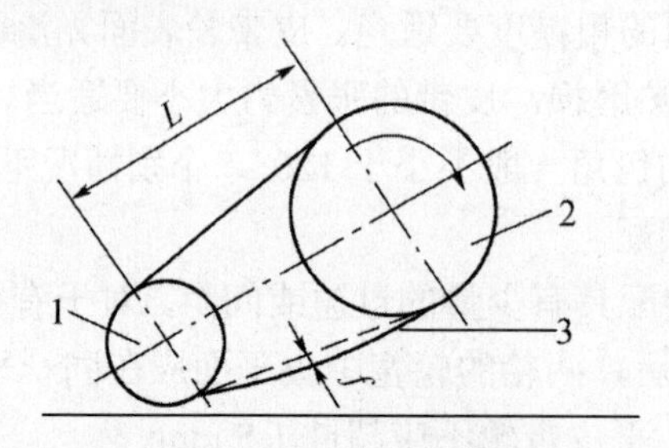

图 2－27 传动链条弛垂度

1－从动轮；2－主动轮；3－从动边链条

（2）链传动装置技术要求。

装配前应清洁干净。主动链轮与被动链轮齿中心线应重合，其偏差不得大于两轮中心距的 0.2%。链条工作边拉紧时，非工作边的弛垂度 f（见图 2－27）应符合设计规定。当无规定且链条与水平线夹角 α 小于 60°时，可按两链轮中心距 L 的 1%～4.5%调整，如从动边在上面，弛垂度宜取低值。

3.齿轮传动

齿轮传动是靠齿轮间的啮合来传递运动和扭矩。按一对齿轮的相对运动，齿轮传动机构分为平面齿轮机构和空间齿轮机构两大类。

一对齿轮传动时，为了考虑到齿轮制造和装配时有误差以及齿轮工作时会发生变形和发热膨胀，同时又为了便于润滑起见，所以应使轮齿不受力的一侧齿廓间留有一些间隙，这空隙可沿两轮的节圆上来测量，称为齿侧间隙，它等于一轮节圆上的齿槽宽与另一轮节圆上的齿厚之差。这间隙可沿齿廓的公法线方向来测量，称为法向齿侧间隙。由于齿轮的齿侧间隙是在规定齿轮公差时予以考虑的，所以设计齿轮时仍假定没有齿侧间隙存在。

4.液压传动

液体作为工作介质进行能量的传递，称为液体传动。其工作原理的不同，又可分为容积式和动力式液体两大类。前者是以液体的压力能进行工作，后者是以液体的动能进行工作。通常将前者称为液压传动，而后者称为液力传动。

（1）液压传动的基本工作原理。

如图 2－28 所示机床液压系统图，电动机带动液压泵 1 从油箱 7 中通过滤油器 6 及吸油管 10 吸油，以较高的油压将油输出，这样，液压泵就把发动机的机械能转换成液压油的压力能。压力油经过油管 9 及换向阀 2 中的油液通道进入液缸 5，使液压缸的活塞杆伸缩，带动机床的工作台 T 沿着机床床身的导轨往复移动，这样，液压缸就把压力油的压力能转换成移动工作台的机械能。换向阀 2 的作用是控制液流的方向；溢流阀 3 用于维持液压系统压力近似恒定；工作台 T 的速度改变由可调节流阀 4 来控制；油箱 7 用于储存油液并散热，滤油器 6 的作用是滤去液压油中的杂质，压力表 8 用以观察系统压力。

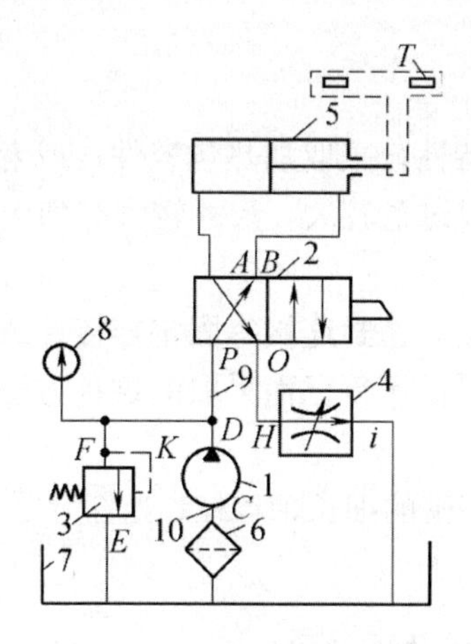

图 2－28　机床液压系统图

1－液压泵；2－换向阀；3－溢流阀；4－可调节流阀；5－液缸；6－滤油器；
7－油箱；8－压力表；9－油管；10－吸油管传动

（2）液压系统的组成。

从图 2－28 机床液压系统工作原理中可知，液压系统由以下四部分组成。

1）动力元件。液压泵。其职能是将机械能转换为液体的压能，其吸油和压油过程（包括液压电机）都是利用空间密封容积的变化引起的。在液压泵中，柱塞泵压力较高，适于高压场合；螺杆泵噪声小、运转平稳和流量均匀。

2）控制调节元件。各种阀。在液压系统中控制和调节各部分液体的压力、流量和方向，以满足机械的工作要求，完成一定的工作循环。

3）执行元件。液动机。包括各种液压电机和液压缸，它是将液体的压力能转换成为机械能的机构。

4）辅助元件。它包括油箱（储存油液并散热）、滤油器（滤去油中杂质）、蓄能器、油管及管接头、密封件、冷却器、压力继电器及各种检测仪表等。

第 2 讲　机械零部件拆装与清洗

一、机械零、部件拆卸

1.击卸

击卸是用手锤敲击的方法使配合的零件松动而达到拆卸的目的。拆卸时应根据零件的尺寸、重量和配合牢固程度，选择适当重量的手锤，受击部位应使用铜棒或木棒等保护措施。此方法适用于过渡配合机件的拆卸。击卸时要左右对称，交换敲击，不许一边敲击。

2.压卸和拉卸

对于精度要求较高，不允许敲击或无法用击卸法拆卸的零件，可采用压卸和拉卸。采用压卸和拉卸，加力比较均匀，零件的偏斜和损坏的可能性较小。这种方法适用于静配合机件的拆卸。

3.温差法拆卸

利用金属热胀冷缩的特性，采取加热包容件，或者冷却被包容件的方法来拆卸零件。这种方法适用于一般过盈较大、尺寸较大等到无法压卸的情况下应用。

4.破坏拆卸

当必须拆卸焊接、铆接、密封连接等固定连接件或轴与套互相咬死，花键轴扭转变形及严重锈蚀等机件时，不得已而采取的这种方法，一般采用保存主件，破坏副件的方式。

拆卸较大零件时，如精密的细长轴丝杠、光杠等零件，拆下时应垂直悬挂存放，以免弯曲变形。

二、机械零、部件清洗

1.清洗步骤

设备清洗步骤分初洗、细洗和精洗三种。

（1）初洗主要是去掉设备旧油、污泥、漆片和锈层。

（2）细洗是对初洗后的机件，再用清洗剂将机件表面的油渍、渣子等脏物冲洗干净。

（3）精洗是用洁净的清洗剂作最后清洗，也可用压缩空气吹一下表面，再用油冲洗。

2.清洗方法

设备的清洗方法很多，常见的有：擦洗、浸洗、喷洗、电解清洗和超声波清洗等方法。

（1）擦洗。

擦洗是利用棉布、棉纱浸上清洗剂对零件进行清洗的方法。这种方法多用于对零件进行初洗。

（2）浸洗。

浸洗是将零件放入盛有清洗剂的容器内浸泡一段时间的清洗方法。它适用于清洗形状复杂的零件，或者油脂干涸、油脂变质的零件。必要时可对清洗剂加热来对零件进行清洗。零件清洗时间，根据清洗液的性质、温度和装配件的要求一般为2～20分钟，浸洗后的零件应进行干燥处理。

（3）喷洗。

这是一种利用清洗机对形状复杂、污垢粘附严重的装配件，采用溶剂油、蒸汽、热空气、金属清洗剂和三氯乙烯等清洗液进行清洗的一种方法。但对精密零件、滚动轴承等不得用喷洗方法。

（4）电解清洗。

电解清洗是将被清洗的零件放入盛有碱液的电解槽中，然后通电利用化学反应清除零件上的矿物油、防锈油等。这种方法适用于批量零件的清洗。

（5）超声波清洗。

超声波清洗是利用超声波清洗装置产生的超声波作用，将零件上粘附的泥土、油污除掉。这种方法适用于对装配件进行最后清洗。

3.清洗剂

常用的清洗剂有各种石油溶剂、碱性清洗剂和清洗漆膜溶剂等。

（1）石油溶剂。

主要有汽油、煤油、轻柴油和机油等。

1）汽油：汽油是一种良好的清洗剂，对油脂、漆类的去除能力很强，是最常用的清洗剂之一。在汽油中加入 2%～5%的油溶性缓释剂或防锈油，可使清洗的零件具有短期防锈能力。

2）煤油：煤油与汽油一样，也是一种良好的清洗剂，它的清洗能力不如汽油，挥发性和易燃性比汽油低，适用于一般机械零件的清洗。精密的零件一般不宜用煤油作最后的清洗。

3）轻柴油和机械油：轻柴油和机械油的黏度比煤油大，也可用作一般清洗剂，机械油加热后的使用效果较好，其加热温度不得超过 120℃。

（2）碱性清洗剂。

碱性清洗剂是一种成本较低的除油脱脂清洗剂，使用时一般加热至 60～90℃进行清洗，浸洗或喷洗 10 分钟后，用清水清洗，效果较好。

（3）清洗漆膜溶剂。

主要有松香水、松节油、苯、甲苯、二甲苯和丙酮等。它们具有稀释调和漆、磁漆、醇酸漆、油基清漆和沥青漆等，因此常用来清洗上述漆膜。

三、机械零、部件装配

1.装配的基本步骤

装配工作的基本顺序一般与拆卸工作的基本顺序相反，基本上由小到大，从里向外进行。其步骤如下。

（1）首先要熟悉图纸和设备构造，了解设备部件、零件或组合件之间的相互关系以及进行零件尺寸和配合精度的检查。

（2）先组装组合件，然后组装部件，最后总装配。每组装一个零件时，都应先清洗零件并涂上润滑油（脂），并检查其质量和清洁程度，以确保装配质量。

（3）总装配后的设备应进行试运转，对试运中发现的问题应及时调整和处理。

（4）最后对设备进行防腐和涂漆保护。

2.螺纹连接装配

（1）螺纹及螺纹连接的种类。

根据母体形状，螺纹分圆柱螺纹和圆锥螺纹。根据牙形分三角形、矩形、梯形和锯齿形。普通螺纹的标记用 M 表示；梯形螺纹用 Tr 表示；非螺纹密封的管螺纹用 G 表示。

螺纹连接是利用螺纹零件构成的可拆连接，螺纹连接的连接零件除紧固件外，还包括螺母、垫圈以及防松零件等。其连接方式有螺栓连接、双头螺柱连接、螺钉连接和紧定螺钉连接。

（2）螺纹连接的拧紧。

螺纹连接拧紧的目的是增强连接的刚性、紧密性和防松能力。控制拧紧力矩有许多方法，常用的有控制扭矩法、控制扭角法、控制螺纹伸长法及断裂法螺纹连接等方法。

1）控制扭矩法。用测力扳手或定扭矩扳手使预紧力达到给定值，直接测得数值。

2）控制螺纹伸长法。通过控制螺栓伸长量，以控制预紧力的方法，如图 2－29 所示。螺母拧紧前，螺栓的原始长度为 L_1（螺栓与被连接件间隙为零时的原始长度）。按预紧力要求拧紧后螺栓的伸长量为 L_2。

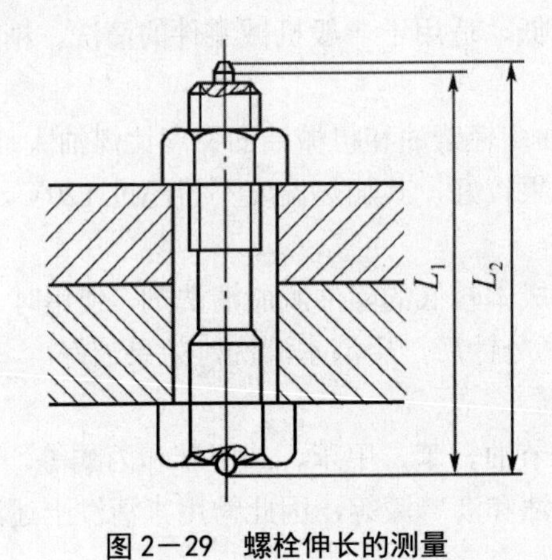

图 2－29　螺栓伸长的测量

其计算式为

$$L_2=L_1+P_0/C_L \text{（mm）}$$

式中　P_0－－预紧力为设计或技术文件中要求的值，N；

C_L－－螺栓刚度（按规范的规定计算）。

3）断裂法。如图 2－30 示。在螺母上切一定深度的环形槽，拧紧时以环形槽断裂为标志控制预紧力大小。

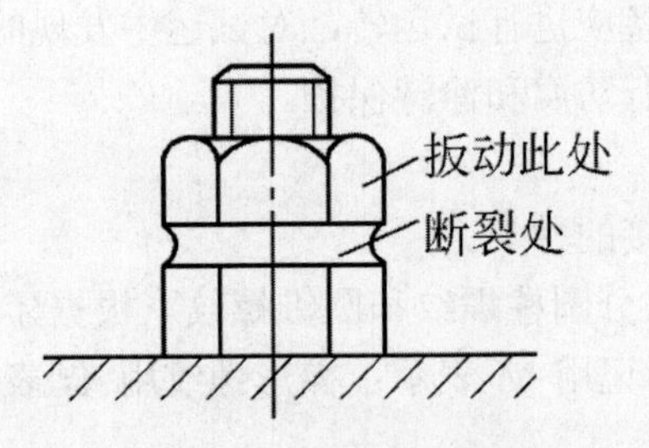

图 2－30　断裂法控制预紧力

（3）螺纹连接的防松。

在静载荷下，螺纹连接能满足自锁条件，螺母、螺栓头部等支承面处的摩擦也有防松作用。但在冲击、振动或变载荷下，或当温度变化大时，连接有可能松动，甚至松开，所以螺纹连接时，必须考虑防松问题。

防松的根本目的在于防止螺纹副相对转动，防止摩擦力矩减小和螺母回转。具体的防松装置或方法很多，就工作原理来看，可分为利用摩擦防松、直接锁住防松和破坏螺纹副关系防松三种。

3.键连接装配

键主要用于轴和毂零件（如齿轮、涡轮等），实现周向固定以传递扭矩的轴毂连接。其中，有些还能实现轴向以传递轴向力，有些则能构成轴向动连接。

（1）键连接类型。

键是标准件，有松键连接、紧键连接和花键连接三大类型。

1）松键连接：包括平键和半圆键，平键分有普通平键、导向平键和滑键，用于固定、导向连接。普通平键用于静连接，导键和滑键用于动连接（零件轴向移动量较大），如图 2－31 所示。松键连接以键的两侧面为工作面，键与键槽的工作面间需要紧密配合，而键的顶面与轴上零件的键槽底面之间则留有一定间隙。

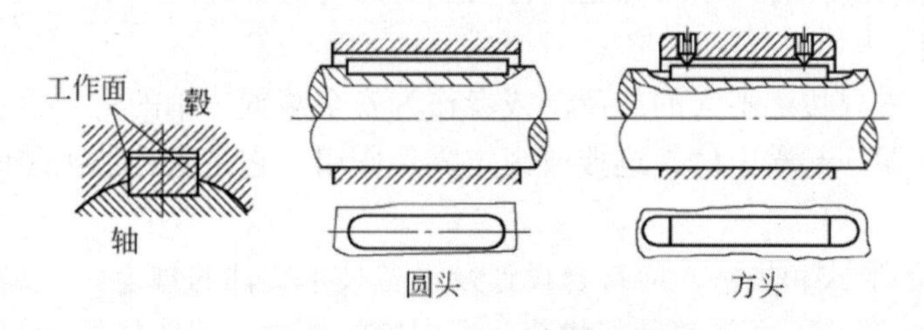

图 2－31　普通平键连接

2）紧键连接：用于静连接，常见的有楔键和切向键。楔键的上下两画是工作面，分别与毂和轴上一键槽的底面贴合，键的上表画具有 1∶100 斜度；切向键是由两个斜度为 1∶100 的单边倾斜楔组成。装配后，两楔其斜面相互贴合，共同楔紧在轴毂之间，如图 2－32 所示。

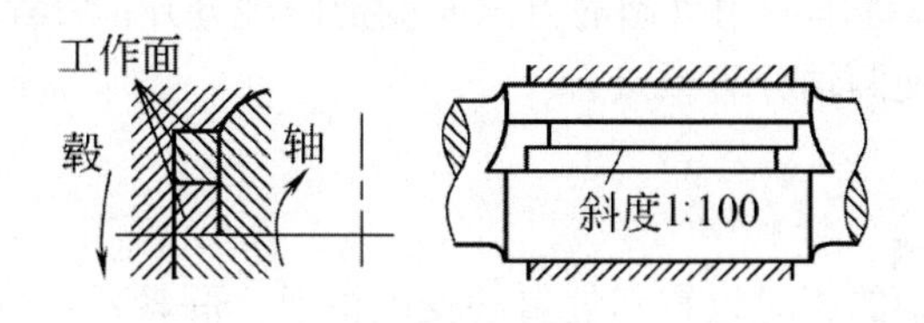

图 2－32　切向键连接

3）花键连接：靠轴和毂上的纵向齿的互压传递扭矩，可用于静或动连接。花键根据齿形不同，分为矩形、渐开线和三角形三种。其中矩形花键连接应用较广，它有三种定心方式，如图 2－33 所示。

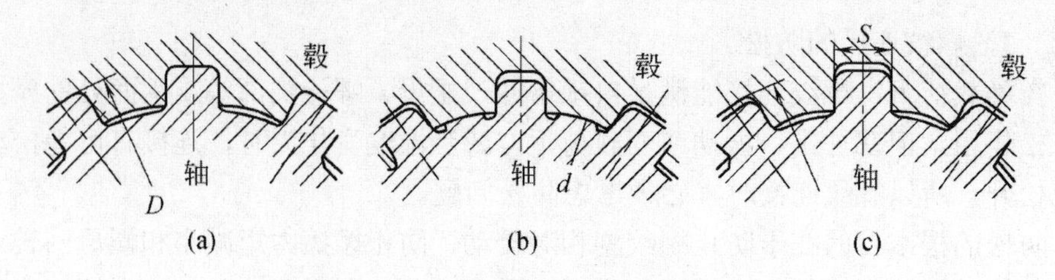

图 2－33　矩形花键连接及其定心方式

（a）按外径定心；（b）按内径定心；（c）按侧面定心

（2）键连接的装配。

1）键连接前，应将键与槽的毛刺清理干净，键与槽的表面粗糙度、平面度和尺寸在装配前均应检验。

2）普通平键、导向键、薄型平键和半圆键，两个侧面与键槽一般有间隙，重载荷、冲击、双向使用时，间隙宜小些，与轮毂键槽底面不接触。

3）普通楔键的两斜面间以及键的侧面与轴和轮毂键槽的工作面间，均应紧密接触；装配后，相互位置应采用销固定。

4）花键为间隙配合时，套件在花键轴上应能自由滑动，没有阻滞现象。但不能过松，用手摆动套件时，不应感觉到有明显的周向间隙。

4.销连接

销连接通常只传递不大的载荷，或者作为安全装置。销的另一重要用途是固定零件的相互位置，起着定位、连接或锁定零件作用。它是组合加工装配时的重要辅助零件。

（1）销的形式和规格，应符合设计及设备技术文件的规定。

（2）装配销时不宜使销承受载荷，根据销的性质，宜选择相应的方法装入。

（3）对定位精度要求高的销和销孔，装配前检查其接触面积，应符合设备技术文件的规定；当无规定时，宜采用其总接触面积的 50%～75%。圆柱销不宜多次装拆，否则会降低定位精度和连接的紧固性。

5.联轴器和离合器

联轴器和离合器是连接不同机构中的两根轴使之一同回转并传递扭矩的一种部件。前者只有在机器停车后用拆卸的方法才能把两轴分开；后者不必采用拆卸方法，在机器工作时就能使两轴分离或接合。

（1）联轴器。

1）联轴器分类。

按照被连接两轴的相对位置和位置的变动情况，联轴器可分为两大类。

①固定式联轴器。用在两轴能严格对中并在工作中不发生相对位移的地方。

②可移动式联轴器。用在两轴有偏斜或在工作中有相对位移的地方。

可移式联轴器按照补偿位移的方法不同分为刚性可移式联轴器和弹性可移式联轴器两类；弹性联轴器又可按刚度性能不同分为定刚度弹性联轴器和变刚度弹性联轴器。

2）联轴器装配。

①联轴器装配时，两轴的同轴度与联轴器端面间隙，必须符合设计规范或设备技术文件的规定。

②联轴器的同轴度应根据设备安装精度的要求，采用不同的方法测量，如用刀口直尺、塞尺或百分表等。

③联轴器套装时，一般为过盈配合使联轴器和轴牢固地连在一起，有冷压装配和热装配法。如联轴器直径过小，过盈量又不大，可采用冷装配；联轴器直径较大，过盈量大时，应采用加热装配。

④联轴器装配前，应检查键的配合和测量轴与孔的过盈量。联轴器与轴装配好后，用百分表测量轴向和径向跳动值（即同心度和端面瓢偏度）并确定其偏差位置，用刀口直尺检查同轴度时应将误差点消除。

（2）离合器。

根据工作原理的不同，离合器有嵌入式、摩擦式、磁力式等数种。它们分别利用牙或齿的啮合、工作表面间的摩擦力、电磁的吸力等来传递扭矩。

1）离合器的装配应使离合器结合和分开动作灵活；能传递足够的扭矩；传动平稳。

2）摩擦式离合器装配时，各弹簧的弹力应均匀一致，各连接销轴部分应无卡住现象，摩擦片的连接铆钉应低于表面 0.5 mm。

3）圆锥离合器的外锥面应接触均匀，其接触面积应不小于 85%。

4）牙嵌式离合器回程弹簧的动作应灵活，其弹力应能使离合器脱开。

5）滚柱超越离合器的内外环表面应光滑无毛刺，各调整弹簧的弹力应一致，弹簧滑销应能在孔内自由滑动，不得有卡阻现象。

6.具有过盈配合件装配

零件之间的配合，由于工作情况不同，有间隙配合、过盈配合和过渡配合。其中过盈配合在机械零件的连接中应用十分广泛。

过盈配合装配前应测量孔和轴的配合部位尺寸及进入端倒角角度与尺寸。测量孔和轴时，应在各位置的同一径向平面上互成 90°方向各测一次，求出实测过盈量平均值。根据实测的过盈量平均值，按设计要求和表 2－3 选择装配方法。

过盈配合装配方法常用的有冷态装配和温差法装配。

（1）冷态装配。

冷态装配是指在不加热也不冷却的情况下进行压入装配。压入配合应考虑压入时所需要的压力和压入速度，一般手压时为 1.5 t；液压式压床时为 10～100 t；机械驱动的丝杆压床为 5 t。压入装配时的速度一般不宜超过 2～5 米/秒。

冷态装配时，为保证装配工作质量，应遵守下列几项规定：

1）装配前，应检查互配表面有无毛刺、凹陷、麻点等缺陷；

2）被压入的零件应有导向装配，以免歪斜而引起零件表面的损伤；

3）为了便于压入，压入件先压入的一端应有 1.5～2 mm 的圆角或 30°～45°的倒角，以便对准中心和避免零件的棱角边把互配零件的表面刮伤；

表 2－3 具有过盈的配合件装配方法

配合类别			配合特性	装配方法
装配形式	基孔制	基轴制		
过渡配合	$\frac{H_7}{H_6}$	$\frac{H_7}{h_6}$	用于稍有过盈的定位配合，例如为了消除振动用的定位配合	一般采木锤装配
	$\frac{H_7}{H_6}$	$\frac{H_7}{h_6}$	平均过盈比$\frac{H_6}{K_6}$（或$\frac{K_7}{h_6}$）大，用于有较大过盈的更精密的定位	用锤或压力机装配
过盈配合	$\frac{H_7}{P_6}$	$\frac{P_7}{h_6}$	小过盈配合，用于定位精度特别重要，能以最好的定位精度达到部件的刚性及同轴度要求，但不能用来传递摩擦负荷，需要时易拆除	用压力机装配
	$\frac{H_7}{S_6}$	$\frac{S_7}{h_6}$	中等压入配合，用于钢制和铁制零件的半永久性和永久性装配，可产生相当大的结合力	一般用压力机装配，对于较大尺寸和薄壁零件需用温差法装配
	$\frac{H_7}{U_6}$	$\frac{U_7}{h_7}$	具有更大的过盈，依靠装配的结合力传递一定负荷	用温差法装配

4）压入零件前，应在零件表面涂一薄层不含二硫化钼添加剂的润滑油，以减少表面刮伤和装配压力。

（2）温差法装配。

温差法装配的零件，其连接强度比常温下零件的连接强度要大得多。过盈量大于 0.1 mm 时，宜采用温差法装配。零件加热温度，对于未经热处理的装配件，碳钢的加热温度应小于 400℃；经过热处理的装配件，加热温度应小于回火温度。温度过高，零件的内部组织就会改变，且零件容易变形而影响零件的质量。最小装配间隙，可按表 2－4 选取。

表 2－4 最小装配间隙

配合直径 d/mm	≤3	3～6	6～10	10～18	18～30	30～50	50～80
最小间隙/mm	0.003	0.006	0.010	0.018	0.030	0.050	0.059
配合直径 d/mm	80～120	120～180	180～250	250～315	315～400	400～500	>500
最小间隙/mm	0.069	0.079	0.090	0.101	0.111	0.123	

（3）热装配加热方法。

热装配加热方法常用的有木柴（或焦炭）、氧、乙炔加热、热油加热、蒸汽加热和电感应加热。

热油装配时，机油加热温度不应超过 120℃。若使用过热蒸汽加热机件时，其加热温度可以比在机油中的加热温度略高，但应注意防止机件加工面生锈。

（4）冷却装配。

对于零件尺寸较大的，热装配时不但需要花费很大能量和时间，而且还需要特殊装置和设备，这种零件装配时，一般选择冷却装配法。常用的冷却方式有利用液化空气和固态二氧化碳（干冰）或使用电冰箱冷却等。干冰加酒精加丙酮冷却温度可为-75℃；液氨冷却温度可为-120℃；液氮冷却温度可为-195～-190℃。

7.滑动轴承

轴承是支承轴颈的部件，有时也用来支承轴上的同轴零件。按照承受载荷的方向，轴承可分为向心轴承和推力轴承两大类。根据轴承工作的摩擦性质，又可分为滑动摩擦轴承（具有滑动摩擦性质）和滚动摩擦轴承。

（1）滑动轴承分类。

常见的向心滑动轴承有整体式和剖分式两大类，主要用于高速旋转机械。

1）整体式轴承。如图 2－34 所示。轴承座用螺栓与机座连接，顶部设有装油杯的螺纹孔。轴承孔内压入用减摩材料制成的轴套，轴套内开有油孔，并在内表面上开油沟以输送润滑油。

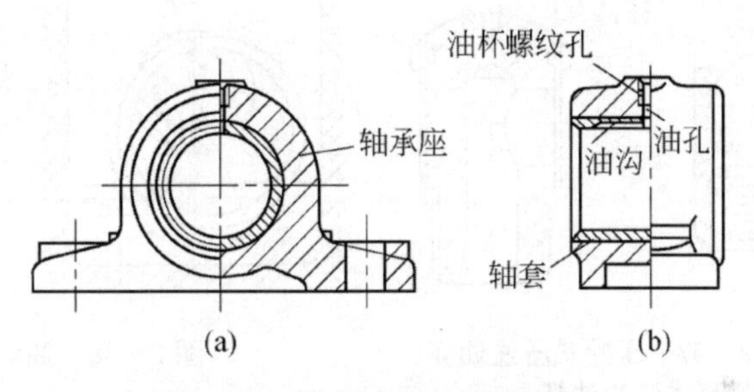

图 2－34　整体式向心滑动轴承

2）剖分式轴承。如图 2－35、图 2－36 所示。由轴承座、轴承盖、剖分轴瓦、轴承盖螺柱等组成。轴瓦是轴承直接和轴颈相接触的零件。在轴瓦内壁不负担载荷的表面上开设油沟，润滑油通过油孔和油沟流进轴承间隙。对于轴承宽度与轴颈直径之比大于 1.5 的轴承，可以采用调心轴承，如图 2－36 所示，其特点是轴瓦外表面作成球面形状，与轴承盖及轴承座的球状内表面相配合，轴瓦可以自动调位以适应轴颈弯曲时所产生的偏斜。

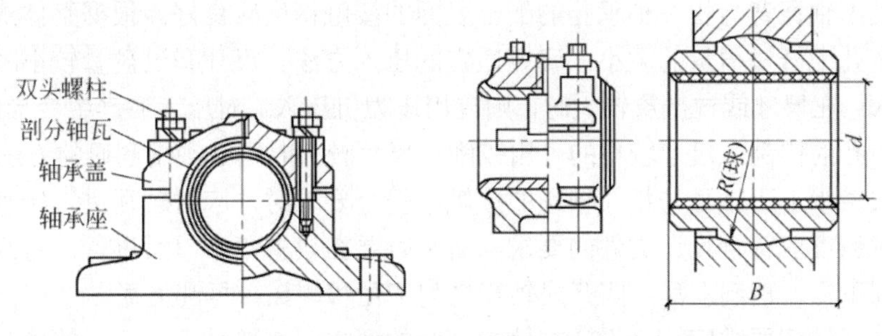

图 2－35　剖分式向心滑动轴承　　　图 2－36　调心轴承

（2）滑动轴承的材料。

轴瓦和轴承衬的材料统称为轴承材料。对轴瓦材料的主要要求是：

1）强度、塑性、顺应性和藏嵌性。

2）跑合性、减摩性和耐磨性。

3）耐腐蚀性。

4）润滑性能和热学性质（传热性及热膨胀性）。

5）工艺性。

轴瓦和轴承衬材料主要有轴承合金、轴承青铜、含油轴承和轴承塑料。

（3）轴承润滑方法。

轴承润滑的目的主要是减少摩擦功耗，降低磨损率，同时还可起到冷却、防尘、防锈以及吸振等作用。润滑油润滑方式可以是间歇的或是连续的。用油壶和用压配式压注油杯或旋套式注油油杯供油只能达到间歇润滑如图 2－37 所示；采用滴点润滑、芯捻或线纱润滑、油环（轴转动时带动油环转动，把油箱中的油带到轴颈上进行润滑的方式）润滑、飞溅润滑及压力循环润滑能达到连续润滑，如图 2－38 所示。

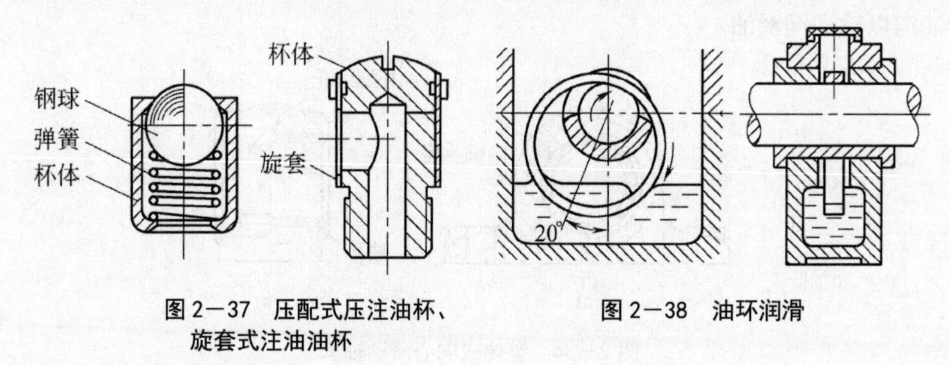

图 2－37　压配式压注油杯、旋套式注油油杯

图 2－38　油环润滑

（4）滑动轴承的安装。

1）轴承座的安装。

安装轴承座时，必须把轴瓦和轴套安装在轴承座上，按照轴套或轴瓦的中心进行找正，同一传动轴的所有轴承中心必须在一条直线上。找轴承座时，可通过拉钢丝或平尺的方法来找正它们的位置。

2）轴承的装配要求。

①上下轴瓦背与相关轴承孔的配合表面的接触精度应良好。根据整体式轴承的轴套与座孔配合过盈量的大小，确定适宜的压入方法。尺寸和过盈量较小时，可用手锤敲入；在尺寸或过盈量较大时，则宜用压力机压入。对压入后产生变形的轴套，应讲行内孔的修刮，尺寸较小的可用铰削；尺寸较大时则必须用刮研的方法。

剖式轴承上下轴瓦与相关轴颈的接触不符合要求时，应对轴瓦进行研刮，研瓦后的接触精度应符合设计文件的要求。研瓦时要在设备精平以后进行，对开式轴瓦一般先刮下瓦，后刮上瓦；四开式轴瓦先刮下瓦和侧瓦，再刮上瓦。

②轴瓦间隙要求应符合设计文件和规范的要求。厚壁轴瓦上下瓦的接合面应接触良好，未拧紧螺钉时，用 0.05 mm 塞尺从外侧检查接合面，塞入深度不大于接合

面宽度的 1/3；与轴颈的单侧间隙应为顶间隙的 1/2～2/3，可用塞尺检查，塞尺塞入的长度一般不小于轴颈的 1/4。顶间隙可用压铅法并配合塞尺检查。薄壁轴承轴瓦与轴颈的配合间隙及接触状况一般由机械加工精度保证，其接触面一般不允许刮研。

用压铅法检查轴瓦与轴颈顶间隙时，铅丝直径不宜超过顶间隙的 3 倍，在轴瓦中分面处宜加垫片，并扣上瓦盖加以一定紧力进行测量。顶间隙可按下列公式计算，如图 2－39 所示。

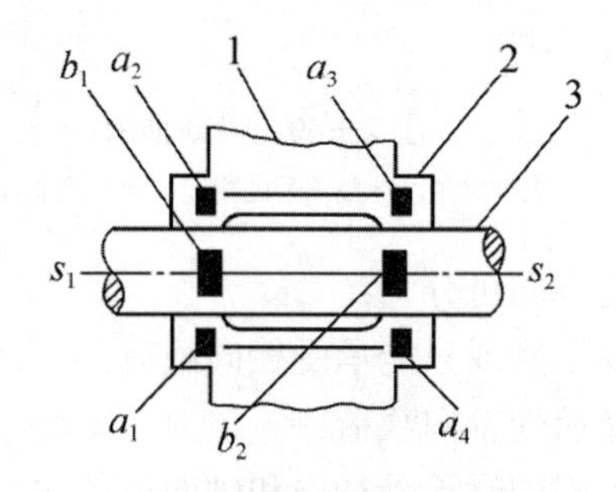

图 2－39　压铅法测量轴承间隙

1－轴承座；2－轴瓦；3－轴

$$S_1=b_1（a_1+a_2）/2$$

$$S_2=b_2（a_3+a_4）/2$$

式中　S_1－－一端顶间隙，mm

S_2－－另一端顶间隙，mm;

b_2、b_1－－轴颈上各段铅丝压扁后的厚度，mm;

a_1、a_2、a_3、a_4－－轴瓦合缝处接合面上各垫片的厚度或铅丝压扁后的厚度，mm。

如果实测的顶间隙小于规定的值，应在上下轴瓦之间加垫片；若实测顶间隙的值大于规定值，则用刮削上下轴瓦结合面或减少垫片的方法来调整。

③润滑油通道应干净，位置应正确；

④在工作条件下，不发生烧瓦及“胶合”的情况；

⑤在轴承的所有零件中，只允许轴颈与轴衬之间发生滑动，上瓦与上瓦盖之间应有一定的紧力。

8.滚动轴承

典型的滚动轴承构造，如图 2－40（a）所示，由内圈、外圈、滚动体和保持架四元件组成。内圈、外圈分别与轴颈及轴承座孔装配在一起。多数情况是内圈随轴回转，外圈不动；但也有外圈回转、内圈不转或内外圈分别按不同转速回转等使用情况。

（1）按滚动体的形状可分为球形、圆柱形、锥柱形、鼓形等，如图 2－40（b）所示。

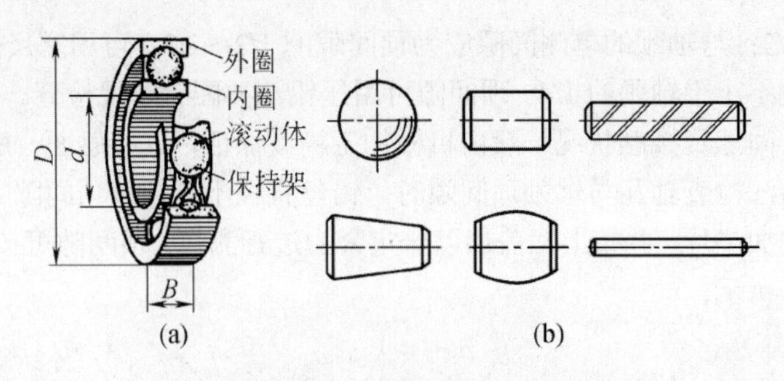

图 2—40　滚动轴承

（a）滚动轴承（球轴承）的构造；（b）滚动体的种类

（2）按承受载荷的方向可分为：

1）向心轴承。主要承受或只能承受径向载荷；

2）推力轴承。只能承受轴向载荷；

3）向心推力轴承。能同时承受径向和轴向载荷。

滚动轴承与滑动轴承相比，具有摩擦系数小、运行平稳、精度高、易启动；结构紧凑、消耗润滑剂少；对轴的材料和热处理要求不高及易于互换等优点。

（1）滚动轴承的失效形式。

滚动轴承的失效形式主要有疲劳破坏和永久变形，有以下几种。

1）点蚀。滚动轴承受载荷后各滚动体的受力大小不同，对于回转的轴承，滚动体与套圈间产生变化的接触应力，工作若干时间后，各元件接触表面都可能发生疲劳点蚀。

2）塑性变形。在一定的静载荷或冲击载荷作用下，滚动体或套圈滚道上将出现不均匀的塑性变形凹坑。

3）磨损。在多尘条件下工作的滚动轴承，虽然采用密封装置，滚动体与套圈仍有可能磨损，并引起表面发热、胶合，甚至使滚动体回火。

4）其他还有由于操作、维护不当引起元件破裂、电腐蚀、锈蚀等失效形式。

（2）滚动轴承的装配。

1）滚动轴承的配合。滚动轴承的内圈和轴的配合以及外圈和轴承座孔的配合将影响轴承的游隙，由于过盈配合所引起的内圈膨胀和外圈收缩，将使轴承的游隙减少。滚动轴承的配合，应根据滚动轴承的类型、尺寸、载荷的大小和方向以及工作情况决定。还要弄清在工作中它是内圈转动，还是外圈转动。因为转动的那一个座圈的配合，要比不转动的那个座圈的配合紧一些。滚动轴承与轴的配合按基孔制，与轴承座孔的配合按基轴制。

2）滚动轴承的固定。轴和轴承零件的位置是靠轴承来固定的。工作时，轴和轴承相对机座不允许有径向移动，轴向移动也应控制在一定的限度内。限制轴的轴向移动有两种方式。

①两端固定。使每一支承都能限制轴的单向移动，两个支承合在一起就能限制轴的双向移动，即利用内圈和轴肩、外圈和轴承盖来完成。

②一端固定一端游动。使一个支承限制轴的双向移动，另一个支承游动。

内圈在轴上的轴向固定方法，如图 2－41 所示。

a.用轴肩固定，见图 2－41（a）。

b.用装在轴端的压板固定，见图 2－41（b）。

3）用圆螺母和止动垫圈固定，见图 2－41（c）。

4）用弹性挡圈紧卡在轴上的槽中固定，见图 2－41（d）。外圈的轴向固定方法，如图 2－41 所示。

①用轴承座上的凸肩固定，见图 2－42（a）。

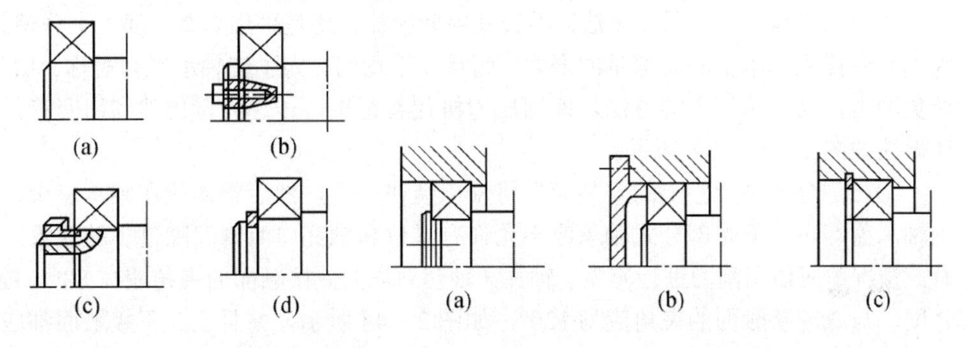

图 2－41　内圈的轴向固定　　图 2－42　外圈的轴向固定

②用轴承盖端压紧固定，见图 2－42（b）。

③用弹性挡圈固定，见图 2－42（c）。

5）滚动轴承的安装方法。一般情况下，用压力机将内圈压到轴颈上。中小型轴承采用软锤直接安装或加一段管子间接敲击内圈安装。尺寸大的轴承可用加热轴承的热装法或冷却轴颈的冷却法。

①热装法。热装原理是先将轴承在热油内加热，使轴承内径产生热膨胀，然后安装到轴颈上。具体做法是先将轴承放在机油中加热 15 分钟左右，温度不应超过 100℃，然后迅速取出，安装到轴上。

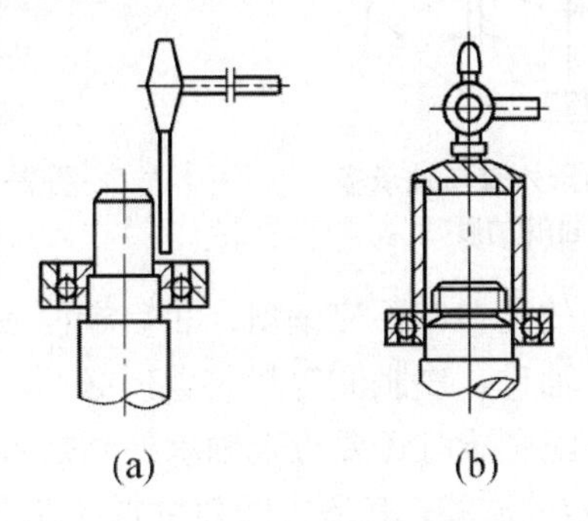

图 2－43　滚动轴承安装法

（a）锤击法；（b）用套管锤击法

②锤击法。安装前，在轴颈或轴承内座圈的表面涂上一层机油，然后将轴承套

在轴颈端部，靠内座圈的边缘垫上一根紫铜棒，棒中心线与轴中心线平行，然后。对称而均匀地锤击，即在轴承座圈的两侧交替地垫上棒锤击，直到内座圈与轴肩靠紧为止，如图 2－43（a）所示。

为了使轴承受力对称，也常采用一根套管作为锤击时传递力量的工具。如图 2－43（b）所示。套管以紫铜的最好，用低碳钢管也可以。套管的端面要平，而且应该与套管的中心线垂直。使用时将轴承套在轴端上，再把套管的一个端面与轴承座内圈的端面贴合。在套管的另一个端面上焊上用锤敲击管子的端盖。这时座圈受力对称，装起来也顺利，但是它的适用范围不大。

③压力机压入法。用锤击法，不论采用紫铜棒，还是采用套管，都不十分理想，因为它们传到轴承上的力都是冲击力，而且又不均匀。为了使轴承受力对称、均匀，避免冲击，常采用压入的方法，即用压力机代替锤头，传递力量仍然利用套管，具体做法如图 2－43（b）所示。

④在剖分式轴承座上的安装应先将轴承装在轴上，然后整体放在轴承座里，盖上轴承盖即可。但是剖分式轴承座不允许有错位和轴瓦口两侧间隙过小的现象，若有此情况，应该用刮刀进行修整。轴瓦（轴套）与上盖接触面的夹角应在 80°～120°之间，与底座接触面的夹角应为 120°，如图 2－44 所示。并且上、下接触面都应在座孔面的中间。

⑤止推轴承的安装。止推轴承的活套圈与机座之间应保证有 0.25～1.0 mm 的间隙，如图 2－45 所示。若它的两个座圈内径不一致时，应把内径小的座圈安装在紧靠轴肩处。因此安装前要进行测量，否则容易装错。

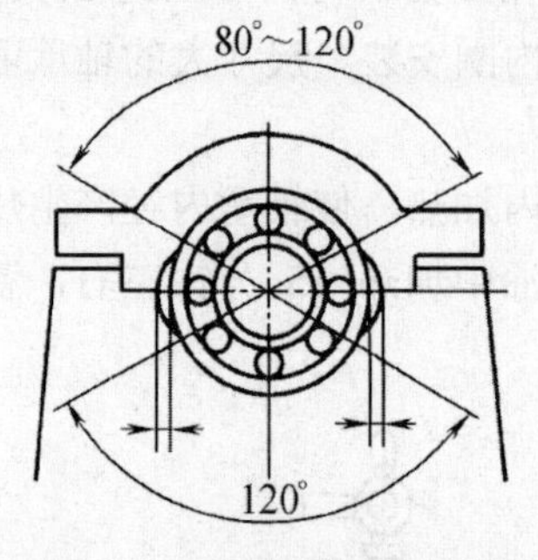

图 2－44 轴承外套与轴承座接触面的角度

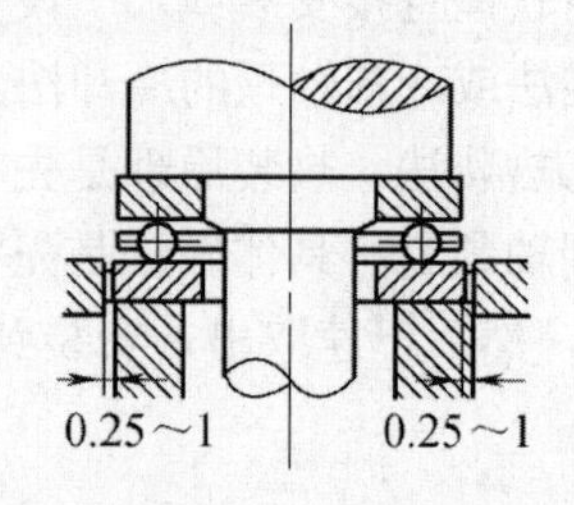

图 2－45 止推轴承的活套与机座之间的装配间隙

所有滚动轴承座盖上的止口都不应偏斜，止口端面应垂直于盖的对称中心线；如有偏斜，要加以修正。油毡，皮胀圈等封装置，必须严密。迷宫式的密封装置，在装配时应填入干油。装配轴承时还要检查轴承外圈是否堵住油孔及油路。

滚动轴承径向有一定的游隙，其最大间隙位置应在上面，当轴承座上盖拧紧螺钉后，其间隙不应有变化。在拧紧螺钉前后，用手轻轻转动轴承时，感觉应当同样轻快、平稳，不应有沉重的感觉。

6）滚动轴承间隙量的调整。滚动轴承的间隙也分为径向和轴向两种，间隙的作用，在于保证滚动体的正常运转、润滑以及作为热膨胀的补偿量。

滚动轴承安装时，一般需要调整间隙的都是圆锥滚子轴承，它的调整是通过轴承外圈来进行的，主要的调整方法有以下三种。

①垫片调整：先用螺钉将卡盖拧紧到轴承中没有任何间隙时为止，如图 2−46 所示，同时最好将轴转动，然后用塞尺量出卡盖与机体间的间隙，再加上所需要的轴向间隙，即等于所需要加垫的厚度。假定需要几层垫片叠起来用时，其厚度一定要以螺钉拧紧之后再卸下来测量的结果为准，不能以几层垫片直接相加的厚度计算，否则会造成误差。

②螺钉调整：如图 2−47（a）所示，先把调整螺钉 1 上的锁紧螺母 2 松开，然后拧紧调整螺钉，使它压到止推环上，止推环挤向外座圈，直到轴转动时吃力为止。最后，根据轴向间隙的要求，将调整螺钉倒转一定的角度，并把锁紧螺母 2 拧紧，以防调整螺钉在设备运转中产生松动。

（4）止推环调整

如图 2−47（b）所示，先拧紧止推环 3，直到轴转动吃力时为止，然后根据轴向间隙的要求，将止推环轴承安装好之后，倒拧一定的角度，最后用止动片 4 予以固定。

轴承间隙调整好以后，还要进一步检查调整的是否正确，可以用塞尺或百分表测量轴向间隙值，以达到检查目的。

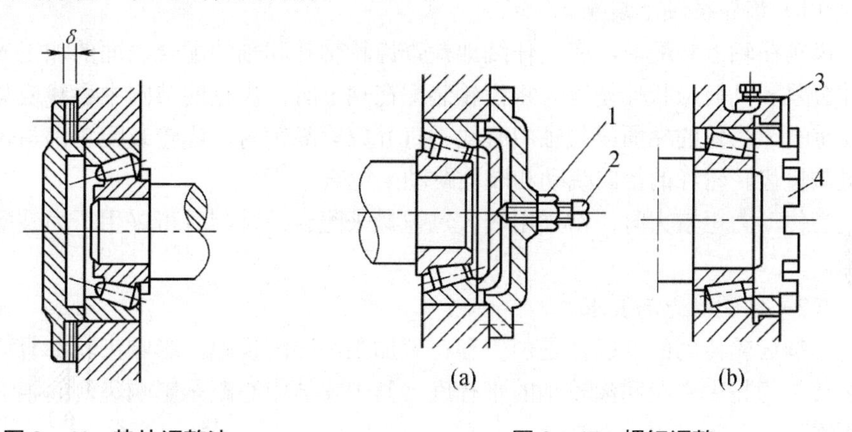

图 2−46　垫片调整法

图 2−47　螺钉调整

（a）螺钉调整；（b）止推环调整

1—调整螺钉；2—锁紧螺母；3—止推环；4—止动片

（5）滚动轴承的拆卸

1）锤击拆卸。锤击拆卸是把连同滚动轴承的部件安装在台虎钳上，然后用锤头击卸，击卸时应谨慎小心，以免打坏零件。锤击要左右对称地交换着进行，切不可只在一面敲击，否则座圈就会破裂。

2）加热拆卸。根据金属热胀冷缩的特性，来拆卸零件。这种方法适用于过盈量大、尺寸也大的滚动轴承拆卸。

加热拆卸轴承时，机油的加热温度约 100℃左右。并将轴承放置成如图 2−48 所示位置，稍微拧紧钩爪器上的丝杆，然后将热油浇在滚动轴承的内圈上，使内圈受热膨胀，此时尽可能不让热油与轴接触，可将轴端用浸湿的冷布包扎起来，当内圈受热膨胀与轴配合松动时，即可轻松地将轴承卸下来。拆卸时，钩爪器的丝杠要顶住轴端，再拧紧丝杠即可。

3）压力拆卸。这种拆卸方法加力比较均匀，也能控制方向，适用于大尺寸的滚动轴承，如图 2－49 所示为用压床压出滚动轴承的方法。

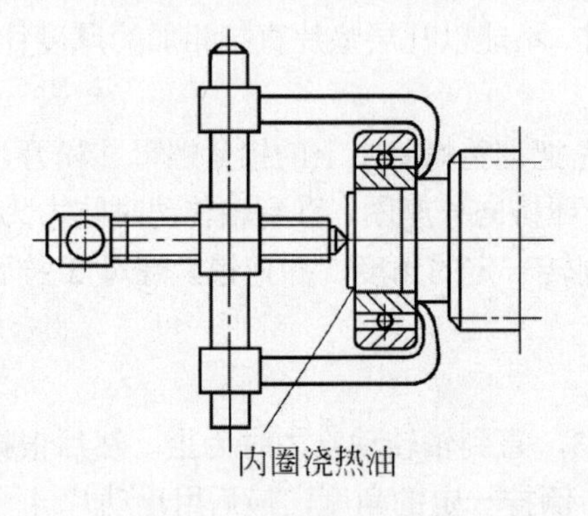

图 2－48　加热法拆卸滚动轴承

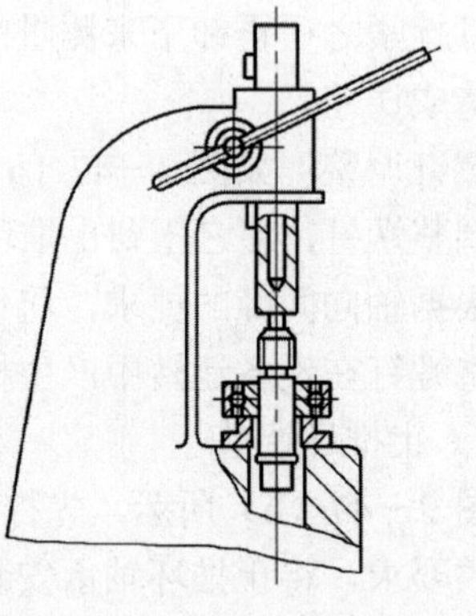

图 2－49　用压床压卸滚动轴承

9.齿轮装配

（1）齿轮在轴上装配。

齿轮在轴上装配前，应当仔细地检查齿轮轴孔和轴的配合表面的加工光洁度、尺寸公差和几何形状偏差等。将齿轮装配在轴上时，齿轮的节圆中心线应与轴中心线相重合，齿轮的端面应与轴中心线垂直并应紧靠轴肩。齿轮装配正确与否，可以通过测量齿轮轮缘的径向跳动和端面跳动来检查。

当传动力矩较大时，常采用较大过盈量来配合。装配时可采用压力装配或加热装配。

（2）装配检查与要求。

影响齿轮传动的准确性是由于存在着加工和装配误差，影响齿轮啮合质量的好坏主要是齿轮中心距和齿轮轴的平行度，其中安装中心距是影响齿侧间隙大小的主要因素。

1）齿侧间隙的检查。齿侧间隙的检查方法有塞尺法、压铅法和百分表法。

①塞尺法：用塞尺直接测量齿轮的顶间隙和侧间隙。

②压铅法：如图 2－50 所示，压铅法是测量顶间隙和侧间隙最常用的方法。测量时将直径不超过间隙 3 倍的铅丝，用油脂粘在直径较小的齿轮上；铅丝长度不应小于 5 个齿距；对于齿宽较大的齿轮，沿齿宽方向应均匀放置至少 2 根铅条。然后使齿轮啮合滚压，压扁后的铅丝厚度，就相当于顶间隙和侧间隙的数值，其值可用千分尺测量。铅丝最后部分的厚度为顶间隙，相邻最薄处部分的厚度之和为侧间隙。齿侧间隙应符合设备技术文件的规定。

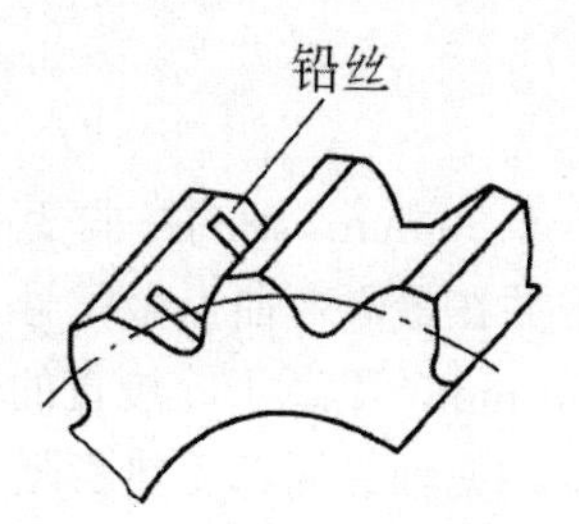

图2－50　压铅法检查侧隙

2）接触斑点的检查。安装现场检查齿轮的接触斑点常采用涂色法检查。一般用加少量机油的红丹粉涂色于直径较小的齿轮上，用小齿轮驱动直径较大的齿轮，使大齿轮转动3～4圈，然后在大齿轮上（也可在小齿轮上）观察接触痕迹，作为接触斑息，对于双向工作的齿轮，应在正反方向都作接触斑点的检查。圆柱齿轮和蜗轮的接触斑点应趋于齿轮侧面的中部；圆锥齿轮的接触斑点应趋于齿侧面的中部并接近小端。

10.典型及精密部件的检修与刮研

（1）齿轮副的检修。

齿轮副经过一定时间的运转，会产生不同程度的磨损。齿轮磨损严重或齿崩碎，一般情况下均更换新的，由于小齿轮和大齿轮啮合，往往小齿轮磨损快，所以应及时更换小齿轮，以免加速大齿轮磨损，更换时要注意齿轮的压力角要相同；以免加速机构及齿轮的磨损。蜗轮副的修理，主要包括蜗轮座和蜗
轮副的修理，圆锥齿轮因磨损造成侧间隙时，其修理方法是沿轴线移动调整。

对于大模数齿轮的齿轮局部崩裂，可用气焊把金属熔化堆积在损坏的部分，然后经过回火，再加工成准确的齿形。

（2）滑动轴承的检修。

1）整体式滑动轴承的修理。

这种轴承一般采用更换的方法，但对大型轴承或贵重金属材料的轴承，可采用金属喷镀的方法或将轴套切去部分，然后合拢以缩小内孔，再在缺口上用铜焊补满，最后通过喷镀或镶套以增大外径。

2）内柱外锥式滑动轴承的修理。

这类轴承修理应根据损坏情况进行。如工作表面没有严重擦伤，而仅作精度修整时，可以通过螺母来调整间隙。当工作表面有严重擦伤时，应重新刮研轴承，恢复其配合精度。当没有调节余量时，可采用加大轴承外锥圆直径的方法，如采用电化铜的方法，增加它的调节余量。另外，也可在轴承小端，车去部分圆锥以加长螺纹长度，从而增加了它的调节范围，当轴承变形或磨损严重时，则应更换新的轴承。

3）剖分式（对开式）滑动轴承的修理。

对开式滑动轴承经使用后；如工作表面轻微磨损，可以通过调整垫片重新进行修刮，以恢复其精度。对于巴氏合金轴瓦，如上作表面损坏严重时，可重新浇巴氏合金，并经机械加工，再进行修刮，直至符合要求为止。

（3）轴的修理。

1）一般轴的修复工艺。

①轴变形弯曲。当轴颈小于 50 mm，轴的弯曲变形量大于 0.006%时，采用冷校直，用百分表检验其弯曲量，并在最大弯曲点做记号，然后放在专用的工具或压力机上进行校直。当轴颈大于 50 mm，不适于冷校直的轴，可采用热校法，它是用气焊加热最大弯曲处或相邻部位，使轴的局部受热膨胀，使伸长量达到原轴最大弯曲值的 2～3 倍（根据轴的直径大小而定），然后迅速冷却使轴校直。采用热校直的方法简单可靠，精度可达 0.03 mm。

②当轴颈的磨损量小于 0.2 mm，需要具有一定硬度时，可采用镀铬的方法进行修复，镀铬层的厚度一般为 0.1～0.2 mm，为保证原尺寸精度，镀层应具有 0.03～0.1 mm 的磨削余量。受冲击荷载的零件，因镀铬层受冲击易剥落，故不宜镀铬。

2）主轴的修复工艺。

主轴的精度比一般的轴要求高，主轴容易磨损和损伤的部位主要是在轴颈和主轴锥孔部分。主轴轴颈可用百分尺测量轴颈的椭圆度、锥度。如轴颈表面粗糙度磨损小且均匀，可用调整轴承间隙的方法来消除，如轴颈圆度或圆柱度超差，可以用磨削加工来提高精度。

（4）机床导轨的修理。

机床导轨的主要功能是导向和承载，如工作导轨（动导轨）和床身导轨（静止的支承导轨）等，导轨在工作中必须满足其基本要求：导向精度、导轨精度的保持性、低速运动的均匀性、导轨面加工精度、表面粗糙度及承载能力等。

机床导轨的检修，不但直接影响被加工零件的精度，而且是其他部件精度检查的基准。因此机床导轨的修理，要保证它本身的表面质量和尺寸、形状精度，以及保证它与其他有关部件的位置精度。

1）导轨面检修的一般原则。

导轨的检修一般有刮削、精刨和磨削等方法，刮削具有精度高、耐磨性好但劳动强度大，目前对于大型导轨一般采用精刨，中小型导轨采用磨削。

①选择合适的导轨作为刮削的基准导轨；

②对相同截面形状的组合导轨，应先刮削原设计导轨面或刮削工作量少的导轨面，并以此作为基准来刮削与其组合的另一导轨；

③刮削导轨时，一般应将导轨放置在坚实的基础上，保证其处于自然状态下；

④当机床导轨面磨损大于 0.3 mm 时，为减少刮研工作量，应磨削或精刨后再进行刮研。

2）导轨几何精度的检查。

导轨几何精度的检查方法很多，如研点法、直尺拉表比较法、垫塞法、拉钢丝检测法和水平仪检测法，下面介绍常用的水平仪检测法。

水平仪检测法检查导轨几何精度值，是根据每测量段（200 或 500 mm）所测量的数据，通过计算或作图来确定导轨误差的大小。

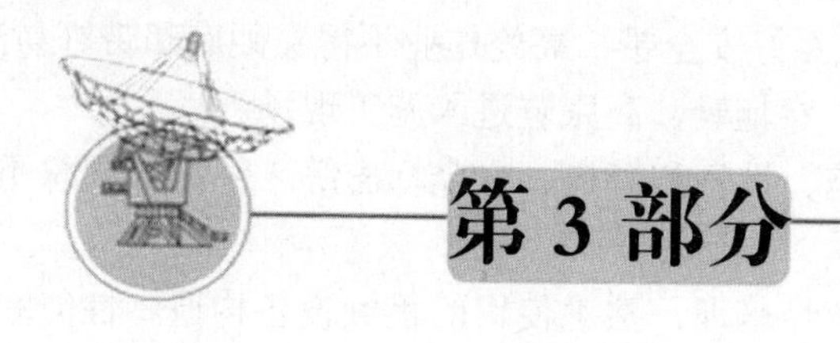

第3部分

施工机械伤害事故及隐患

第1单元　机械伤害事故常见形式及预防措施

第1讲　基本概念及常见事故形式

一、机械伤害基本概念

1.施工机械、机具对操作人员砸、撞、绞、碾、碰、割、戳等造成的伤害，称为机械、机具伤害。

2.建筑施工现场常见的导致机械伤害事故的机械、机具有：木工机械、钢筋加工机械、混凝土搅拌机、砂浆搅拌机、打桩机、装饰工程机械、土石方机械、各种起重运输机械等。造成死亡事故的常见机械有龙门架及井架物料提升机、各类塔式起重机、外用施工电梯、土石方机械及铲土运输机械等。

二、机械伤害常见事故形式

1.机械转动部分的绞、碾和拖带造成的伤害。
2.机械部件飞出造成的伤害。
3.机械工作部分的钻、刨、削、砸、割、扎、撞、锯、戳、绞、碾造成的伤害。
4.进入机械容器或运转部分导致受伤。
5.机械失稳、倾覆造成的伤害。

第2讲　机械伤害预防措施

一、机械转动部分的绞、碾和拖带造成机械伤害的预防措施

1.进入施工现场的人员必须正确戴好安全帽，系好下颏带；按照作业要求正确穿戴个人防护用品，着装要整齐；在没有可靠安全防护设施的高处［2m 以上（含

2m)］悬崖和陡坡施工时，必须系好安全带；高处作业不得穿硬底和带钉易滑的鞋，不得向下投掷物料，严禁赤脚、穿拖鞋、高跟鞋进入施工现场。

2.施工现场的各种安全设施、设备和警告、安全标志等未经领导同意不得任意拆除和随意挪动。

3.各种施工机械操作人员应经培训，熟悉使用的机械设备构造、性能和用途，掌握有关使用、维修、保养的安全操作知识。电路故障必须由专业电工排除。

4.配合机械挖土作业时，严禁进入铲斗回转半径范围。必须待挖掘机停止作业后，方准进入铲斗回转半径范围内清土。配合机械清底、平地、修坡等人员，必须在机械回转半径以外作业。如必须在回转半径内作业时，应停止机械回转并制动好后方可开始。机上、机下人员应随时取得密切联系。

5.跟随汽车、拖拉机运料的人员，车辆未停稳不得上下车。装卸材料时禁止抛掷，并应按次序码放整齐。随车运料人员不得坐在物料前方。车辆倒退时，指挥人员应站在车帮的侧面，并且与车辆保持一定距离，车辆行程范围内的砖垛、门垛下不得站人。休息时，不得钻到车辆下面休息。

6.使用输送泵输送混凝土时，应由两人以上人员牵引布料杆。管道接头、安全阀、管架等必须安装牢固，输送前应试送，检修时必须卸压。

7.机械运转过程中出现故障时，必须立即停机、切断电源。链条、齿轮和皮带等传动部分，必须安装防护罩或防护板。

8.两人配合操作平刨时，进料速度应配合一致。当木料前端越过刀口30cm后，下手操作人员方可接料。木料刨至尾端时，上手操作人员应注意早松手，下手操作人员不得猛拉。

9.钢筋除锈前应先检查钢丝刷的固定螺栓有无松动，传动部分润滑和封闭式防护罩及排尘设备等完好情况。

10.钢筋弯曲机工作台和弯曲工作盘台应保持水平，操作前应检查芯轴、成型轴、挡铁轴、可变挡架有无裂纹或损坏，防护罩牢固可靠，经空运转确认正常后，方可作业。

11.弯曲机运转中严禁更换芯轴、成型轴和变换角度及调速，严禁在运转时加油或清扫。严禁在弯曲钢筋的作业半径内和机身不设固定销的一侧站人。弯曲好的钢筋应堆放整齐，弯钩不得朝上。

12.钢筋冷拉场地两端地锚以外应设置警戒区，装设防护挡板及警告标志，严禁非生产人员在冷拉线两端停留，跨越或触动冷拉钢筋。操作人员作业时必须离开冷拉钢筋2m以外。

13.起重吊装作业前必须检查作业环境、吊索具、防护用品。吊装区域无闲散人员，障碍已排除。吊索具无缺陷，捆绑正确牢固，被吊物与其他物件无连接。确认安全后方可作业。

14.使用起重机作业时,必须正确选择吊点的位置，合理穿挂索具，试吊。除指挥及挂钩人员外，严禁其他人员进入吊装作业区。挂钩人员及指挥人员的站立位置应与吊运物保持安全距离。

二、机械工作部分（钻、刨、削、砸、割、扎、撞、锯）伤害事故的预防措施

1.施工人员操作机械作业时必须扎紧袖口、理好衣角、扣好衣扣，不得戴手套。作业人员长发不得外露，女工必须戴工作帽。

2.机械运转过程中出现故障时，必须立即停机、切断电源；链条、齿轮和皮带等传动部分，必须安装防护罩或防护板；必须使用定向开关，严禁使用倒顺开关；清理机械台面上的刨花、木屑，严禁直接用手清理。

3.木工操作平刨时，应符合下列要求：

（1）必须设置可靠的安全防护装置，刨料时应保持身体平衡，双手操作。

（2）刨大面时，手应按在木料上面；刨小面时，手指应不低于料高的一半，并不得小于 3cm；每次刨削量不得超过 1.5mm。

（3）厚度小于 1.5cm，长度小于 25cm 的木料不得在平刨上加工；刨旧料时必须先将铁钉、泥砂等清除干净。

（4）进料速度应均匀，严禁在刨刀上方回料；被刨木料的厚度小于 3cm，长度小于 40cm 时，应用压板或压棍推进。

（5）木料刨至尾端时，上手操作人员应注意早松手，下手操作人员不得猛拉；换刀片前必须拉闸断电、并挂“有人操作，严禁合闸”的警示牌；同一台平刨机的刀片重量、厚度必须一致，刀架与刀必须匹配，严禁使用不合格的刀具。

（6）遇节疤、戗茬时应减慢送料速度，严禁手按节疤送料；两人操作时，进料速度应配合一致。

（7）当木料前端越过刀口 30cm 后，下手操作人员方可接料。

（8）紧固刀片的螺钉应相嵌入槽内，且距离刀背不得小于 10mm。

4.使用压刨时，应符合下列要求：

（1）送料时手指必须与滚筒保持 20cm 以上距离。

（2）进料必须平直，发现木料走偏或卡住，应停机降低台面，调正木料。遇节疤应减慢送料速度。

（3）接料时，必须待料出台面后方可上手。

（4）两人操作，必须配合一致，接送料应站在机械的一侧，操作人员不得戴手套。

（5）刨料长度小于前后滚中心距的木料，禁止在压刨机上加工。

（6）刨削吃刀量不得超过 3mm。

（7）木料厚度差 2mm 的不得同时进料。

（8）清理台面杂物时必须停机（停稳）、断电，用木棒进行清理。

5.使用圆盘锯时，应符合下列要求：

（1）开料锯与截料锯不得混用。

（2）作业前应检查锯片不得有裂纹，不得连续缺齿，螺钉必须拧紧。

（3）圆盘锯必须装设分料器，锯片上方应有防护罩和滴水设备。

（4）必须紧贴靠尺送料，不得用力过猛，遇硬节疤应慢推。必须待出料超过锯

片 15cm，方可上手接料，不得用手硬拉。短窄料应用推棍，接料使用刨钩。

（5）严禁锯小于 50cm 长的短料。木料走偏时，应立即切断电源，停机调正后再锯，不得猛力推进或拉出。

（6）锯片运转时间过长应用水冷却，直径 60cm，以上的锯片工作时应喷水冷却。

（7）清除锯末及调整部件，必须先拉闸断电，待机械停止运转后方可进行。

（8）必须随时清除锯台面上的遗料，保持锯台整洁。清除遗料时，严禁直接用手清除。

（9）严禁使用木棒或木块制动锯片的方法停机。

6.钢筋除锈时前必须检查钢丝刷的固定螺栓有无松动，传动部分润滑和封闭式防护罩及排尘设备等完好情况。

三、进入机械容器或运转部分导致伤害事故的预防措施

1.链条、齿轮和皮带等传动部分，必须安装防护罩或防护板。

2.操作木工机械必须随时清除锯台面上的遗料，保持锯台整洁。清除遗料时，严禁直接用手清除。清除锯末及调整部件，必须先拉闸断电，待机械停止运转后方可进行。

3.操作钢筋切断机时，机械运转中严禁用手直接清除刀口附近的断头和杂物。在钢筋摆动范围内和刀口附近，非操作人员不得停留。发现机械运转异常、刀片歪斜等，应立即停机检修。

4.操作钢筋弯曲机时，在弯曲机运转中严禁更换芯轴、成型轴和变换角度及调速，严禁在运转时加油或清扫。

5.混凝土搅拌机在运转中，严禁将头或手伸入料斗与机架之间查看或探摸等作业。料斗提升时，严禁在料斗下操作或穿行。清理斗坑时，必须将料斗挂牢双保险钩后方可清理。

6.砂浆搅拌作业现场，砂堆板结需要捣松时，必须两人：一人操作，一人监护；必须站在安全稳妥的地方，并有安全措施。严禁盲目冒险作业。

7.必须进入混凝土搅拌机内进行清理或维修时，必须关闭电源，锁上闸箱，并悬挂“正在检修，严禁合闸”等警告标志。

四、机械失稳造成伤害事故的预防措施

1.严禁用吊车直接吊除没有撬松动的模板，吊运大型整体模板时必须拴结牢固，且吊点平衡，吊装、运大钢模时必须用卡环连接，就位后必须拉接牢固方可卸除吊环。

2.塔吊应由专业人员进行安装，安装完毕后必须报验，合格后方可使用。塔式起重机操作前应进行空载运转或试车，确认无误方可投入生产。使用过程中必须加强检查和维护，严格执行“十不吊”。

3.使用两台吊车抬吊大型构件时，吊车性能应一致，单机荷载应合理分配，且不得超过额定荷载的 80%。作业时必须统一指挥，动作一致。

4.塔式起重机操作前应松开夹轨器，按规定的方法将夹轨器固定。清除行走轨道的障碍物，检查路轨两端行走限位止挡离端头不小于 2～3m，并检查道轨的平直度、坡度和两轨道的高差，应符合塔机的有关安全技术规定，路基不得有沉陷、溜坡、裂缝等现象。

5.司机必须在佩有指挥信号袖标的人员指挥下严格按照指挥信号、旗语、手势进行操作。操作前应发出音响信号，对指挥信号辨不清时不得盲目操作。对指挥错误有权拒绝执行或主动采取防范或相应紧急措施。

6.严禁重物自由下落，当起重物下降接近就位点时，必须采取慢速就位。重物就位时，可用制动器使之缓慢下降。

7.两台塔式起重机同在一条轨道上或两条相平行的或相互垂直的轨道上进行作业时，应保持两机之间任何部位的安全距离，最小不得低于 5m。

8.多机作业时，应避免两台或两台以上塔式起重机在回转半径内重叠作业。特殊情况，需要重叠作业时，必须保证臂杆的垂直安全距离和起吊物料时相互之间的安全距离，并有可靠安全技术措施经主管技术领导批准后方可施工。

9.起重机的弯轨路基必须符合规定，起重机拐弯时应在外轨面上撒上砂子，内轨轨面及两翼涂上润滑脂。配重箱应转至拐弯外轮的方向。严禁在弯道上进行吊装作业或吊重物转弯。

10.塔式起重机停止操作后，应将吊钩起升到距起重臂最小距离不大于 5m 的位置，吊钩上严禁吊挂重物。在未采取可靠措施时，不得采用任何方法，限制起重臂随风转动。

11.附着式固定式起重机的基础和附着的建筑物其受力强度必须满足塔机的设计要求。附着时应用经纬仪检查塔身的垂直并用撑杆调整垂直度，其垂直度偏差不得超过 2 / 1000。

12.顶升作业时，必须使塔机处于顶升平衡状态，并将回转部分制动住。严禁旋转臂杆及其他作业。顶升发生故障，必须立即停止，待故障排除后方可继续顶升。顶升到规定自由行走高度时必须将塔身附着在建筑物上再继续顶升。

13.塔机在顶升拆卸时，禁止塔身标准节未安装接牢以前离开现场，不得在牵引平台上停放标准节（必须停放时要捆牢）或把标准节挂在起重钩上就离开现场。

14.冬期施工时起重机轨道上的积雪、冰霜必须及时清除干净重机在施工期内，每周或雨、雪后应对轨道基础进行检查，不符合规定，应及时调整。

15.履带起重机作业场地应平整坚实，如地面松软，应夯实后用枕木横向垫于履带下方。起重机工作、行驶与停放时，应按安全技术措施交底的要求与沟渠、基坑保持安全距离，不得停放在斜坡上。

16.履带起重机需带载荷行走时，载荷不得超过额定起重量的 70%。行走时，吊物应在起重机行走正前方向，离地高度不得超过 50cm，行驶速度应缓慢。严禁带载荷长距离行驶。转弯时，如转弯半径过小，应分次转弯（一次不超过 15°）。下坡时严禁空挡滑行。

17.汽车式、轮胎式起重机作业前应伸出全部支腿，撑脚下必须垫方木。调整机体水平度，无荷载时水准泡居中。支腿的定位销必须插上。底盘为弹性悬挂的起重机，放支腿前应先收紧稳定器。作业中出现支腿沉陷、起重机倾斜等情况时，必须立即放下吊物，经调整、消除不安全因素后方可继续作业。作业后，伸缩臂式起重机的臂杆应全部缩回、放妥，并挂好吊钩。桁架式臂杆起重机应将臂杆转至起重机的前方，并降至40°～60°之间。各机构的制动器必须制动牢固，操作室和机棚应关门上锁。

18.施工电梯每班首次运行时，必须空载及满载运行，梯笼升离地面1m左右停车，检查制动器灵敏性，然后继续上行楼层平台，检查安全防护门、上限位、前、后门限位，确认正常方可投入运行。梯笼乘人、载物时必须使载荷均匀分布，严禁超载作业。

19.挖掘机行走时臂杆应与履带平行，并制动回转机构，铲斗离地面宜为1m。行走坡度不得超过机械允许最大坡度，下坡用慢速行驶，严禁空挡滑行。转弯不应过急，通过松软地时应进行铺垫加固。

20.推土机上坡坡度不得大于25°。下坡坡度不得大于35°。在坡上横向行驶时，机身横向倾斜不得大于10°。在坡道上应匀速行驶，严禁高速下坡、急拐弯、空挡滑行。下陡坡时，应将推铲放下，接触地面倒车下行。推土机在坡道上熄灭时，应立即将推土机制动，并采取挡掩措施。

21.铲运机上下坡时，必须挂低速挡行驶。不得途中换挡，下坡时不得脱挡滑行。在坡地上行走或作业，上下纵坡不得超过25°，横坡不得超过6°，坡宽应大于机身2m以上，在新填筑的土堤上作业时，离坡边缘不得小于1m，斜坡横向作业时，机身必须保持平稳。作业中不得倒退。

22.平地机转弯或调头时，应用最低速度。下坡时严禁空挡滑行，行驶时必须将刮刀和齿耙升到最高位置，并将刮土铲刀斜放，铲刀两端不得超出后轮外侧。在高速挡行驶中，禁止急转弯。

23.挖掘装载机装载作业前，应将挖掘装置的回转机构置于中间位置，并用拉板固定。挖掘前要将装载斗的斗口和支腿与地面固定，使前后轮稍离地面，并保持机身的水平，以提高机械的稳定性。挖掘作业前应先将装载斗翻转，使斗口朝地，并使前轮稍离开地面，踏下并锁住制动踏板，然后伸出支腿，使后轮离地并保持水平位置。在装载过程中，应使用低速挡。装载机不得在倾斜度的场地上作业，作业区内不得有障碍物及无关人员。装卸作业应在平整地面进行。在沟槽边卸料时，必须设专人指挥，装载机前轮应与沟槽边缘保持不小于2m的安全距离，并放置挡木挡掩。

24.使用汽车式旋转钻孔机施工时，必须将机车楔牢，刹车制动，支脚支稳后再进行操作。

25.安装打桩机底盘时必须平放在坚实平坦的地面上，不得倾斜。桩机的平衡配重铁，必须符合说明书要求，保证桩架稳定。

26.机动翻斗车在坑槽边缘倒料时，必须在距0.8～1m处设置安全挡掩（20cm×20cm的木方）。车在距离坑槽10m处即应减速至安全挡掩处倒料，严禁骑沟倒料。

雨雪天气，夜间应低速行驶，下坡时严禁空挡滑行和下 25° 以上陡坡。翻斗车上坡道（马道）时，坡道应平整，宽度不得小于 2.3m，两侧设置防护栏杆，必须经检查验收合格方可使用。

第 2 单元　施工机械设备和机具的不安全状态导致的事故隐患

第 1 讲　垂直运输机械的事故隐患

一、塔式起重机的事故隐患

1.高塔基础不符合设计要求。

2.无力矩限制器或失效。

3.混凝土基础埋件混凝土强度不符合要求。

4.基础表面平整度超过 1/1000 仍继续使用。

5.钢轨顶面的倾斜度大于 1/1000 未及时更换。

6.行走式起重机路基不坚实不平整。

7.吊钩无保险或吊钩磨损超标。

8.两台以上起重机作业无防碰撞措施。

9.升降作业无良好的照明。

10.塔吊升降时仍进行回转。

11.轨距偏差超过规定。

12.高塔指挥无可靠的通信设备。

13.无超高变幅行走限位或失效。

14.行走式起重机铺设不符合要求。

15.高强度螺栓紧固力未达到规定力矩。

16.上人爬梯无护圈或护圈损坏。

17.行走起重机无拖行电缆卷线器或失灵。

18.顶升撑脚就位后未插上安全销。

19.轨道无接地接零或不符合要求。

20.塔吊、卷扬机滚筒无保险装置。

21.起重机的接地电阻大于 4Ω。

22.起重机和基础的垂直度偏差超过标准。

23.轨距超公称值 1/1000 且超±3mm。

24.未按要求每间隔 6m 设轨距拉杆。

25.轨道无极限位置阻挡器或设置不合理。
26.塔吊高度超过规定不安装附墙。
27.采用限位装置作为停止运行的开关。
28.起重机在强电磁场附近作业。
29.起重机与架空线路小于安全距离无防护。
30.恶劣天气进行起重机拆装和升降工作。
31.行走式起重机作业完不使用夹轨钳固定。
32.路轨压板和接头螺栓数量不足或未紧固牢固。
33.轨道尽头未按要求设置符合要求的缓冲止挡器。
34.固定轨道的鱼尾板连接螺栓紧固不符合要求。
35.二侧轨道接头错开距离小于 1.5m 未及时调整。
36.动臂式或未附着的塔吊塔身上悬挂标语。
37.塔吊起重作业时吊点附近有人员站立和行走。
38.塔身支承梁未稳固仍进行顶升作业。
39.内爬后遗留下的开孔位未做好封闭措施。
40.自升塔吊爬升套架未固定牢或顶升撑脚未固定就顶升。
41.固定内爬框架的楼层楼板未达到承载要求仍作为固定点。
42.高强度螺栓不符合使用标准，有损伤和明显裂纹未及时更换。
43.附墙距离和附墙间距超过使用标准未经许可仍使用。
44.附墙构件和附墙点的受力未满足起重机附墙要求。
45.塔吊悬臂自由端超过使用标准仍使用。
46.轨道接地不符合要求或接地电阻大于 4Ω 未采取措施。
47.作业中遇停电或电压下降时未及时将控制器回到零位。
48.动臂式起重机吊运载荷达到额定起重量 90%以上仍进行变幅运行。
49.塔吊内爬升降过程仍进行起升、回转、变幅等作业。
50.作业时未清除或避开回转半径内的障碍物。
51.动臂式起重机变幅与起升或回转行走等同时进行。
52.塔吊升降时标准节和顶升套架间隙超过标准不调整继续升降。
53.塔吊升降时起重臂和平衡臂未处于平衡状态下进行顶升。
54.在最高锚固点以下标准节垂直度超 2/1000 未进行调整仍使用。

二、施工电梯的事故隐患

1.电梯基础无排水措施。
2.吊笼安全装置未经试验，吊笼安全装置不灵敏。
3.上升极限断火开关无效。
4.电梯无联络信号。
5.电气安装不符合要求，电气控制无漏电保护。
6.架体附着装置与脚手架相连。

7.附墙装置水平距离不符合要求。
8.用行程开关作停止的控制开关。
9.电梯无专用开关箱。
10.导向轮与导轨间隙超过使用要求。
11.设备未接地或接地不符合要求。
12.擅自任意调整防坠安全器。
13.标准节连接螺栓紧固不符合要求。
14.安装后未按照规定要求做坠落试验。
15.门连锁装置不起作用。
16.电梯四周有危害安全运行的障碍物。
17.箱内无短路过载相序断相及零位保护。
18.电梯内载重严重偏心。
19.每层出口无防护门或防护门不符合标准。
20.平衡重断绳限位开关无效。
21.电梯的垂直度超过标准。
22.未按规定做坠落试验，或坠落制动距离超标。
23.附墙装置固定不符合要求。
24.地面吊笼出入口无防护棚。
25.连接通道搭设不符合要求。
26.平衡重导向滑轮磨损未及时更换。
27.平衡重钢丝绳断丝超标未及时更换。
28.设备结构件有变形或损坏电。
29.梯地基无隐蔽工程验收或承载力不够。
30.电梯无楼层的照明和编号。
31.在电梯内向楼层内抛掷物件。
32.架体自由段高度与建筑物附着不符合要求。
33.上升、下降限位开关无效。
34.设备的保险装置限位装置损坏无效，不修理继续使用。

三、物料提升机的事故隐患

1.卷筒钢丝绳缠绕不整齐。
2.在传动时用手拉脚踢钢丝绳。
3.物件提升后操作人员离开卷扬机。
4.井架提升使用单根钢丝绳。
5.卷扬机制动操作杆行程范围内有障碍。
6.物件和吊笼下有人员停留。
7.卷扬机钢丝绳过路无保护措施。
8.无钢丝绳滑脱保险装置。

9.高架式提升机无下限位缓冲器超载限位。
10.休息时未将物件或吊笼降至地面。
11.无超高限位装置。
12.连墙件的位置不符合规范。
13.井架开口处未进行加固。
14.架体无避雷措施。
15.作业时有人员跨越钢丝绳。
16.井架吊篮无安全门。
17.地锚设置不符合要求。
18.架体外侧和四周防护不符合要求。
19.物料提升机无联络信号。
20.物料提升机架体基础不符合要求。
21.无停靠装置，或停靠装置未形成定型化。
22.物料提升机架体垂直度偏差超标。
23.缆风绳未按标准数量设置，未使用钢丝绳，设置角度不符合要求。

第 2 讲　水平运输机械的事故隐患

一、翻斗车的事故隐患

1.翻斗车行车载人。
2.翻斗车制动装置不灵敏。
3.翻斗车司机酒后操作。
4.翻斗车司机无证驾驶。
5.翻斗车行驶道路不符合安全要求。
6.翻斗车无料斗锁紧装置。
7.发动机运转或料斗装料时进行检修。

二、运输车辆的事故隐患

1.驾驶人员无相应的驾驶执照。
2.在坡道上停车不采取制动措施。
3.驾驶人员酒后驾车。
4.启动前未确认四周无障碍。
5.启动前变速不在空挡。
6.牵引陷入坑内的汽车无专人指挥。
7.启动后不检查仪表和制动。
8.在冰雪路上行驶无防滑措施。

9.车辆在泥泞的路上快速行驶。
10.车辆未停稳状态下人员上下车辆。
11.人员在车辆下休息或没有保持安全距离。

三、自卸汽车的事故隐患

1.向坑内卸料时不保持安全距离。
2.卸料后车厢不复原就开车。
3.启动后不检查试倾液压机构。
4.配合装料时不拉手刹车。
5.卸料时车后方有人员活动。
6.检修倾卸装置时不撑牢车厢。
7.自卸车车厢载人。
8.配合作业人员与车辆未保持安全距离。

四、 载重车辆的事故隐患

1.运输超标构件无妥善的方法。
2.违规超载、超速上路。
3.货车载人不按车管部门规定执行。
4.装运危险品不遵循有关的规定。
5.装运异型特殊物件无专用搁架。
6.载货车辆载货的长、宽、高超出有关规定。

第 3 讲　土石方机械的事故隐患

一、挖土机的事故隐患

1.铲斗上有人员站立。
2.推土时刀片超出边坡。
3.停车时未将铲斗落地，卸土未待车停稳。
4.制动欠佳、有溜坡现象。
5.土体不稳定，有发生坍塌危险时仍在作业。
6.在电缆 1m 范围内作业。
7.挖土机行驶时驾驶室外载人。
8.在不明承载能力时通过桥梁、涵洞。
9.行驶中人员上下机械或传递物品。
10.设备修理时，悬空部件未采取固定措施。
11.启动前未将离合器分离或变速杆在空挡。

12.在陡坡上转弯、倒车和停车。
13.施工标志、防护设施损毁失效仍继续作业。
14.推土机用钢丝绳拖重物时附近有人员作业。
15.设备在架空输电线路下作业，小于安全距离。
16.在爆破警戒区内作业。
17.多台挖土机同时作业时未空开安全距离。
18.工作面净空不足以保证安全作业。

二、推土机的事故隐患

1.行驶路面，不能满足设备承载能力。
2.设备修理时，内燃机未熄火，铲刀未垫稳。
3.驾驶人员非专业人员。
4.行驶时，有人站在履带或刀架上。
5.横向行驶的坡度超过 10° 。
6.在深沟，基坑或陡坡区作业其垂直边坡高度大于 2m。
7.两台设备在同一地区作业前后距离小于 8m，左右距离小于 1.5m。

三、挖掘机的事故隐患

1.铲斗从汽车驾驶室上过。
2.挖掘悬崖时未采取防护措施。
3.在行驶或作业中除驾驶室外，有人员乘坐。
4.在坡道行走内燃机突然熄火时未采取措施。
5.挖掘机行驶时驾驶室外载人。
6.挖掘力突然变化，未查明原因擅自调整压力。
7.挖掘机作业时未保持水平位置。
8.挖掘机在松软、沼泽地未采取措施作业。
9.多台挖掘机同时作业时未空开安全距离。
10.挖掘机作业时距工作面距离小于规定要求。
11.挖掘机装运时未刹住各制动器。
12.行驶中人员上下机械或传递物品。
13.铲斗未离开工作面时，就做回转行走动作。
14.挖掘机行驶时，铲斗载重及铲斗高度未符合规定要求。

第 4 讲　钢筋加工机械的事故隐患

一、钢筋弯曲机的事故隐患

1.开机前未检查轴、防护等。

2.工作台和弯曲台不在一个平面上。

3.转轮部件无防护罩。

4.作业时调整速度更换轴芯。

5.作业半径内和机身不设固定销的一侧站人。

6.成品堆放时弯钩向上。

7.对超过铭牌规定直径的钢筋加工。

8.强行超过该机对钢筋直径、根数及机械转速的规定进行弯曲作业。

二、钢筋切断机的事故隐患

1.切断机开机前未检查刀具状况和紧固状况。

2.机器未达到正常转速就送料。

3.运转中检修机械。

4.长料加工时无人员帮扶。

5.剪切超过铭牌规定直径的材料。

6.切断机调直块未固定，防护罩未盖好就送料。

7.运转中用手清除切刀附近的杂物。

8.非电工人员盲目排除电路故障。

9.钢筋送入后手与切刀接近。

10.切短料时不用套管或夹具。

11.人员两手分在刀片两边握住钢筋伏身送料。

三、预应力机械的事故隐患

1.不按高压油泵启动程序启动。

2.任意调节安全阀额定油压。

3.高压油泵超载作业。

4.在有压力的情况下拆卸液压机的零件。

5.张拉时手摸脚踩钢丝绳。

6.被拉钢丝绳两端头有损坏。

7.张拉时两端有人员站立。

8.测量钢丝绳伸长时未停止拉伸。

9.高压油泵压力未回零就卸开通往千斤顶的油管接头。

四、冷拉机械的事故隐患

1.作业前未检查夹具、滑轮、地锚等。
2.作业区间有人员。
3.装设的灯在 5m 以下并无防护。
4.冷拉现场未安装防护栏杆和警告标志。
5.张拉区内未装设夜间照明灯。
6.冷拉场地未设置警戒区。
7.操作人员在作业时距离钢筋 2m 内。
8.卷扬机人员未看到指挥人员发信号就开机。
9.作业后不放松钢丝绳。

第 5 讲 混凝土机械的事故隐患

一、混凝土搅拌机的事故隐患

1.进场后不进行验收。
2.作业前不进行试机。
3.有人进入筒内操作时无专人监护。
4.上料斗和地面之间无缓冲物。
5.检修料斗清理料坑时未把料斗固定。
6.料斗升起时有人员在料斗下。
7.电动搅拌机的操作台无绝缘措施。
8.作业后未将料斗降落在坑底。
9.搅拌机运输时未将料斗固定。
10.进料时头、手伸入料斗和机架之间。
11.各个转动机构无防护罩。
12.运转时用手或工具伸入筒内扒料。
13.未使用保护接零或接地电阻不符合规定。

二、混凝土泵的事故隐患

1.作业前未对泵的整体做检查。
2.垂直泵送管道直接接在泵的输出口上。
3.将磨损的管道用在高压区。
4.泵送时调整修理正在运转的部件。
5.泵送管道和脚手架相连。
6.泵送管道敷设后未进行耐压试验。
7.泵送管道与钢筋和模板直接连接。

8.泵送管道和支架之间未用缓冲物。
9.泵机运转时铁锹伸入料斗。
10.混凝土泵未停放稳当就作业。
11.泵送材料粒径超过泵机可泵性要求。
12.用压缩空气冲洗管道时，管道前方 10m 内站人。

三、混凝土切割机的事故隐患

1.锯片升降机构不灵活。
2.锯片选用不符合要求。
3.电源线路破损或有明接头。
4.操作时带手套。
5.不按铭牌规定超厚切割。
6.推时用力过猛。
7.在运转中检查维修。
8.构件锯缝中的碎屑用手拣拾。

第 6 讲　木工加工机械的事故隐患

一、平刨机的事故隐患

1.使用双向倒顺开关。
2.刀片有损坏。
3.戴手套送料接料。
4.未做保护接零，无漏电保护器。
5.无人操作时未切断电源。
6.平刨时手在料后推送。
7.刨短料时不用压板和推棍。
8.在刨口上方回料。
9.各种机械的接地接零不符合要求。
10.手按在节疤上推料。
11.不切断电源或摘掉皮带就换刀片。
12.设备电气绝缘电阻低于 0.5MΩ。
13.进行操作时动作过大。
14.刀片的安装不符合要求。
15.刨长度短于前后压滚距离的料。
16.在机器运转时清理杂物。
17.各种机械未使用专用的开关箱。

18.机器运转时在防护罩和台面上放物品。

二、压刨机的事故隐患

1.各种机械未使用专用的开关箱。
2.戴手套送料接料。
3.送料接料未和滚筒离开一定的距离。
4.使用双向倒顺开关。
5.进行操作时动作过大。
6.在机器运转时清理杂物。
7.机器运转时在防护罩和台面上放物品。
8.刀片的安装不符合要求。
9.刨长度短于前后压滚距离的料。
10.各种机械的接地接零不符合要求。
11.带电检修机械或更换机械部件。
12.设备电气绝缘电阻低于 0.5MΩ。

三、圆盘锯的事故隐患

1.锯片有损坏。
2.操作时站在与锯片同一直线上。
3.在机器运转时清理杂物。
4.锯片无防护罩。
5.使用倒顺开关。
6.未安装分料器、隔离板。
7.锯超过锯片半径的木料。
8.机器运转时在防护罩和台面上放物品。
9.进行操作时动作过大。
10.各种机械未使用专用的开关箱。
11.不切断电源或摘掉皮带就换刀片。
12.带电检修机械或更换机械部件。
13.各种机械的接地接零不符合要求。
14.设备电气绝缘电阻低于 0.5MΩ。

第 7 讲　其他施工机械、机具的事故隐患

一、空气压缩机的事故隐患

1.设备无随机开关。

2.动力为电动机的，绝缘电阻低于0.5MΩ，或接零接地不符合使用要求。

3.储气罐内压力超过铭牌规定压力。

4.储气缸有裂缝、变形、锈蚀、泄露等缺陷，或缺少定期耐压试验合格证明。

5.动力为内燃机的，运行时有异声漏水漏油等现象；在室外时无机棚，周围无防护栏杆。

6.各部管路及所有密封面的接合处，有漏水、漏油、漏气、漏电现象。

7.停机后未放尽罐内的存气。

8.安全阀、控制阀、操纵装置、防护罩、联轴器等防护装置残缺不齐，压力、安全阀铅封失效。

二、砂浆机的事故隐患

1.砂浆机无牢固的基础。

2.砂浆机无专用电箱。

3.带电检修机械。

4.砂浆机无随机开关。

5.砂子未过筛就使用。

6.运转时手或木棍等伸入搅拌筒内。

7.转动轴和传动部件没有防护罩。

三、砂轮机的事故隐患

1.砂轮片使用到极限不更换。

2.利用砂轮侧面进行打磨作业。

3.使用砂轮机时不戴防护眼镜。

4.用砂轮机切割短小材料。

5.使用砂轮机带手套。

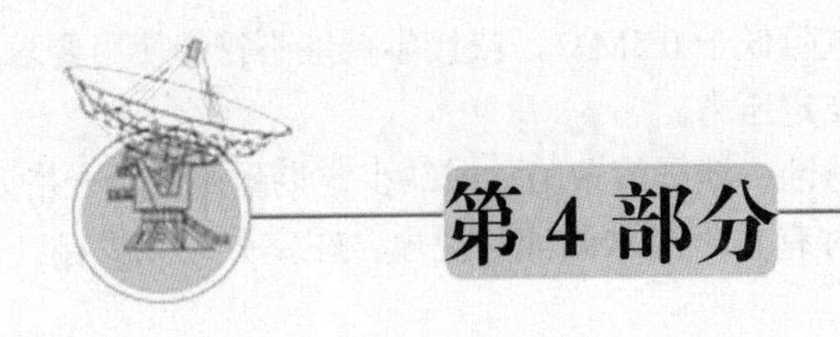

第4部分

施工机械安全操作技术

第1单元　基础工程机械

第1讲　土石方开挖运输机械

一、挖掘机安全操作技术

（1）作业前应进行检查，确认一切齐全完好，大臂和铲斗运动范围内无障碍物和其他人员，鸣笛示警后方可作业。

（2）挖掘机驾室内外露传动部分，必须安装防护罩。

（3）电动的单斗挖掘机必须接地良好，油压传动的臂杆的油路和油缸确认完好。

（4）正铲作业时，作业面应不超过本机性能规定的最大开挖高度和深度。在拉铲或反铲作业时，挖掘机履带或轮胎与作业面边缘距离不得小于1.5m。

（5）挖掘机在平地上作业，应用制动器将履带（或轮胎）刹住、楔牢。

（6）挖掘机适用于在粘土、沙砾土、泥炭岩等土壤的铲挖作业。对爆破掘松后的重岩石内铲挖作业时，只允许用正铲，岩石料径应小于斗口宽的1/2。禁止用挖掘机的任何部位去破碎石块、冻土等。

（7）取土、卸土不得有障碍物，在挖掘时任何人不得在铲斗作业回转半径范围内停留。装车作业时，应待运输车辆停稳后进行，铲斗应尽量放低，并不得砸撞车辆，严禁车箱内有人，严禁铲斗从汽车驾驶室顶上越过。卸土时铲斗应尽量放低，但不得撞击汽车任何部位。

（8）行走时臂杆应与履带平行，并制动回转机构，铲斗离地面宜为1m。行走坡度不得超过机械允许最大坡度，下坡用慢速行驶，严禁空挡滑行。转弯不应过急，通过松软地时应进行铺垫加固。

（9）挖掘机回转制动时，应使用回转制动器，不得用转向离合器反转制动。满载时，禁止急剧回转猛刹车，作业时铲斗起落不得过猛。下落时不得冲击车架或履带及其他机件，不得放松提升钢丝绳。

（10）作业时，必须待机身停稳后再挖土，铲斗未离开作业面时，不得作回转行走等动作，机身回转或铲斗承载时不得起落吊臂。

（11）在崖边进行挖掘作业时，作业面不得留有伞沿及松动的大块石，发现有坍塌危险时应立即处理或将挖掘机撤离至安全地带。

（12）拉铲作业时，铲斗满载后不得继续吃土，不得超载。拉铲作沟渠、河道等项作业时，应根据沟渠、河道的深度、坡度及土质确定距坡沿的安全距离，一般不得小于 2m，反铲作业时，必须待大臂停稳后再吃土，收斗，伸头不得过猛、过大。

（13）驾驶司机离开操作位置，不论时间长短，必须将铲斗落地并关闭发动机。

（14）不得用铲斗吊运物料。

（15）发现运转导常时应立即停机，排除故障后方可继续作业。

（16）轮胎式挖掘机在斜坡上移动时铲斗应向高坡一边。

（17）使用挖掘机拆除构筑物时，操作人员应分析构筑物倒塌方向，在挖掘机驾驶室与被拆除构筑物之间留有构筑物倒塌的空间。

（18）作业结束后，应将挖掘机开到安全地带，落下铲斗制动好回转机构，操纵杆放在空挡位置。

（19）作业后应将机械擦拭干净，冬季必须将机体和水箱内水放净（防冻液除外）。关闭门窗加锁后方可离开。

二、挖掘装载机安全操作技术

（1）作业前应检查发动机的油、水（包括电瓶水）应加足，各操纵杆放在空挡位置，液压管路及接头无松脱或渗漏，液压油箱油量充足，制动灵敏可靠，灯光仪表齐全、有效方可起动。

（2）机械起动必须先鸣笛，将铲斗提升离地面 50cm 左右。行驶中可用高速挡，但不得进行升降和翻转铲斗动作，作业时应使用低速挡，铲斗下方严禁有人，严禁用铲斗载人。

（3）装载机不得在倾斜度的场地上作业，作业区内不得有障碍物及无关人员。装卸作业应在平整地面进行。

（4）向汽车内卸料时，严禁将铲斗从驾驶室顶上越过，铲斗不得碰撞车厢，严禁车厢内有人，不得用铲斗运物料。

（5）在沟槽边卸料时，必须设专人指挥，装载机前轮应与沟槽边缘保持不少于 2m 的安全距离，并放置挡木挡掩。

（6）装堆积的砂土时，铲斗宜用低速插入，将斗底置于地面，下降铲臂然后顺着地面，逐渐提高发动机转速向前推进。

（7）在松散不平的场地作业，应把铲臂放在浮动位置，使铲斗平稳的作业，如推进时阻力过大，可稍稍提升铲臂。

（8）将大臂升起进行维护、润滑时，必须将大臂支撑稳固。严禁利用铲斗作支撑提升底盘进行维修。

（9）下坡应采用低速挡行进，不得空挡滑行。

（10）涉水后应立即进行连续制动，排除制动片内的水分。

（11）作业后应将装载机开至安全地区，不得停在坑洼积水处，必须将铲斗平放在地面上，将手柄放在空挡位置，拉好手制动器。关闭门窗加锁后，司机方可离开。

三、推土机安全操作技术

（1）作业前应检查：各系统管路无裂纹或泄漏；各部螺栓连接件应紧固；各操纵杆和制动系统的行程、间隙，履带、传动链的松紧度，轮胎气压均符合要求；手摇起动应防倒转。用手拉绳起动时，不得将绳缠在手上。

（2）作业前应清除推土机行走道路上的障碍物（冻土、石块、杂物）。路面应比机身宽 2m，行驶前严禁有人站在履带或刀片的支架上，确认安全方可起动。

（3）保养、检修时必须放下推铲，关闭发动机。在推铲下面进行保养或检修时，必须用木方将推铲垫稳。

（4）行驶中，司机和随机人员不得上下车或坐立在驾驶室以外的其他部分。行驶和转弯中应观察四周有无障碍。

（5）推土机上坡坡度不得大于 25°。下坡坡度不得大于 35°。在坡上横向行驶时，机身横向倾斜不得大于 10°。在坡道上应匀速行驶，严禁高速下坡、急拐弯、空挡滑行。下陡坡时，应将推铲放下，接触地面倒车下行。推土机在坡道上熄灭时，应立即将推土机制动，并采取挡掩措施。

（6）操作人员离开驾驶室时，必须将推铲落地并关闭发动机。

（7）推土机向沟槽内回填土时应设专人指挥。严禁推铲越过沟槽边缘。

（8）推土机在水中行驶前，必须查明水深及水底坚实情况，确认安全后方可行驶。

（9）使用推土机推房屋的围墙或旧房墙时，其高度不得超过 2.5m（东方红牌推土机不得超过 1.5m）。严禁推钢筋混凝土或地基基础连接的混凝土桩和混凝土基础。

（10）在电杆附近推土时，必须留有一定的土堆，其大小应根据电杆结构、土质、埋入深度等情况确定。用推土机推倒树干时必须注意树干倒向和高空障碍物。

（11）双机、多机推土作业时，应设专人指挥。作业时，两机前后距离应大于 8m，左右距离大于 1.5m。

（12）不得用推土机推石灰、烟灰等粉尘物料和用作碾碎石块的作业。

（13）需用推土机牵引重物时，应设专人指挥，危险区域内不得有人。在坡道或长距离牵引时，应用牵引杆连接。

（14）作业完毕停机时先切断离合器，放下刀片，锁住制动器，将操纵变速杆置于空挡，然后关闭发动机。

（15）作业后必须将机械开到平坦安全的地方，雨季必须把机械开出沟槽基坑。

四、铲运机安全操作技术

（1）拖式铲运机的牵引机械应按《建筑机械使用安全技术规程》（JGJ 33-2012）

中有关推土机的规定执行。

（2）作业前应检查油、水（包括电瓶水），应加足并把操纵杆（包括主离合器）放在空挡位置。采用油压操纵机构操纵杆应放在中间位置。并应检查钢丝绳、轮胎气压、铲土斗及卸土板回缩弹簧、拖把方向接头、撑架及固定钢索部分，以及各部滑轮等，液压式铲运机还应检查各液压管路接头、液压控制阀等，确认正常方可启动。手摇发动时防止摇把回弹，手拉绳启动时，不得将拉绳缠在手上。

（3）作业前铲运机的道路应符合规定。

（4）机械运转中，不准进行任何紧固、保养、润滑等作业。严禁用手触摸钢丝绳、滑轮、传动皮带等部件。

（5）严禁任何人上下机械、传动物件，以及在铲斗内，拖把或机架上坐立。

（6）两台铲运机同时作业时，拖式铲运机前后距离不得少于 10m，自行式铲运机不得小于 20m。平行作业时两机间隔不得小于 2m。在狭窄地区不得强行超车。

（7）铲运机上下坡时，必须挂低速挡行驶。不得途中换挡，下坡时不得脱挡滑行。在坡地上行走或作业，上下纵坡不得超过 25°，横坡不得超过 6°，坡宽应大于机身 2m 以上，在新填筑的土堤上作业时，离坡边缘不得少于 1m，斜坡横向作业时，机身必须保持平稳。作业中不得倒退。

（8）作业中司机不准离开驾驶室。离开时，必须把变速挡板扳到空挡，熄火后方可离开。

（9）在坡道上不得作保修作业，在陡坡上严禁转弯、倒车和停车。在坡上熄灭时应将铲斗落地，制动牢靠后，再启动发动机。

（10）铲土提斗时动作要缓慢。不得猛起猛落。

（11）铲土时应直线行驶，助铲时应有助铲装置，正确掌握斗门开启的大小，不得切土过深，两机要相互配合，等速行驶助铲平稳。

（12）铲运机陷车时，应有专人指挥拖拽，确保安全后，方可起拖。

（13）自行式铲运机的差速器锁，只能在直线行驶的泥泞路面上短时间使用，严禁在差速器锁住时拐弯。

（14）在公路上行驶时，铲斗必须用锁紧链条挂牢在运输行驶位置上，机上任何部位不得带人或装载其他物料。

（15）检修斗门或在铲斗下作业，必须把铲斗升起后用销子或锁紧链条固定，再用撑杆将斗身顶住，并制动住轮胎。

（16）作业完毕后，应将铲运机开出沟槽、基坑，停放在平坦地面上，并将铲斗落在地面上。液压操纵的应将液压缸缩回，将操纵杆放在中间位置。

五、平地机安全操作技术

（1）作业前必须将离合器、操纵杆、变速杆均放在空挡位置，检查并紧固各部连接螺栓及轮胎气压，检查油、水（电瓶水）应加足，全车线路各接头应牢固，液压系统油路、油缸、操纵阀等无泄漏、松脱现象，然后发动机器低速运转，各仪表均正常方可启动作业。

（2）机械起步前，应先将刮土铲刀或齿耙下降到接近地面。起步后方可切土。

（3）在陡坡上作业时应锁定铰接机架；在陡坡上往返作业时，铲刀应始终朝下坡方面伸出。

（4）平地机在行驶中，刮刀和耙齿离地面高度宜为25~30cm。随着铲土阻力变化，应随时调整刮土铲刀的升降。

（5）平地机刮地铲刀的回转与铲土角的调整以及向机外倾斜都必须停机时进行，但刮土铲刀左右端的升降动作，可在机械行驶中随时调整。

（6）各类铲刮作业都应低速行驶，用刀角和齿耙铲土时，应用一挡。刮土和平整作业可用二、三挡，换挡应在停机时进行。遇到坚硬土质，需用齿耗翻松时，应缓慢下齿，不得使用齿耙翻松石渣路及坚硬路面。

（7）平地机转弯或调头时，应用最低速度。下坡时严禁空挡滑行，行驶时必须将刮刀和齿耙升到最高位置，并将刮土铲刀斜放，铲刀两端不得超出后轮外侧。在高速挡行驶中，禁止急转弯。

（8）作业后平地机应放在平坦、安全的地方，并应拉上手制动器，不得停放在坑洼积水处。

六、蛙式夯实机安全操作技术

（1）每台夯机的电机必须是加强绝缘或双重绝缘电机，并装有漏电保护装置。

（2）夯机操作开关必须使用定向开关，并保证动作灵敏，且进线口必须加胶圈。每台夯机必须单独使用闸具或插座。电源线和零（地）线与定向开关，电机接线柱连接处必须加接线端子与之紧固。

（3）必须使用四芯胶套电缆线。电缆线在通过操作开关线口之前应与夯机机身用卡子固定。电源开关至电机段的电缆线应穿管固定敷设，夯机的电缆线不得长于50m。

（4）夯机的操作手柄必须加装绝缘材料。

（5）每班前必须对夯机进行以下检查：

1）各部电气部件的绝缘及灵敏程度，零线是否完好。

2）偏心块连接是否牢固，大皮带轮及固定套是否有轴向窜动现象。

3）电缆线是否有扭结、破裂、折损等可能造成漏电的现象。

4）整体结构是否有开焊和严重变形现象。

（6）每台夯机应设两名操作人员。一人操作夯机，一人随机整理电线。操作人员均必须戴绝缘手套和穿胶鞋。

（7）操作夯机者应先根据现场情况和工作要求确定行夯路线，操作时按行夯路线随夯机直线行走。严禁强行推进、后拉、按压手柄、强行猛拐弯或撒把不扶，任夯机自由行走。

（8）随机整理电线者应随时将电缆整理通顺，盘圈送行，并应与夯机保持3~4m的余量，发现电缆线有扭结缠绕、破裂及漏电现象，应及时切断电源，停止作业。

（9）夯机作业前方2m内不得有人。多台夯机同时作业时，其并列间距不得小于5m，纵列间距不得小于10m。

（10）夯机不得打冻土、坚石、混有砖石碎块的杂土以及一边偏硬的回填土。在边坡作业时应注意保持夯机平稳，防止夯机翻倒坠夯。

（11）经常保持机身整洁。托盘内落入石块、杂物、积土较多或底部粘土过多，出现啃土现象时，必须停机清除，严禁在运转中清除。

（12）搬运夯机时，应切断电源，并将电线盘好，夯头绑住。往坑槽下运送时，应用绳索送，严禁推、扔夯机。

（13）停止操作时，应切断电源，锁好电源闸箱。

（14）夯机用后必须妥善保管，应遮盖防雨布，并将其底部垫高。

七、风动凿岩机安全操作技术

（1）风动凿岩机的使用条件：风压宜为0.5～0.6MPa，风压不得小于0.4MPa；水压应符合要求；压缩空气应干燥；水应用洁净的软水。

（2）使用前，应检查风、水管，不得有漏水、漏气现象，并应采用压缩空气吹出风管内的水分和杂物。

（3）使用前，应向自动注油器注入润滑油，不得无油作业。

（4）将钎尾插入凿岩机机头，用手顺时针应能够转动钎子，如有卡塞现象，应排除后开钻。

（5）开钻前，应检查作业面，周围石质应无松动，场地应清理干净，不得遗留瞎炮。

（6）在深坑、沟槽、井巷、隧道、洞室施工时，应根据地质和施工要求，设置边坡、顶撑或固壁支护等安全措施，并应随时检查及严防冒顶塌方。

（7）严禁在废炮眼上钻孔和骑马式操作，钻孔时，钻杆与钻孔中心线应保持一致。

（8）风、水管不得缠绕、打结，并不得受各种车辆辗压。不应用弯折风管的方法停止供气。

（9）开钻时，应先开风、后开水；停钻后，应先关水、后关风；并应保持水压低于风压，不得让水倒流入凿岩机气缸内部。

（10）开孔时，应慢速运转，不得用手、脚去挡钎头。应待孔深达10～15mm后再逐渐转入全速运转。退钎时，应慢速徐徐拔出，若岩粉较多，应强力吹孔。

（11）运转中，当遇卡钎或转速减慢时，应立即减少轴向推力；当钎杆仍不转时，应立即停机排除故障。

（12）使用手持式凿岩机垂直向下作业时，体重不得全部压在凿岩机上，应防止钎杆断裂伤人。凿岩机向上方作业时，应保持作业方向并防止钎杆突然折断。并不得长时间全速空转。

（13）当钻孔深度达2m以上时，应先采用短钎杆钻孔，待钻到1.0～1.3m深度后，再换用长钎杆钻孔。

（14）在离地3m以上或边坡上作业时，必须系好安全带。不得在山坡上拖拉风管，当需要拖拉时，应先通知坡下的作业人员撤离。

（15）在巷道或洞室等通风条件差的作业面，必须采用湿式作业。在缺乏水源或不适合湿式作业的地方作业时，应采取防尘措施。

（16）在装完炸药的炮眼5m以内，严禁钻孔。

（17）夜间或洞室内作业时，应有足够的照明。洞室施工应有良好的通风措施。

（18）作业后，应关闭水管阀门，卸掉水管，进行空运转，吹净机内残存水滴，再关闭风管阀门。

八、振动冲击夯安全操作技术

（1）振动冲击夯应适用于粘性土、砂及砾石等散状物料的压实，不得在水泥路面和其他坚硬地面作业。

（2）作业前重点检查项目应符合下列要求：

1）各部件连接良好，无松动；

2）内燃冲击夯有足够的润滑油，油门控制器转动灵活；

3）电动冲击夯有可靠的接零或接地，电缆线表面绝缘完好。

（3）内燃冲击夯起动后，内燃机应怠速运转3～5min，然后逐渐加大油门，待夯机跳动稳定后，方可作业。

（4）电动冲击夯在接通电源启动后，应检查电动机旋转方向，有错误时应倒换相线。

（5）作业时应正确掌握夯机，不得倾斜，手把不宜握得过紧，能控制夯机前进速度即可。

（6）正常作业时，不得使劲往下压手把，影响夯机跳起高度。在较松的填料上作业或上坡时，可将手把稍向下压，并应能增加夯机前进速度。

（7）在需要增加密实度的地方，可通过手把控制夯机在原地反复夯实。

（8）根据作业要求，内燃冲击夯应通过调整油门的大小，在一定范围内改变夯机振动频率。

（9）内燃冲击夯不宜在高速下连续作业。在内燃机高速运转时不得突然停车。

（10）电动冲击夯应装有漏电保护装置，操作人员必须戴绝缘手套，穿绝缘鞋。作业时，电缆线不应拉得过紧，应经常检查线头安装，不得松动及引起漏电。严禁冒雨作业。

（11）作业中，当冲击夯有异常的响声，应立即停机检查。

（12）当短距离转移时，应先将冲击夯手把稍向上抬起，将运输轮装入冲击夯的挂钩内，再压下手把，使重心后倾，方可推动手把转移冲击夯。

（13）作业后，应清除夯板上的泥沙和附着物，保持夯机清洁，并妥善保管。

第 2 讲　桩工机械

一、桩工机械操作一般规定

1.一般安全操作规程

（1）打桩施工场地应按坡度不大于 3%，地耐力不小于 $8.5N/cm^2$ 的要求进行平实，地下不得有障碍物。在基坑和围堰内打桩，应配备足够的排水设备。

（2）桩机周围应有明显标志或围栏，严禁闲人进入。作业时，操作人员应在距桩锤中心 5m 以外监视。

（3）安装时，应将桩锤运到桩架正前方 2m 以内，严禁远距离斜吊。

（4）用桩机吊桩时，必须在桩上拴好围绳。起吊 2.5m 以外的混凝土预制桩时，应将桩锤落在下部，待桩吊近后，方可提升桩锤。

（5）严禁吊桩、吊锤、回转和行走同时进行。桩机在吊有桩和锤的情况下，操作人员不得离开。

（6）插桩后应及时检验桩的垂直度，桩入土 3m 以上时，严禁用桩机行走或回转动作纠正桩的倾斜度。

（7）拔送桩时，应严格掌握不超过桩机起重能力，荷载难以计算时，可参考如下办法：

1）桩机为电动卷扬机时，拔送桩时负荷不得超过电机满载电流。

2）桩机卷扬机以内燃机为动力时，拔送桩时如内燃机明显减速，应立即停止起拔。

3）桩机为蒸汽卷扬机时，拔送桩时，如在额定蒸汽压力下产生减速或停车，应立即停止起拔。

4）每米送桩深度的起拔荷载可按 4t 计算。

（8）卷扬钢丝绳应经常处于油膜状态，不得硬性摩擦。吊锤、吊桩可使用插接的钢丝绳，不得使用不合格的起重卡具、索具、拉绳等。

（9）作业中停机时间较长时，应将桩锤落下垫好。除蒸汽打桩机在短时间内可将锤担在机架上外，其他的桩机均不得悬吊桩锤进行检修。

（10）遇有大雨、雪、雾和六级以上强风等恶劣气候，应停止作业。当风速超过七级应将桩机顺风向停置，并增加缆风绳。

（11）雷电天气无避雷装置的桩机，应停止作业。

（12）作业后应将桩机停放在坚实平整的地面上，将桩锤落下，切断电源和电路开关，停机制动后方可离开。

（13）高处作业必须系好安全带，不得穿硬底易滑的鞋。

2.桩机运输安全操作规程

（1）汽车装运桩机时，不得超宽、超高、超载、超长装运。公路行驶必须遵守交通规则。

（2）桩机装运时必须绑扎牢固，垫、楔可靠，导杆必须摆放平直，不得压、扭变形。

（3）运输中不得急转弯，应低速行动，通过桥梁、涵洞、隧道时，不得超高、超载盲目强行。

（4）夜间装运时，现场必须有足够的照明，并设专人监护。

3.桩机的安装与拆除安全操作规程

（1）拆装班组的作业人员必须熟悉拆装工艺、规程，拆装前班组长应进行明确分工，并组织班组作业人员贯彻落实专项安全施工组织设计（施工方案）和安全技术措施交底。

（2）高压线下两侧 10m 以内不得安装打桩机。特殊情况必须采取安全技术措施，并经上级技术负责人同意批准，方可安装。

（3）安装前应检查主机、卷扬机、制动装置、钢丝绳、牵引绳、滑轮及各部轴销、螺栓、管路接头应完好可靠。导杆不得弯曲损伤。

（4）起落机架时，应设专人指挥，拆装人员应互相配合，指挥旗语、哨音准确、清楚。严禁任何人在机架底下穿行或停留。

（5）安装底盘必须平放在坚实平坦的地面上，不得倾斜。桩机的平衡配重铁，必须符合说明书要求，保证桩架稳定。

（6）震动沉桩机安装桩管时，桩管的垂直方向吊装不得超过 4m，两侧斜吊不得超过 2m，并设溜绳。

4.桩架挪动安全操作规程

（1）打桩机架移位的运行道路，必须平坦坚实，畅通无阻。

（2）挪移打桩机时，严禁将桩锤悬高。必须将锤头制动可靠方可走车。

（3）机架挪移到桩位上，稳固以后，方可起锤，严禁随移位随起锤。

（4）桩架就位后，应立即制动、固定。操作时桩架不得滑动。

（5）挪移打桩机架应距轨道终端 2m 以内终止，不得超出范围。如受条件限制，必须采取可靠的安全措施。

（6）柴油打桩机和震动沉桩机的运行道路必须平坦。挪移时应有专人指挥，桩机架不得倾斜。若遇地基沉陷较大时，必须加铺脚手板或铁板。

5.桩机施工安全操作规程

（1）作业前必须检查传动、制动、滑车、吊索、拉绳应牢固有效，防护装置应齐全良好，并经试运转合格后，方可正式操作。

（2）打桩操作人员（司机）必须熟悉桩机构造、性能和保养规程、操作熟练方准独立操作。严禁非桩机操作人员操作。

（3）打桩作业时，严禁在桩机垂直半径范围以内和桩锤或重物底下穿行停留。

（4）卷扬机的钢丝绳应排列整齐，不得挤压，缠绕滚筒上不少于 3 圈。在缠绕钢丝绳时，不得探头或伸手拨动钢丝绳。

（5）稳桩时，应用撬棍套绳或其他适当工具进行。当桩与桩帽接合以前，套绳不得脱套，纠正斜桩不宜用力过猛，并注视桩的倾斜方向。

（6）采用桩架吊桩时，桩与桩架之垂直方向距离不得大于 5m（偏吊距离不得大于 3m）。超出上述距离时，必须采取安全措施。

（7）打桩施工场地，必须经常保持整洁。打桩工作台应有防滑措施。

（8）桩架上操作人员使用的小型工具（零件），应放入工具袋内，不得放在桩架上。

（9）利用打桩机吊桩时，必须使用卷扬机的刹车制动。

（10）吊桩时要缓慢吊起，桩的下部必须设溜（套）绳，掌握稳定方向，桩不得与桩机碰撞。

（11）柴油机打桩时应掌握好油门，不得油门过大或突然加大，防止桩锤跳跃过高，起锤高度不大于 1.5m。

（12）利用柴油机或蒸汽锤拔桩筒，在入土深度超过 1m 时，不得斜拉硬吊，应垂直拔出。若桩筒入土较深，应边震边拔。

（13）柴油机或蒸汽打桩机拉桩时应停止锤击，方可操作，不得锤击与拉桩同时进行。降落锤头时，不得猛然骤落。

（14）在装拆桩管或到沉箱上操作时，必须切断电源后再进行操作。必须设专人监护电源。

（15）检查或维修打桩机时，必须将锤放在地上并垫稳，严禁在桩锤悬吊时进行检查等作业。

二、柴油打桩锤安全操作技术

（1）作业前应检查导向板的固定与磨损情况，导向板不得有松动或缺件，导向面磨损不得大于 7mm。

（2）作业前应检查并确认起落架各工作机构安全可靠，启动钩与上活塞接触线距离应在 5~10mm。

（3）作业前应检查柴油锤与桩帽的连接，提起柴油锤，柴油锤脱出砧座后，柴油锤下滑长度不应超过使用说明书的规定值，超过时，应调整桩帽连接钢丝绳的长度。

（4）作业前应检查缓冲胶垫，当砧座和橡胶垫的接触面小于原面积 2/3 时，或下汽缸法兰与砧座间隙小于使用说明书的规定值时，均应更换橡胶垫。

（5）水冷式柴油锤应加满水箱，并应保证柴油锤连续工作时有 足够的冷却水。冷却水应使用清洁的软水。冬季作业时应加温水。

（6）桩帽上缓冲垫木的厚度应符合要求，垫木不得偏斜。金属装的垫木厚度应为 100~150mm；混凝土桩的垫木厚度应为 200~250mm。

（7）柴油锤启动前，柴油锤、桩帽和桩应在同一轴线上，不得偏心打桩。

（8）在软土打桩时，应先关闭油门冷打，当每击贯入度小于 100mm 时，在启动柴油锤。

（9）柴油锤运转时，冲击部分的跳起高度应符合使用说明书的要求，达到规定高度时，应减小油门，控制落距。

（10）当上活塞下落而柴油锤未燃爆，上活塞发生短时间的起伏时，起落架不得落下，以防止击碰块。

（11）打桩过程中，应由专人负责拉好曲臂上的控制绳，在意外的情况下，可使用控制锤紧急停锤。

（12）柴油锤启动后，应提升起落架，在锤击过程中起落架与上汽缸顶部之间的距离应小于 2m。

（13）筒式柴油锤上活塞跳起时，应观察是否有润滑油从泄油孔中流出。下活塞的润滑油应按使用说明书的要求加注。

（14）柴油锤出现早燃时，应停止工作，并按使用说明书的要求进行处理。

（15）作业后，应将柴油锤放在最低位置，封盖上汽缸和吸排气孔，关闭燃料阀，将操作杆至于停机位置，起落架升至高于桩锤 1m 处，并应锁住安全限位装置。

（16）长期停用的柴油锤，应从桩基上卸下，放掉冷却水、燃油及润滑油，将燃烧室及上、下活塞打击面清洗干净，并应做好防腐措施，盖上保护套，入库保存。

三、震动桩锤安全操作技术

（1）作业前应检查并确认震动桩锤各部分螺栓、销轴的连接牢靠。减震装置的弹簧、轴和导向套完好。

（2）作业前，应检查各传动胶带的松紧度，松紧度不符合规定的及时调整。

（3）作业前，应检查夹持片的齿形。当齿形磨损超过 4mm 时，应更换或用堆焊修复。使用前，应在夹持片中间放一块 10~15mm 厚的钢板进行试夹。试夹中液压缸应无渗漏，系统压力应正常，夹持片间无钢板时，不得试夹。

（4）作业前，应检查并确认震动桩锤的导向装置牢固可靠。导向装置与立柱导轨的配合间隙应符合使用说明书的规定。

（5）悬挂震动桩锤的起重机吊钩应有防松脱的保护装置。震动桩锤悬挂钢架的耳环应加装保险钢丝绳。

（6）震动桩锤启动时间不应超过使用说明书的规定。当启动困难时，应查明原因，排除故障后继续启动。启动时应监视电流和电压，当启动后的电流将至正常值时，开始工作。

（7）夹桩时，紧夹装置和桩的头部之间不应有空隙。当液压系统工作压力稳定后，才能启动震动锤桩。

（8）沉桩前，应以桩的前端定位，并按使用说明书的要求调整桩与导轨的垂直度。

（9）沉桩时，应根据沉桩速度放松吊桩钢丝绳。沉桩速度、电机电流不得超过使用说明书的规定。沉桩速度过慢时，可在震动桩锤上按规定增加配重。当电流急剧上升时，应停机检查。

（10）拔桩时，当桩身埋入部分被拔起 1.0~1.5m 时，应停机拔桩，在拴好吊装用钢丝绳后，再起振拔桩。当桩尖离地面只有 1~2m 时，应停止振动拔桩，由起重机直接拔桩。桩拔出后，吊装钢丝绳未吊紧前，不得松开夹紧装置。

（11）拔桩应按沉桩的相反顺序起拔。夹紧装置在夹持板桩时，应靠近相邻一根。对工字桩应夹紧腹板的中央。当钢板桩和工字桩的头部有钻孔时，应将钻孔焊平或将钻孔以上割掉，或应在钻孔处焊接加强板，防止桩断裂。

（12）振动桩锤在正常振幅下扔不能拔桩时，应停止作业，改用功率较大的震动桩锤。拔桩时，拔桩力不应大于桩架的负荷能力。

（13）振动桩锤作业时。减振装置各摩擦部位应具有良好的润滑。减振器横梁的振幅超过规定时。应停机查明原因。

（14）作业中，当遇液压软管破损、液压操纵失灵或停电时，应立即停机，并应采取安全措施，不得让桩从夹紧装置中脱落。

（15）停止作业时，在振动桩锤完全停止运转前不得松开夹紧装置。

（16）作业后，应将振动桩锤沿导杆放至低处，并采用木块垫实，带桩管的振动桩锤可将桩管沉入土中 3m 以上。

（17）振动桩锤长期停用时，应卸下振动桩锤。

四、静力压桩机安全操作技术

（1）桩机纵向行走时，不得单向操作一个手柄，应两个手柄一起动作。短船回转或横向行走时，不应触碰长船边缘。

（2）桩机升降过程中，四个顶升缸中的两个一组，交替动作，每次行程不得超过 100mm。当单个顶升缸动作时，行程不得超过 50mm。压桩机在顶升过程中，船形轨道不宜压在已入土的单一桩顶上。

（3）压桩作业时，应有统一指挥，压桩人员和吊装人员应密切联系，相互配合。

（4）起重机吊装进入夹持机构，进行接桩或插桩作业后，操作人员在压桩前应确认吊钩已完全脱离桩体。

（5）操作人员应按桩机技术性能作业，不得超载运行。操作时动作不应过猛，应避免冲击。

（6）桩机发生浮机时，严禁起重机作业。如起重机已起吊物体，应立即将起吊物卸下，暂停压桩，在查明原因采取相应措施后，方可继续施工。

（7）压桩时，非工作人员应离机 10m。起重机的起重臂及桩机配重下方严禁站人。

（8）压桩时，操作人员的身体不得进入压桩台与机身的间隙之中。

（9）压桩过程中，桩产生倾斜时，不得采用桩机行走的方法强行纠正，应先将桩拔起，清楚地下障碍物后，重新插桩。

（10）在压桩过程中，当夹持的桩出现打滑现象时，应通过提高液压缸压力增加夹持力，不得损坏桩，并应及时找出打滑原因，排除故障。

（11）桩机接桩时，上一节桩应提升 350~400mm，并不得松开夹持板。

（12）当桩的贯入阻力超过设计值时，增加配重应符合使用说明书的规定。

（13）当桩压到设计要求时，不得用桩机行走的方式，将超过规定高度的桩顶部分强行推断。

（14）作业完毕，桩机应停放在平整地面上，短船应运行至中间位置，其余液压缸应缩进回程，起重机吊钩应升至最高位置，各部制动器应制动，外露活塞杆应清理干净。

（15）作业后，应将控制器放在“零位”，并以此切断各部电源，锁闭门窗，冬季应放尽各部积水。

（16）转移工地时，应按规定程序拆卸桩机，所有油管接头处应加保护盖帽。

四、转盘钻孔机安全操作技术

（1）钻架的吊重中心、钻机的卡孔和护进管中心应在同一垂直线上，钻杆中心偏差不应大于 20mm。

（2）钻头和钻杆连接螺纹应良好，滑扣的不得使用。钻头焊接应牢固可靠，不得有裂纹。钻杆连接处应安装便于拆卸的垫圈。

（3）作业前，应先将各部操纵手柄至于空挡位置，人力盘动时不得有卡阻现象，然后空载运转，确认一切正常后方可作业。

（4）开钻时，应先送浆后开钻；停机时，应先停机后停浆。泥浆泵应有专人看管，对泥浆质量和浆面高度应随时测量和调整，随时清楚沉淀池中杂物，出现漏浆现象时应及时补充。

（5）开钻时，钻压应轻，转速应慢。在钻进过程中，应根据地质情况和钻进深度，选择合适的钻压和钻速，均匀给进。

（6）换挡时，应先停钻，挂上挡后载开钻。

（7）加接钻杆时，应使用特制的连接螺栓紧固，并应做好连接处的清洁工作。

（8）钻机下和井孔周围 2m 以内及高压胶管下，不得站人。钻杆不应在旋转时提升。

（9）发生提钻受阻时，应先设法使钻具活动后再慢慢提升，不得强行提升。当钻进受阻时，应采用缓冲击法解除，并查明原因，采取措施继续钻进。

（10）钻架、钻台平车、封口平车等的承载部位不得超载。

（11）使用空气反循环时，喷浆口应遮拦，管端应固定。

（12）钻进结束时，应把钻头略微提起，降低转速，空转 5~10min 后再停钻。停钻时，应先停钻后停风。

（13）作业后，应对钻机进行清洗和润滑，并应将主要部位进行遮盖。

六、螺旋钻孔机安全操作技术

（1）安装前，应检查并确认钻杆及各部件不得有变形；安装后，钻杆与动力头中心线的偏斜度不应超过全长的 1%。

（2）安装钻杆时，应从动力头开始，逐节往下安装。不得将所需长度的钻杆在地面上接好后一次起吊安装。

（3）钻机安装后，电源的频率与钻机控制箱的内频率应相同。不同时，应采用频率转换开关予以转换。

（4）钻机应放置在平稳、坚实的场地上。汽车式钻机应将轮胎支起，架好支腿，并应采用自动微调或线锤调整挺杆，使之保持垂直。

（5）启动前应检查并确认钻机各部件连接牢固，传动带的松紧度应适当，减速箱内油位应符合规定，钻深限位报警装置应有效。

（6）启动前，应将操作杆放在空挡位置。启动后，应进行空载运转试验，检查仪表、制动等各项，温度、声响应正常。

（7）钻孔时，应将钻杆缓慢放下，使钻头对准孔位，当电流表指针偏向无负荷状态时即可下钻。在钻孔过程中，当电流表超过额定电流时，应放慢下钻速度。

（8）钻机发出下钻限位报警信号时，应停钻，并将钻杆稍稍提升，在接触报警信号后，方可继续下钻。

（9）卡钻时，应立即停止下钻。查明原因前，不得强行启动。

（10）作业中，当需改变钻杆回转方向时，应在钻杆完全停转后再进行。

（11）作业中，当发现阻力过大、钻进困难、钻头发出异响或机架出现摇晃、移动、偏斜时，应立即停钻，在排除故障后，继续施钻。

（12）钻机运转时，应有专人看护，防止电缆线被缠入钻杆。

（13）钻孔时，不得用手清除螺旋片中的泥土。

（14）钻孔过程中，应经常检查钻头的磨损情况，当钻头磨损量超过使用说明书的允许值时，应予以更换。

（15）作业中停电时，应将各控制器置于零位，切断电源，并应及时采取措施，将钻杆从孔内拔出。

（16）作业后，应将钻杆及钻头全部提升至孔外，先清除钻杆和螺旋片上的泥土，再将钻头放下接触地面，锁定各部制动，将操纵杆放到空挡位置，切断电源。

七、旋挖钻机安全操作技术

（1）作业地面应坚实平整，作业过程中地面不得下陷，工作坡度不得大于 2°。

（2）钻机驾驶员进出驾驶室时，应利用阶梯和扶手上下。在作业过程中，不得将操纵杆当扶手使用。

（3）钻机行驶时，应将上车转台和底盘车架销住，履带式钻机还应锁定履带伸缩油缸的保护装置。

（4）钻孔作业前，应检查并确认固定上车转台和底盘车架的销轴已拔出。履带式钻机应将履带的轨距伸至最大。

（5）在钻机转移工作点、装卸钻具钻杆、收臂放塔和检修调试时，应有专人指挥，并确认附近不得有非作业人员和障碍。

（6）卷扬机提升钻杆、钻头和其他钻具时，重物应位于桅杆正前方。卷扬机钢丝绳与桅杆夹角应符合使用说明书的规定。

（7）开始钻孔时，钻杆应保持垂直，位置应止确，并应慢速钻进，在钻头进入土层后，再加快钻进。当钻斗穿过软硬土层交界处时，应慢速钻进。提钻时，钻头不得转动。

（8）作业中，发现浮机现象时，应立即停止作业，查明原因并正确处理后，继续作业。

（9）钻机移位时，应将钻桅及钻具提升至规定高度，并应检查钻杆，防止钻杆脱落。

（10）作业中，钻机作业范围不得有非工作人员进入。

（11）钻机短时停机，钻桅可不放下，动力头及钻具应放下，并宜尽量接近地面。长时间停机，钻桅应按使用说明书的要求放置。

（12）钻机保养时，应按使用说明书的要求进行，并应将钻机支撑牢靠。

八、深层搅拌机安全操作技术

（1）搅拌机就位后，应检查搅拌机的水平度和导向架的垂直度，并应符合使用说明书的要求。

（2）作业前，应先空载试机，设备不得有异响，并应检查仪表、油泵，确认正常后，正式开机运转。

（3）吸浆、输浆管路或粉喷高压软管的各接头应连接紧固。泵送水泥浆前，管路应保持湿润。

（4）作业中，应控制深层搅拌机的入土切削速度和提升搅拌的速度，并应检查电流表，电流不得超过规定。

（5）发生卡钻、停钻或管路堵塞现象时，应立即停机，并应将搅拌头提离地面，查明原因，妥善处理后，重新开机施工。

（6）作业中，搅拌机动力头的润滑应符合规定，动力头不得断油。

（7）当喷浆式搅拌机停机超过 3h，应立即拆卸输浆管路，排除灰浆，清洗管道。

（8）作业后，应按使用说明书的要求，做好清洁保养工作。

九、冲孔桩机安全操作技术

（1）冲孔桩机施工摆放的场地应平整坚实。

（2）作业前应重点检查一下项目，并应符合下列要求：

1）各连接部分是否牢固，传动部分、离合器、制动器、棘轮停止器、导向轮是否灵活可靠；

2）卷筒不得有裂纹，钢丝绳缠绕正确，绳头压紧，钢丝绳断丝、磨损不得超过限度；

3）安全信号和安全装置齐全良好；

4）桩机有可靠的接零或接地，电气部分绝缘良好；

5）开关灵敏可靠

（3）卷扬机启动、停止或到达终点时，速度要平缓，严禁超负荷工作。

（4）冲孔作业时，应防止碰撞护筒、孔壁和钩挂护筒底缘；提升时，应缓慢平稳。

（5）经常检查卷扬机钢丝绳的磨损程度，钢丝绳的保养及更换按相关规定。

（6）卷扬机换向应在重锤停稳后进行，减少对钢丝绳的破坏。

（7）钢丝绳上应设有标记，提升落锤高度应符合规定，防止提锤过高，击断锤齿。

（8）停止作业时，冲锤应提出孔外，不得埋锤，并应及时切断电源，重锤落地前，司机不得离岗。

第 2 单元　起重吊装、运输机械

第 1 讲　起重吊装机械安全操作技术

一、履带式起重机安全操作技术

1.一般安全操作规程

（1）司机必须须持特种作业资格证书上岗。严禁非起重机驾驶人员驾驶、操作起重机。

（2）起重机作业场地应平整坚实，如地面松软，应夯实后用枕木横向垫于履带下方。起重机工作、行驶与停放时，应按安全技术措施交底的要求与沟渠、基坑保持安全距离，不得停放在斜坡上。

（3）夜间操作必须有足够的照明设备，遇有恶劣气候应停止吊装作业。雨雪后进行吊装作业时，应及时清理冰雪并应采取防滑和防漏电措施，先试吊，确认制动器灵敏可靠后方可进行作业。

（4）新购置或新大修的起重机使用前必须经过检查、试吊，如静载试验（最大起重量加 25%）及动载试验（最大起重量加 10%），确认合格后方可使用。

（5）操作前应对传动部分试运转一次，重点检查安全装置、操纵装置、制动器和保险装置、钢丝绳及连接部位应符合规定。燃油、润滑油、冷却水等充足，各连接件无松动。

（6）启动前应将主离合器脱开，将各操纵杆放在空挡位置。

（7）内燃机启动后应检查各仪表指示值，待运转正常再连接主离合器，进行空载运转，确认正常，方可作业。

（8）起重机卷筒上的钢丝绳在工作时应排列整齐，钢丝绳在卷筒上至少应保留 3 圈余量。

（9）起重机械在最大工作幅度和高度以外 3m 范围内，不得有障碍物，特殊情况必须采取有效安全措施。

（10）加油时附近严禁烟火，油料着火严禁浇水，应用泡沫灭火器、沙土或湿麻袋等物扑灭。

2.使用中安全操作规程

（1）起吊过程中，在起重机行走、回转、俯仰吊臂、起落吊钩等动作前，起重司机应鸣声示意。一次

只宜进行一个动作，待前一动作结束后，再进行下一动作。

（2）作业时变幅应缓慢平稳。严禁在起重臂未停稳前变换挡位，满载荷或接近满载荷时严禁下落臂杆。

（3）重物起吊离地 10~50cm 时，应检查机身稳定性，制动灵活可靠，绑扎牢固，确认后方可继续作业。起吊重物下方严禁有人停留或行走。

（4）作业时臂杆的最大仰角不得超过说明书的规定。无资料可查时，不得超过78°。

（5）起重机在满负荷或接近满负荷时，严禁同时进行两种操作动作和降落臂杆。

（6）起吊重物左右回转时，应平稳进行，不得使用紧急制动或在没有停稳前作反向旋转。起重机行驶时，回转、臂杆、吊钩的制动器必须刹住。

（7）起重机需带载荷行走时，载荷不得超过额定起重量的 70%。行走时，吊物应在起重机行走正前方向，离地高度不得超过 50cm，行驶速度应缓慢。严禁带载荷长距离行驶。

（8）转弯时，如转弯半径过小，应分次转弯（一次不超过 15°）。下坡时严禁空挡滑行。

（9）双机抬吊重物时，应使用性能相近的起重机。抬吊时应统一指挥，动作应协调一致。载荷应分配合理，单机荷载不得超过额定起重量的 80%。

3.停机后安全操作规程

（1）起重机转移工地应用长板拖车运送。近距离自行转移时，必须卸去配重，拆短臂杆，主动轮在后面，回转、臂杆、吊钩等必须处于制动位置。

（2）起重机通过桥、管道（沟）前，必须按安全技术措施交底，确认安全后方可通过。通过铁路、地面电缆等设施时应铺设木板保护，通过时不得在上面转弯。

（3）作业后臂杆应转至顺方向，并降至 40°～60° 之间，吊钩应提升到接近顶端的位置。各部制动器都应保险固定，操作室和机棚应关门上锁。

二、汽车、轮胎式起重机安全操作技术

（1）机械停放的地面应平整坚实。应按安全技术措施交底的要求与沟渠、基坑保持安全距离。

（2）作业前应伸出全部支腿，撑脚下必须垫方木。调整机体水平度，无荷载时水准泡居中。支腿的定位销必须插上。底盘为弹性悬挂的起重机，放支腿前应先收紧稳定器。

（3）调整支腿作业必须在无载荷时进行，将已伸出的臂杆缩回并转至正前方或正后方，作业中严禁扳动支腿操纵阀。

（4）作业中变幅应平稳，严禁猛起猛落臂杆。在高压线垂直或水平作业时，必须遵守《施工现场临时用电安全技术规范》（JGJ 46-2005）的规定。

（5）伸缩臂式起重机在伸缩臂杆时，应按规定顺序进行。在伸臂的同时，应相应下放吊钩。当限位器发出警报时应立即停止伸臂。臂杆缩回时，仰角不宜过小。

（6）作业时，臂杆仰角必须符合说明书的规定。伸缩式臂杆伸出后，出现前节臂杆的长度大于后节伸出长度时，必须经过调整，消除不正常情况后方可作业。

（7）作业中出现支腿沉陷、起重机倾斜等情况时，必须立即放下吊物，经调整、消除不安全因素后方可继续作业。

（8）在进行装卸作业时，运输车驾驶室内不得有人，吊物不得从运输车驾驶室上方通过。

（9）两台起重机抬吊作业时，两台性能应相近，单机载荷不得大于额定起重量的 80%。

（10）轮胎式起重机需短距离带载行走时，途经的道路必须平坦坚实，载荷必须符合使用说明书规定，吊物离地高度不得超过 50cm，并必须缓慢行驶。严禁带载长距离行驶。

（11）行驶前，必须收回臂杆、吊钩及支腿。行驶时保持中速，避免紧急制动。通过铁路道口或不平道路时，必须减速慢行。下坡时严禁空挡滑行，倒车时必须有人监护。

（12）行驶时，在底盘走台上严禁有人或堆放物件。

（13）起重机通过临时性桥梁（管沟）等构筑物前，必须遵守安全技术措施交底，确认安全后方可通过。通过地面电缆时应铺设木板保护。通过时不得在上面转弯。

作业后，伸缩臂式起重机的臂杆应全部缩回、放妥，并挂好吊钩。桁架式臂杆起重机应将臂杆转至起重机的前方，并降至 40°～60°之间。各机构的制动器必须制动牢固，操作室和机棚应关门上锁。

三、塔式起重机安全操作技术

1.使用前安全检查规程

（1）上班必须进行交接班手续，检查机械履历书及交接班记录等的填写情况及记载事项。

（2）操作前应松开夹轨器，按规定的方法将夹轨器固定。清除行走轨道的障碍物，检查路轨两端行走限位止挡离端头不小于 2~3m，并检查道轨的平直度、坡度和两轨道的高差，应符合塔机的有关安全技术规定，路基不得有沉陷、溜坡、裂缝等现象。

（3）轨道安装后，必须符合下列规定：

1）两轨道的高度差不大于 1/1000。

2）纵向和横向的坡度均不大于 1/1000。

3）轨距与名义值的误差不大于 1/1000，其绝对值不大于 6mm。

4）钢轨接头间隙在 2~4mm 之间，接头处两轨顶高度差不大于 2mm，两根钢轨接头必须错开 1.5m。

（4）检查各主要螺栓的紧固情况，焊缝及主角钢无裂纹、开焊等现象。

（5）检查机械传动的齿轮箱、液压油箱等的油位符合标准。

（6）检查各部制动轮、制动带（蹄）无损坏，制动灵敏；吊钩、滑轮、卡环、钢丝绳应符合标准；安全装置（力矩限制器、重量限制器、行走、高度变幅限位及大钩保险等）灵敏、可靠。

（7）操作系统、电气系统接触良好，无松动、无导线裸露等现象。

（8）对于带有电梯的塔机，必须验证各部安全装置安全可靠。

（9）配电箱在送电前，联动控制器应在零位。合闸后，检查金属结构部分无漏电方可上机。

（10）所有电气系统必须有良好的接地或接零保护。每 20m 作一组接地不得与建筑物相连，接地电阻不得大于 4Ω（欧）。

（11）起重机各部位在运转中 1m 以内不得有障碍物。

（12）塔式起重机操作前应进行空载运转或试车，确认无误方可投入生产。

2.使用中安全操作规程

（1）司机必须按所驾驶塔式起重机的起重性能进行作业。

（2）机上各种安全保护装置运转中发生故障、失效或不准确时，必须立即停机修复，严禁带病作业和在运转中进行维修保养。

（3）司机必须在佩有指挥信号袖标的人员指挥下严格按照指挥信号、旗语、手势进行操作。操作前应发出音响信号，对指挥信号辨不清时不得盲目操作。对指挥错误有权拒绝执行或主动采取防范或相应紧急措施。

（4）起重量、起升高度、变幅等安全装置显示或接近临界警报值时，司机必须严密注视，严禁强行操作。

（5）操作时司机不得闲谈、吸烟、看书、报和做其他与操作无关事情。不得擅离操作岗位。

（6）当吊钩滑轮组起升到接近起重臂时应用低速起升。

（7）严禁重物自由下落，当起重物下降接近就位点时，必须采取慢速就位。重物就位时，可用制动器使之缓慢下降。

（8）使用非直撞式高度限位器时，高度限位器调整为：吊钩滑轮组与对应的最低零件的距离不得小于 1m，直撞式不得小于 1.5m。

（9）严禁用吊钩直接悬挂重物。

（10）操纵控制器时，必须从零点开始，推到第一挡，然后逐级加挡，每挡停 1~2s，直至最高挡。当需要传动装置在运动中改变方向时，应先将控制器拉到零位，待传动停止后再逆向操作，严禁直接变换运转方向。对慢就位挡有操作时间限制的塔式起重机，必须按规定时间使用，不得无限制使用慢就位挡。

（11）操作中平移起重物时，重物应高于其所跨越障碍物高度至少 100mm。

（12）起重机行走到接近轨道限位时，应提前减速停车。

（13）起吊重物时，不得提升悬挂不稳的重物，严禁在提升的物体上附加重物，起吊零散物料或异形构件时必须用钢丝绳捆绑牢固，应先将重物吊离地面约 50cm

停住，确定制动、物料绑扎和吊索具，确认无误后方可指挥起升。

（14）起重机在夜间工作时，必须有足够的照明。

（15）起重机在停机、休息或中途停电时，应将重物卸下，不得把重物悬吊在空中。

（16）操作室内，无关人员不得进入，禁止放置易燃物和妨碍操作的物品。

（17）起重机严禁乘运或提升人员。起落重物时，重物下方严禁站人。

（18）起重机的臂架和起重物件必须与高低压架空输电线路的安全距离，应遵守规范规定。

（19）两台搭式起重机同在一条轨道上或两条相平行的或相互垂直的轨道上进行作业时，应保持两机之间任何部位的安全距离，最小不得低于5m。

（20）遇有下列情况时，应暂停吊装作业：

1）遇有恶劣气候如大雨、大雪、大雾和施工作业面有六级（含六级）以上的强风影响安全施工时。

2）起重机发生漏电现象。

3）钢丝绳严重磨损，达到报废标准。

4）安全保护装置失效或显示不准确。

（21）司机必须经由扶梯上下，上下扶梯时严禁手携工具物品。

（22）严禁由塔机上向下抛掷任何物品或便溺。

（23）冬季在塔机操作室取暖时，应采取防触电和火灾的措施。

（24）凡有电梯的塔式起重机，必须遵守电梯的使用说明书中的规定，严禁超载和违反操作程序。

（25）多机作业时，应避免两台或两台以上塔式起重机在回转半径内重叠作业。特殊情况，需要重叠作业时，必须保证臂杆的垂直安全距离和起吊物料时相互之间的安全距离，并有可靠安全技术措施经主管技术领导批准后方可施工。

（26）动臂式起重机在重物吊离地面后起重、回转、行走三种动作可以同时进行，但变幅只能单独进行，严禁带载变幅。允许带载变幅的起重机，在满负荷或接近满负荷时，不得变幅。

（27）起升卷扬不安装在旋转部分的起重机，在起重作业时，不得顺一个方向连续回转。

（28）装有机械式力矩限制器的起重机，在多次变幅后，必须根据回转半径和该半径时的额定负荷，对超负荷限位装置的吨位指示盘进行调整。

（29）弯轨路基必须符合规定，起重机拐弯时应在外轨面上撒上沙子，内轨轨面及两翼涂上润滑脂。配重箱应转至拐弯外轮的方向。严禁在弯道上进行吊装作业或吊重物转弯。

3.停机后安全操作规程

（1）塔式起重机停止操作后，必须选择塔式起重机回转时无障碍物和轨道中间合适的位置及臂顺风向停机，并锁紧全部的夹轨器。

（2）凡是回转机构带有常闭或制动装置的塔式起重机，在停止操作后，司机必须搬开手柄，松开制动，以便起重机能在大风吹动下顺风向转动。

（3）应将吊钩起升到距起重臂最小距离不大于5m位置，吊钩上严禁吊挂重物。在未采取可靠措施时，不得采用任何方法，限制起重臂随风转动。

（4）必须将各控制器拉到零位，拉下配电箱总闸，收拾好工具，关好操作室及配电室（柜）的门窗，拉断其他闸箱的电源，打开高空指示灯。

（5）在无安全防护栏杆的部位进行检查、维修、加油、保养等工作时，必须系好安全带。

（6）作业完毕后，吊钩小车及平衡重应移到非工作状态位置上。

（7）填写机械履历书及其规定的报表。

4.附着、顶升作业安全操作规程

（1）附着式固定式起重机的基础和附着的建筑物其受力强度必须满足塔机的设计要求。

（2）附着时应用经纬仪检查塔身的垂直并用撑杆调整垂直度，其垂直度偏差不得超过2/1000。

（3）每道附着装置的撑杆布置方式、相互间隔和附墙距离应符合原生产厂家规定。

（4）附着装置在塔身和建筑物上的框架，必须固定可靠，不得有任何松动。

（5）轨道式塔式起重机作附着式使用时，必须加强轨道基础的承载能力和切断行走电机的电源。

（6）风力在四级以上时不得进行顶升、安装、拆卸作业，作业时突然遇到风力加大，必须立即停止作业，并将塔身固定。

（7）顶升前必须检查液压顶升系统各部件的连接情况，并调整好爬升架滚轮与塔身的间隙，然后放松电缆，其长度略大于总的顶升高度，并紧固好电缆卷筒。

（8）顶升操作的人员必须是经专业培训考试合格的专业人员，并分工明确，专人指挥，非操作人员不得登上顶升套架的操作台，操作室内只准一人操作，必须听从指挥。

（9）顶升作业时，必须使塔机处于顶升平衡状态，并将回转部分制动住。严禁旋转臂杆及其他作业。顶升发生故障，必须立即停止，、待故障排除后方可继续顶升。

（10）顶升到规定自由行走高度时必须将搭身附着在建筑物上再继续顶升。

（11）顶升完毕应检查各连接螺栓按规定的预紧力矩紧固，爬升套架滚轮与塔身应吻合良好，左右操纵杆应在中间位置，并切断液压顶升机构电源。

（12）塔尖安装完毕后，必须保证塔身平衡。严禁只上一侧臂就下班或离开安装作业现场。

（13）塔身锚固装置拆除后，必须随之把塔身落到规定的位置。

（14）塔机在顶升拆卸时，禁止塔身标准节未安装接牢以前离开现场，不得在牵引平台上停放标准节（必须停放时要捆牢）或把标准节挂在起重钩上就离开现场。

5.安装、拆卸和轨道铺设安全操作规程

（1）塔式起重机安装、拆卸应遵守以下规定：

1）凡从事塔式起重机安装、拆卸操作人员必须经安全技术培训，考试合格后方可从事安装、拆卸工作。

2）塔式起重机安装、拆卸的人员，应身体健康，并应每年进行一次体检，凡患有高血压、心脏病、色盲、高度近视、耳背、美尼尔症、癫痫、晕高或严重关节炎等疾病者，不宜从事此项操作。

3）安装、拆卸人员必须熟知被安装、拆卸的塔式起重机的结构、性能和工艺规定。必须懂得起重知识，对所安装、拆卸部件应选择合适的吊点和吊挂部位，严禁由于吊挂不当造成零部件损坏或造成钢丝绳的断裂。

4）操作前必须对所使用的钢丝绳、卡环、吊钩、板钩等各种吊具、索具进行检查，凡不合格者不得使用。

5）起重同一个重物时，不得将钢丝绳和链条等混合同时使用于捆扎或吊重物。

6）在安装、拆卸过程中的任何一个部分发生故障及时报告，必须由专业人员进行检修，严禁自行动手修理。

7）安装过程中发现不符合技术要求的零部件不得安装。特殊情况必须由主管技术负责人审查同意，方可安装。

8）塔式起重机安装后，在无负荷情况下，塔身与地面的垂直偏差不得超过2/1000，塔式起重机的安装、拆卸必须认真执行专项安全施工组织设计（施工方案）和安全技术措施交底，并应统一指挥、专人监护。塔身上不得悬挂任何标语牌。

9）安装、拆卸高处作业时，必须穿防滑鞋、系好安全带。

（2）塔式起重机轨道铺设应遵守以下规定：

1）固定式塔式起重机基础必须设置钢筋混凝土基础，该基础必须能够承受工作状态下的最大载荷，并应满足塔机基础的横向偏差、纵向偏差、轨距偏差等各项要求。

2）轨道不得直接敷设在地下建筑物上面（如暗沟、人防等设施）。

3）敷设碎石前的路面，必须压实。轨道碎石基础必须整平捣实，道木之间应填满碎石。钢轨接头处必须有道木支承，不得悬空。

路基两侧或中间应设排水沟，路基不得积水。道碴层厚度不得少于 20cm（枕木上、下各 10cm）；碴石粒径为 25~60mm。

4）起重机轨道应通过垫块与道木连接。轨道每间隔 6m 设轨距拉杆一个。

5）塔式起重机的轨铺应设不少于两组接地装置。轨道较长的每隔 20m 应加一组接地装置，接地电阻不大于 4Ω。

6）路基土壤承载力必须符合专项安全施工组织设计（施工方案）规定的要求。

7）距轨道终端 1.5m 处必须设置极限位置阻挡器，其高度应不小于行走轮半径。

8）冬季施工时轨道上的积雪、冰霜必须及时清除干净。起重机在施工期内，每周或雨、雪后应对轨道基础进行检查，发现不符合规定，应及时调整。

9）塔机的轨道铺设完毕，必须经有关人员检查验收合格后方可进行塔机的安装。

10）塔机行走范围内的轨道中间严禁堆放任何物料。

四、卷扬机安全操作技术

（1）卷扬机司机必须经专业培训，考试合格，持证上岗作业，并应专人专机。

（2）卷扬机安装的位置必须选择视线良好，远离危险作业区域的地点。卷扬机距第一导向轮（地轮）的水平距离应在 15m 左右。“从卷筒中心线到第一导向轮的距离，带槽卷筒应大于卷筒宽度的 15 倍，无槽卷筒应大于卷筒宽度的 20 倍。钢丝绳在卷筒中间位置时，滑轮的位置应与卷筒中心垂直”。导向滑轮不得用开口拉板（俗称开口葫芦）。

（3）卷扬机后面应埋设地锚与卷扬机底座用钢丝绳拴牢，并应在底座前面打桩。

（4）卷筒上的钢丝绳应排列整齐，应至少保留 3~5 圈。导向滑轮至卷扬机卷筒的钢丝绳，凡经过通道处必须遮护。

（5）卷扬机安装完毕必须按标准进行检验，并进行空载、动载、超载试验：

1）空载试验：即不加荷载，按操作中各种动作反复进行，并试验安全防护装置灵敏可靠。

2）动载试验：即按规定的最大载荷进行动作运行。

3）超载试验：一般在第一次使用前，或经大修后按额定载荷的 110%~125%逐渐加荷进行。

（6）每日班前应对卷扬机、钢丝绳、地锚、地轮等进行检查，确认无误后，试空车运行，合格后方可正式作业。

（7）卷扬机在运行中，操作人员（司机）不得擅离岗位。

（8）卷扬机司机必须听视信号，当信号不明或可能引起事故时，必须停机待信号明确后方可继续作业。

（9）吊物在空中停留时，除用制动器外并应用棘轮保险卡牢。作业中如遇突然停电必须先切断电源，然后按动刹车慢慢地放松，将吊物匀速缓缓地放至地面。

（10）保养设备必须在停机后进行，严禁在运转中进行维修保养或加油。

（11）夜间作业，必须有足够的照明装置。

（12）卷扬机不得超吊或拖拉超过额定重量的物件。

（13）司机离开时，必须切断电源，锁好闸箱。

五、桅杆式起重机安全操作技术

（1）桅杆式起重机的卷扬机应符合上述“四、卷扬机安全操作技术”的规定。

（2）起重机的安装和拆卸应划出警戒区，清除周围的障碍物，在专人统一指挥下，按照出厂说明书或制定的拆装技术方案进行。

（3）安装起重机的地基应平整夯实，底座与地面之间应垫两层枕木，并应采用木块揳紧缝隙。

（4）缆风绳的规格、数量及地锚的拉力、埋设深度等，应按照起重机性能经过计算确定，缆风绳与地面的夹角应在 30°～45°之间，缆绳与桅杆和地锚的连接应牢固。

（5）缆风绳的架设应避开架空电线。在靠近电线的附近，应装有绝缘材料制作的护线架。

（6）提升重物时，吊钩钢丝绳应垂直，操作应平稳，当重物吊起刚离开支承面时，应检查并确认各部无异常时，方可继续起吊。

（7）在起吊满载重物前，应有专人检查各地锚的牢固程度。各缆风绳都应均匀受力，主杆应保持直立状态。

（8）作业时，起重机的回转钢丝绳应处于拉紧状态。回转装置应有安全制动控制器。

（9）起重机移动时，其底座应垫以足够承重的枕木排和滚杠，并将起重臂收紧处于移动方向的前方。移动时，主杆不得倾斜，缆风绳的松紧应配合一致。

六、门式、桥式起重机与电葫芦使用安全技术交底

（1）起重机路基和轨道的铺设应符合出厂规定，轨道接地电阻不应大于 4Ω。

（2）使用电缆的门式起重机，应设有电缆卷筒，配电箱应设置在轨道中部。

（3）用滑线供电的起重机，应在滑线两端标有鲜明的颜色，滑线应设置防护栏杆。

（4）轨道应平直，鱼尾板连接螺栓应无松动，轨道和起重机运行范围内应无障碍物。门式起重机应松开夹轨器。

（5）门式、桥式起重机作业前的重点检查项目应符合下列要求：

1）机械结构外观正常，各连接件无松动；

2）钢丝绳外表情况良好，绳卡牢固；

3）各安全限位装置齐全完好。

（6）操作室内应垫木板或绝缘板，接通电源后应采用试电笔测试金属结构部分，确认无漏电方可上机；上、下操纵室应使用专用扶梯。

（7）作业前，应进行空载运转，在确认各机构运转正常，制动可靠，各限位开关灵敏有效后，方可作业。

（8）开动前，应先发出音响信号示意，重物提升和下降操作应平稳匀速，在提升大件时不得用快速，并应拴拉绳防止摆动。

（9）吊运易燃、易爆、有害等危险品时，应经安全主管部门批准，并应有相应的安全措施。

（10）重物的吊运路线严禁从人上方通过，亦不得从设备上面通过。空车行走时，吊钩应离地面 2m 以上。

（11）吊起重物后应慢速行驶，行驶中不得突然变速或倒退。两台起重机同时作业时，应保持 3～5m 距离。严禁用一台起重机顶推另一台起重机。

（12）起重机行走时，两侧驱动轮应同步，发现偏移应停止作业，调整好后方可继续使用。

（13）作业中，严禁任何人从一台桥式起重机跨越到另一台桥式起重机上去。

（14）操作人员由操纵室进入桥架或进行保养检修时，应有自动断电联锁装置

或事先切断电源。

（15）露天作业的门式、桥式起重机，当遇六级及以上大风时，应停止作业，并锁紧夹轨器。

（16）门式、桥式起重机的主梁挠度超过规定值时，必须修复后方可使用。

（17）作业后，门式起重机应停放在停机线上，用夹轨器锁紧，并将吊钩升到上部位置；桥式起重机应将小车停放在两条轨道中间，吊钩提升到上部位置。吊钩上不得悬挂重物。

（18）作业后，应将控制器拨到零位，切断电源，关闭并锁好操纵室门窗。

七、倒链安全操作技术

（1）倒链使用前应仔细检查吊钩、链条及轮轴是否有损伤，传动部分是否灵活；挂上重物后，先慢慢拖动链条，等起重链条受力后再检查一次，看齿轮啮合是否妥当，链条自锁装置是否起作用。确认各部分情况良好后，方可继续工作。

（2）倒链在使用中不得超过额定的起重量。在拟 10℃以下使用时，只能以额定起重量之半进行工作。

（3）手拉动链条时，应均匀和缓，不得猛拉。不得在与链轮不同平面内进行曳动，以免造成跳链、卡环现象。

（4）如起重量不明或构件重量不详时，只要一个人可以拉动，就可继续工作。如一个人拉不动，应检查原因，不宜几人猛拉，以免发生事故。

（5）齿轮部分应经常加油润滑，棘爪、棘轮和棘爪弹簧应经常检查，发现异常情况应予以更换，防止制动失灵使重物自坠。

第 2 讲　水平和垂直运输机械

一、载重汽车安全操作技术

（1）装载物品应捆绑稳固牢靠。轮式机具和圆筒形物件装运时应采取防止滚动的措施。

（2）不得人货混装。因工作需要搭人时，人不得在货物之间或货物与前车厢板间隙内。严禁攀爬或坐卧在货物上面。

（3）拖挂车时，应检查与挂车相连的制动气管、电气线路、牵引装置、灯光信号等，挂车的车轮制动器和制动灯、转向灯应配备齐全，并应与牵引车的制动器和灯光信号同时起作用。确认后方可运行。起步应缓慢并减速行驶，宜避免紧急制动。

（4）运载易燃、有毒、强腐蚀等危险品时，其装载、包装、遮盖必须符合有关的安全规定，并应备有性能良好、有效期内的灭火器。途中停放应避开火源、火种、居民区、建筑群等，炎热季节应选择阴凉处停放。装卸时严禁火种。除必要的行车人员外，不得搭乘其他人员。严禁混装备用燃油。

（5）装运易爆物资或器材时，车厢底面应垫有减轻货物振动的软垫层。装载重量不得超过额定载重量的 70%，装运炸药时，层数不得超过两层。

（6）装运氧气瓶时，车厢板的油污应清除干净，严禁混装油料或盛油容器。

（7）在车底下进行保养、检修时，应将内燃机熄火，拉紧手制动器并将车轮楔牢。

（8）车辆经修理后需要试车时，应由合格人员驾驶，车上不得载人、载物，当需在道路上试车时，应挂交通管理部门颁发的试车牌照。

（9）在坡道上停放时，下坡停放应挂上倒档，上坡停放应挂上一档，并应使用三角木楔等塞紧轮胎。

二、自卸汽车安全操作技术

（1）自卸汽车应保持顶升液压系统完好，工作平稳，操纵灵活，不得有卡阻现象。各节液压缸表面应保持清洁。

（2）非顶升作业时，应将顶升操纵杆放在空挡位置。顶升前，应拔出车厢固定销。作业后，应插入车厢固定销。

（3）配合挖装机械装料时，自卸汽车就位后应拉紧手制动器，在铲斗需越过驾驶室时，驾驶室内严禁有人。

（4）卸料前，车厢上方应无电线或障碍物，四周应无人员来往。卸料时，应将车停稳，不得边卸边行驶。举升车厢时，应控制内燃机中速运转，当车厢升到顶点时，应降低内燃机转速，减少车厢振动。

（5）向坑洼地区卸料时，应和坑边保持安全距离，防止塌方翻车。严禁在斜坡侧向倾卸。

（6）卸料后，应及时使车厢复位，方可起步，不得在倾斜情况下行驶。严禁在车厢内载人。

（7）车厢举升后需进行检修、润滑等作业时，应将车厢支撑牢靠后，方可进入车厢下面工作。

（8）装运混凝土或粘性物料后，应将车厢内外清洗干净，防止凝结在车厢上。

三、平板拖车安全操作技术

（1）行车前，应检查并确认拖挂装置、制动气管、电缆接头等连接良好，且轮胎气压符合规定。

（2）运输超限物件时，必须向交通管理部门办理通行手续，在规定时间内按规定路线行驶。超限部分白天应插红旗，夜晚应挂红灯。超高物体应有专人照管，并应配电工随带工具保护途中输电线路，保证运行安全。

（3）拖车装卸机械时，应停放在平坦坚实的路面上，轮胎应制动并用三角木楔塞紧。

（4）拖车搭设的跳板应坚实，与地面夹角：在装卸履带式起重机、挖掘机、压路机时，不应大于 15°；装卸履带式推土机、拖拉机时，不应大于 25°。

（5）装卸能自行上下拖车的机械，应由机长或熟练的驾驶人员操作，并应由专人统一指挥。指挥人员应熟悉指挥的拖车及装运机械的性能、特点。上、下车动作应平稳，不得在跳板上调整方向。

（6）装运履带式起重机，其起重臂应拆短，使之不超过机棚最高点，起重臂向后，吊钩不得自由晃动。拖车转弯时应降低速度。

（7）装运推土机时，当铲刀超过拖车宽度时，应拆除铲刀。

（8）机械装车后，各制动器应制动住，各保险装置应锁牢，履带或车轮应揳紧，并应绑扎牢固。

（9）雨、雪、霜冻天气装卸车时，应采取防滑措施。

（10）上、下坡道时，应提前换低速档，不得中途换档和紧急制动。严禁下坡空档滑行。

（11）拖车停放地应坚实平坦。长期停放或重车停放过夜时，应将平板支起，轮胎不应承压。

（12）使用随车卷扬机装卸物件时，应有专人指挥，拖车应制动住，并应将车轮揳紧。

（13）严寒地区停放过夜时，应将贮气筒中空气和积水放尽。

（14）在车底下进行保养、检修时，应将内燃机熄火、拉紧手制动器并将车轮揳牢。

（15）车辆经修理后需要试车时，应由合格人员驾驶，车上不得载人、载物，当需在道路上试车时，应挂交通管理部门颁发的试车牌照。

（16）在坡道上停放时，下坡停放应挂上倒档，上坡停放应挂上一档，并应使用三角木楔等塞紧轮胎。

四、机动翻斗车安全操作技术

（1）行驶前，应检查锁紧装置并将料斗锁牢，不得在行驶时掉斗。

（2）行驶时应从一档起步。不得用离合器处于半结合状态来控制车速。

（3）上坡时，当路面不良或坡度较大时，应提前换入低档行驶；下坡时严禁空挡滑行；转弯时应先减速；急转弯时应先换入低挡。

（4）翻斗车制动时，应逐渐踩下制动踏板，并应避免紧急制动。

（5）通过泥泞地段或雨后湿地时，应低速缓行，应避免换档、制动、急剧加速，且不得靠近路边或沟旁行驶，并应防侧滑。

（6）翻斗车排成纵队行驶时，前后车之间应保持 8m 的间距，在下雨或冰雪的路面上，应加大间距。

（7）在坑沟边缘卸料时，应设置安全挡块，车辆接近坑边时，应减速行驶，不得剧烈冲撞挡块。

（8）停车时，应选择适合地点，不得在坡道上停车。冬季应采取防止车轮与地面冻结的措施。

（9）严禁料斗内载人。料斗不得在卸料工况下行驶或进行平地作业。

（10）内燃机运转或料斗内载荷时，严禁在车底下进行任何作业。

（11）操作人员离机时，应将内燃机熄火，并挂挡、拉紧手制动器。

（12）作业后，应对车辆进行清洗，清除砂土及混凝土等粘结在料斗和车架上脏物。

（13）在车底下进行保养、检修时，应将内燃机熄火、拉紧手制动器并将车轮楔牢。

（14）车辆经修理后需要试车时，应由合格人员驾驶，车上不得载人、载物，当需在道路上试车时，应挂交通管理部门颁发的试车牌照。

（15）在坡道上停放时，下坡停放应挂上倒档，上坡停放应挂上一档，并应使用三角木楔等塞紧轮胎。

五、叉车安全操作技术

（1）叉装物件时，被装物件重量应在该机允许载荷范围内。当物件重量不明时，应将该物件叉起离地 100mm 后检查机械的稳定性，确认无超载现象后，方可运送。

（2）叉装时，物件应靠近起落架，其重心应在起落架中间，确认无误，方可提升。

（3）物件提升离地后，应将起落架后仰，方可行驶。

（4）起步应平稳，变换前后方向时，应待机械停稳后方可进行。

（5）叉车在转弯、后退、狭窄通道、不平路面等情况下行驶时，或在交叉路口和接近货物时，都应减速慢行。除紧急情况外，不宜使用紧急制动。

（6）两辆叉车同时装卸一辆货车时，应有专人指挥联系，保证安全作业。

（7）不得单叉作业和使用货叉顶货或拉货。

（8）叉车在叉取易碎品、贵重品或装载不稳的货物时，应采用安全绳加固，必要时，应有专人引导，方可行驶。

（9）以内燃机为动力的叉车，进入仓库作业时，应有良好的通风设施。严禁在易燃、易爆的仓库内作业。

（10）严禁货叉上载人。驾驶室除规定的操作人员外，严禁其他任何人进入或在室外搭乘。

（11）作业后，应将叉车停放在平坦、坚实的地方，使货叉落至地面并将车轮制动住。

（12）在车底下进行保养、检修时，应将内燃机熄火、拉紧手制动器并将车轮揳牢。

（13）车辆经修理后需要试车时，应由合格人员驾驶，车上不得载人、载物，当需在道路上试车时，应挂交通管理部门颁发的试车牌照。

（14）在坡道上停放时，下坡停放应挂上倒档，上坡停放挂上一档，并应使用三角木楔等塞紧轮胎。

六、施工升降机安全操作技术

（1）施工升降机应为人货两用电梯，其安装和拆卸工作必须由取得建设行政主管部门颁发的拆装资质证书的专业队负责，并必须由经过专业培训、取得操作证的专业人员进行操作和维修。

（2）地基应浇制混凝土基础，其承载能力应大于 150KPa，地基上表面平整度允许偏差为 10mm，并应有排水设施。

（3）应保证升降机的整体稳定性，升降机导轨架的纵向中心线至建筑物外墙面的距离宜选用较小的安装尺寸。

（4）导轨架安装时，应用经纬仪对升降机在两个方向进行测量校准，其垂直度允许偏差为其高度的 5/10000。

（5）导轨架顶端自由高度、导轨架与附壁距离、导轨架的两附壁连接点间距离和最低附壁点高度均不得超过出厂规定。

（6）升降机的专用开关箱应设在底架附近便于操作的位置，馈电容量应满足升降机直接启动的要求，箱内必须设短路、过载、相序、断相及零位保护等装置。升降机所有电气装置均应执行《建筑机械使用安全技术规程》（JGJ33-2012）第 3.1 节和第 3.4 节的规定。

（7）升降机梯笼周围 2.5m 范围内应设置稳固的防护栏杆，各楼层平台通道应平整牢固，出入口应设防护栏杆和防护门。全行程四周不得有危害运行的障碍物。

（8）升降机安装在建筑物内部井道中间时，应在全行程范围井壁四周搭设封闭屏障。装设在阴暗处或夜班作业的升降机，应在全行程上装设足够的照明和明亮的楼层编号标志灯。

（9）升降机安装后，应经企业技术负责人会同有关部门对基础和附壁支架以及升降机架设安装的质量、精度等进行全面检查，并应按规定程序进行技术试验（包括坠落试验），经试验合格签证后，方可投入运行。

（10）升降机的防坠安全器，在使用中不得任意拆检调整，需要拆检调整时或每用满 1 年后，均应交底由生产厂或指定的认可单位进行调整、检修或鉴定。

（11）新安装或转移工地重新安装以及经过大修后的升降机，在投入使用前，必须经过坠落试验。升降机在使用中每隔 3 个月，应进行一次坠落试验。试验程序应按说明书规定进行，当试验中梯笼坠落超过 1.2m 制动距离时，应查明原因，并应调整防坠安全器，切实保证不超过 1.2m 制动距离。试验后以及正常操作中每发生一次防坠动作，均必须对防坠安全器进行复位。

（12）作业前重点检查项目应符合下列要求：

1）各部结构无变形，连接螺栓无松动；

2）齿条与齿轮、导向轮与导轨均接合正常；

3）各部钢丝绳固定良好，无异常磨损；

4）运行范围内无障碍。

（13）启动前，应检查并确认电缆、接地线完整无损，控制开关在零位。电源接通后，应检查并确认电压正常，应测试无漏电现象。应试验并确认各限位装置、梯笼、围护门等处的电器联锁装置良好可靠，电器仪表灵敏有效。启动后，应进行空载升降试验，测定各传动机构制动器的效能，确认正常后，方可开始作业。

（14）升降机在每班首次载重运行时，当梯笼升离地面 1～2m 时，应停机试验制动器的可靠性；当发现制动效果不良时，应调整或修复后方可运行。

（15）梯笼内乘人或载物时，应使载荷均匀分布，不得偏重。严禁超载运行。

（16）操作人员应根据指挥信号操作。作业前应鸣声示意。在升降机未切断总电源开关前，操作人员不得离开操作岗位。

（17）当升降机运行中发现有异常情况时，应立即停机并采取有效措施将梯笼降到底层，排除故障后方可继续运行。在运行中发现电气失控时，应立即按下急停按钮；在未排除故障前，不得打开急停按钮。

（18）升降机在大雨、大雾、六级及以上大风以及导轨架、电缆等结冰时，必须停止运行，并将梯笼降到底层，切断电源。暴风雨后，应对升降机各有关安全装置进行一次检查，确认正常后，方可运行。

（19）升降机运行到最上层或最下层时，严禁用行程限位开关作为停止运行的控制开关。

（20）当升降机在运行中由于断电或其他原因而中途停止时，可进行手动下降，将电动机尾端制动电磁铁手动释放拉手缓缓向外拉出，使梯笼缓慢地向下滑行。梯笼下滑时，不得超过额定运行速度，手动下降必须由专业维修人员进行操纵。

（21）作业后，应将梯笼降到底层，各控制开关拨到零位，切断电源，锁好开关箱，闭锁梯笼门和围护门。

七、井架式、平台式起重机安全操作技术

（1）起重机卷扬机部分应执行上述第 1 讲“四、卷扬机安全操作技术”的规定。

（2）架设场地应平整坚实，平台应适合手推车尺寸、便于装卸。井架四周应设缆风绳拉紧。不得用钢筋、铁线代替作缆风绳用。缆风绳的架设和使用，应执行《建筑机械使用安全技术规程》（JGJ33-2012）第 4.5 节的有关规定。

（3）起重机的制动器应灵活可靠。平台的四角与井架不得互相擦碰，平台固定销和吊钩应可靠，并应有防坠落、防冒顶等保险装置。

（4）龙门架或井架不得和脚手架联为一体。

（5）垂直输送混凝土和砂浆时，翻斗出料口应灵活可靠，保证自动卸料。

（6）操作人员得到下降信号后，必须确认平台下面无人员停留或通过时，方可下降平台。

（7）作业后，应检查钢丝绳、滑轮、滑轮轴和导轨等，发现异常磨损，应及时修理或更换。

（8）作业后，应将平台降到最低位置，切断电源，锁好开关箱。

八、自立式起重架安全操作技术

（1）起重架的卷扬机部分应执行上述第 1 讲“四、卷扬机安全操作技术”规定。

（2）起重架的架设场地应平整夯实，立架前应先将四条支腿伸出，调整丝杆宜悬露 50mm，并应用枕木与地面垫实。

（3）架设前，应检查并确认钢丝绳与缆风绳正常，架设地点附近 5m 范围内不得有非作业人员。

（4）架设时，卷扬机应用慢速，在两节接近合拢时，不宜出现冲击。合拢后应先将下架与底盘用连接螺栓紧固，然后安装并紧固上下架连接螺栓，再反向开动卷扬机，将架设钢丝绳取下，最后将缆风绳与地锚收紧固定。

（5）当架设高度在 10～15m 时,应设一组缆风绳，每增高 10m 应增设一组缆风绳，并应与建筑物锚固。

（6）作业前，应检查并确认超高限位装置灵敏、可靠。

（7）提升的重物应放置平稳，严禁载人上下。吊笼提升后，下面严禁有人停留或通过。

（8）在五级及以上风力时应停止作业，并应将吊笼降到地面。

（9）作业后，应将吊笼降到地面，切断电源，锁好开关箱。

第 3 单元　结构及装修施工机械

第 1 讲　混凝土工程施工机械

一、混凝土搅拌机安全操作技术

（1）固定式搅拌机应安装在牢固的台座上。当长期固定时，应埋置地脚螺栓；在短期使用时，应在机座上铺设木枕并找平放稳。

（2）固定式搅拌机的操纵台，应使操作人员能看到各部工作情况。电动搅拌机的操纵台，应垫上橡胶或干燥木板。

（3）移动式搅拌机的停放位置应选择平整坚实的场地，周围应有良好的排水沟渠。就位后，应放下支腿将机架顶起达到水平位置，使轮胎离地。当使用期较长时，应将轮胎卸下妥善保管，轮轴端部用油布包扎好，并用枕木将机架垫起支牢。

（4）对需设置上料斗地坑的搅拌机，其坑口周围应垫高夯实，应防止地面水流入坑内。上料轨道架的底端支承面应夯实或铺砖，轨道架的后面应采用木料加以支承，应防止作业时轨道变形。

（5）料斗放到最低位置时，在料斗与地面之间，应加一层缓冲垫木。

（6）作业前重点检查项目应符合下列要求：

1）电源电压升降幅度不超过额定值的5%；

2）电动机和电器元件的接线牢固，保护接零或接地电阻符合规定；

3）各传动机构、工作装置、制动器等均紧固可靠，开式齿轮、皮带轮等均有防护罩；

4）齿轮箱的油质、油量符合规定。

（7）作业前，应先启动搅拌机空载运转。应确认搅拌筒或叶片旋转方向与筒体上箭头所示方向一致。对反转出料的搅拌机，应使搅拌筒正、反转运转数分钟，并应无冲击抖动现象和异常噪音。

（8）作业前，应进行料斗提升试验，应观察并确认离合器、制动器灵活可靠。

（9）应检查并校正供水系统的指示水量与实际水量的一致性；当误差超过2%时，应检查管路的漏水点，或应校正节流阀。

（10）应检查骨料规格并应与搅拌机性能相符，超出许可范围的不得使用。

（11）搅拌机启动后，应使搅拌筒达到正常转速后进行上料。上料时应及时加水。每次加入的拌合料不得超过搅拌机的额定容量，并应减少物料粘罐现象，加料的次序应为石子－水泥－砂子或砂子－水泥－石子。

（12）进料时，严禁将头或手伸入料斗与机架之间。运转中，严禁用手或工具伸入搅拌筒内扒料、出料。

（13）搅拌机作业中，当料斗升起时，严禁任何人在料斗下停留或通过；当需要在料斗下检修或清理料坑时，应将料斗提升后用铁链或插入销锁住。

（14）向搅拌筒内加料应在运转中进行，添加新料，应先将搅拌筒内原有的混凝土全部卸出后方可进行。

（15）作业中，应观察机械运转情况，当有异常或轴承温升过高等现象时，应停机检查；当需检修时，应将搅拌筒内的混凝土清除干净，然后再行检修。

（16）加入强制式搅拌机的骨料最大粒径不得超过允许值，并应防止卡料。每次搅拌时，加入搅拌筒的物料不应超过规定的进料容量。

（17）强制式搅拌机的搅拌叶片与搅拌筒底及侧壁的间隙，应经常检查并确认符合规定，当间隙超过标准时，应及时调整。当搅拌叶片磨损超过标准时，应及时修补或更换。

（18）作业后，应对搅拌机进行全面清理；当操作人员需进入筒内时，必须切断电源或卸下熔断器，锁好开关箱，挂上“禁止合闸”标牌，并应有专人在外监护。

（19）作业后，应及时将机内、水箱内、管道内的存料、积水放尽，并应清洁保养机械，清理工作场地，切断电源，锁好开关箱。

（20）作业后，应将料斗降落到坑底，当需升起时，应用链条或插销扣牢。

（21）冬季作业后，应将水泵、放水开关、量水器中的积水排尽。

（22）搅拌机在场内移动或远距离运输时，应将进料斗提升到上止点，用保险铁链或插销锁住。

二、混凝土搅拌站安全技术交底

（1）混凝土搅拌站的安装，应由专业人员按出厂说明书规定进行，并应在技术人员主持下，组织调试，在各项技术性能指标全部符合规定并经验收合格后，方可投产使用。

（2）作业前检查项目应符合下列要求：

1）搅拌筒内和各配套机构的传动、运动部位及仓门、斗门轨道等均无异物卡住；

2）各润滑油箱的油面高度符合规定；

3） 打开阀门排放气路系统中气水分离器的过多积水，打开贮气筒排污螺塞放出油水混合物；

4）提升斗或拉铲的钢丝绳安装、卷筒缠绕均正确，钢丝绳及滑轮符合规定，提升料斗及拉铲的制动器灵敏有效；

5）各部螺栓已紧固，各进、排料阀门无超限磨损，各输送带的张紧度适当，不跑偏；

6）称量装置的所有控制和显示部分工作正常，其精度符合规定；

7）各电气装置能有效控制机械动作，各接触点和动、静触头无明显损伤。

（3）应按搅拌站的技术性能准备合格的砂、石骨料，粒径超出许可范围的不得使用。

（4）机组各部分应逐步启动。启动后，各部件运转情况和各仪表指示情况应正常，油、气、水的压力应符合要求，方可开始作业。

（5）作业过程中，在贮料区内和提升斗下，严禁人员进入。

（6）搅拌筒启动前应盖好仓盖。机械运转中，严禁将手、脚伸入料斗或搅拌筒探摸。

（7）当拉铲被障碍物卡死时，不得强行起拉，不得用拉铲起吊重物，在拉料过程中，不得进行回转操作。

（8）搅拌机满载搅拌时不得停机，当发生故障或停电时，应立即切断电源，锁好开关箱，将搅拌筒内的混凝土清除干净，然后排除故障或等待电源恢复。

（9）搅拌站各机械不得超载作业；应检查电动机的运转情况，当发现运转声音异常或温升过高时，应立即停机检查；电压过低时不得强制运行。

（10）搅拌机停机前，应先卸载，然后按顺序关闭各部开关和管路。应将螺旋管内的水泥全部输送出来，管内不得残留任何物料。

（11）作业后，应清理搅拌筒、出料门及出料斗，并用水冲洗 ，同时冲洗附加剂及其供给系统。称量系统的刀座、刀口应清洗干净，并应确保称量精度。

（12）冰冻季节，应放尽水泵、附加剂泵、水箱及附加剂箱内的存水，并应起动水泵和附加剂泵运转 1～2mm。

（13）当搅拌站转移或停用时，应将水箱、附加剂箱、水泥、砂、石贮存料斗及称量斗内的物料排净，并清洗干净。转移中，应将杆杠秤表头平衡砣秤杆固定，传感器应卸载。

三、混凝土搅拌运输车安全操作技术

（1）混凝土搅拌输送车的汽车部分应执行《建筑机械使用安全技术规程》（JGJ33-2012）的规定。

（2）混凝土搅拌输送车的燃油、润滑油、液压油、制动液、冷却水等应添加充足，质量应符合要求。

（3）搅拌筒和滑槽的外观应无裂痕或损伤；滑槽止动器应无松弛和损坏；搅拌筒机架缓冲件应无裂痕或损伤；搅拌叶片磨损应正常。

（4）应检查动力取出装置并确认无螺栓松动及轴承漏油等现象。

（5）启动内燃机应进行预热运转，各仪表指示值正常，制动气压达到规定值，并应低速旋转搅拌筒 3～5min，确认一切正常后，方可装料。

（6）搅拌运输时，混凝土的装载量不得超过额定容量。

（7）搅拌输送车装料前，应先将搅拌筒反转，使筒内的积水和杂物排尽。

（8）装料时，应将操纵杆放在“装料”位置，并调节搅拌筒转速，使进料顺利。

（9）运输前，排料槽应锁止在“行驶”位置，不得自由摆动。

（10）运输中，搅拌筒应低速旋转，但不得停转。运送混凝土的时间不得超过规定的时间。

（11）搅拌筒由正转变为反转时，应先将操纵手柄放在中间位置，待搅拌筒停转后，再将操纵杆手柄放至反转位置。

（12）行驶在不平路面或转弯处应降低车速至 15km/h 及以下，并暂停搅拌筒旋转。通过桥、洞、门等设施时，不得超过其限制高度及宽度。

（13）搅拌装置连续运转时间不宜超过 8h。

（14）水箱的水位应保持正常。冬季停车时，应将水箱和供水系统的积水放净。

（15）用于搅拌混凝土时，应在搅拌筒内先加入总需水量 2/3 的水，然后再加入骨料和水泥，按出厂说明书规定的转速和时间进行搅拌。

（16）作业后，应先将内燃机熄火，然后对料槽、搅拌筒入口和托轮等处进行冲洗及清除混凝土结块。

当需进入搅拌筒清除结块时，必须先取下内燃机电门钥匙，在筒外应设监护人员。

四、混凝土泵安全操作技术

（1）混凝土泵应安放在平整、坚实的地面上，周围不得有障碍物，在放下支腿并调整后应使机身保持水平和稳定，轮胎应楔紧。

（2）泵送管道的敷设应符合下列要求：

1）水平泵送管道宜直线敷设；

2）垂直泵送管道不得直接装接在泵的输出口上，应在垂直管前端加装长度不小于 20m 的水平管，并在水平管近泵处加装逆止阀；

3）敷设向下倾斜的管道时，应在输出口上加装一段水平管，其长度不应小于倾斜管高低差的5倍。当倾斜度较大时，应在坡度上端装设排气活阀；

4）泵送管道应有支承固定，在管道和固定物之间应设置木垫作缓冲，不得直接与钢筋或模板相连，管道与管道间应连接牢靠；管道接头和卡箍应扣牢密封，不得漏浆；不得将已磨损管道装在后端高压区；

5）泵送管道敷设后，应进行耐压试验。

（3）砂石粒径、水泥标号及配合比应按出厂规定，满足泵机可泵性的要求。

（4）作业前应检查并确认泵机各部螺栓紧固，防护装置齐全可靠，各部位操纵开关、调整手柄、手轮、控制杆、旋塞等均在正确位置，液压系统正常无泄漏，液压油符合规定，搅拌斗内无杂物，上方的保护格网完好无损并盖严。

（5）输送管道的管壁厚度应与泵送压力匹配，近泵处应选用优质管子。管道接头、密封圈及弯头等应完好无损。高温烈日下应采用湿麻袋或湿草袋遮盖管路，并应及时浇水降温，寒冷季节应采取保温措施。

（6）应配备清洗管、清洗用品、接球器及有关装置。开泵前，无关人员应离开管道周围。

（7）启动后，应空载运转，观察各仪表的指示值，检查泵和搅拌装置的运转情况，确认一切正常后，方可作业。泵送前应向料斗加入10L清水和0.3m^{3}的水泥砂浆润滑泵及管道。

（8）泵送作业中，料斗中的混凝土平面应保持在搅拌轴轴线以上。料斗格网上不得堆满混凝土，应控制供料流量，及时清除超料径的骨料及异物，不得随意移动格网。

（9）当进入料斗的混凝土有离析现象时应停泵，待搅拌均匀后再泵送。当骨料分离严重，料斗内灰浆明显不足时，应剔除部分骨料，另加砂浆重新搅拌。

（10）泵送混凝土应连续作业；当因供料中断被迫暂停时，停机时间不得超过30min。暂停时间内应每隔5～10min（冬季3～5min）作2～3个冲程反泵－正泵运动，再次投料泵送前应先将料搅拌。当停泵时间超限时，应排空管道。

（11）垂直向上泵送中断后再次泵送时，应先进行反向推送，使分配阀内混凝土吸回料斗，经搅拌后再正向泵送。

（12）泵机动转时，严禁将手或铁锹伸 入料斗或用手抓握分配阀。当需在料斗或分配阀上工作时，应先关闭电动机和消除蓄能器压力。

（13）不得随意调整液压系统压力。当油温超过70℃时，应停止泵送，但仍应使搅拌叶片和风机运转，待降温后再继续运行。

（14）水箱内应贮满清水，当水质混浊并有较多砂粒时，应及时检查处理。

（15）泵送时，不得开启任何输送管道和液压管道；不得调整、修理正在运转的部件。

（16）作业中，应对泵送设备和管路进行观察，发现隐患应及时处理。对磨损超过规定的管子、卡箍、密封圈等应及时更换。

（17）应防止管道堵塞。泵送混凝土应搅拌均匀，控制好坍落度；在泵送过程中，不得中途停泵。

（18）当出现输送管堵塞时，应进行反泵运转，使混凝土返回料斗；当反泵几次仍不能消除堵塞，应在泵机卸载情况下，拆管排除堵塞。

（19）作业后，应将料斗内和管道内的混凝土全部输出，然后对泵机、料斗、管道等进行冲洗。当用压缩空气冲洗管道时，进气阀不应立即开大，只有当混凝土顺利排出时，方可将进气阀开至最大。在管道出口端前方 10m 内严禁站人，并应用金属网篮等收集冲出清洗球和砂石粒。对凝固的混凝土，应采用刮刀清除。

（20）作业后，应将两侧活塞转到清洗室位置，并涂上润滑油。各部位操纵开关、调整手柄、手轮、控制杆、旋塞等均应复位。液压系统应卸载。

五、混凝土振动器安全操

1.插入式振动器

（1）插入式振动器的电动机电源上，应安装漏电保护装置，接地或接零应安全可靠。

（2）操作人员应经过用电教育，作业时应穿戴绝缘胶鞋和绝缘手套。

（3）电缆线应满足操作所需的长度。电缆线上不得堆压物品或让车辆挤压，严禁用电缆线拖拉或吊挂振动器。

（4）使用前，应检查各部并确认连接牢固，旋转方向正确。

（5）振动器不得在初凝的混凝土、地板、脚手架和干硬的地面上进行试振。在检修或作业间断时，应断开电源。

（6）作业时，振动棒软管的弯曲半径不得小于 500mm，并不得多于两个弯，操作时应将振动棒垂直地沉入混凝土，不得用力硬插、斜推或让钢筋夹住棒头，也不得全部插入混凝土中，插入深度不应超过棒长的 3/4，不宜触及钢筋、芯管及预埋件。

（7）振动棒软管不得出现裂，当软管使用过久使长度增长时，应及时修复或更换。

（8）作业停止需移动振动器时，应先关闭电动机，再切断电源。不得用软管拖拉电动机。

（9）作业完毕，应将电动机、软管、振动棒清理干净，并应按规定要求进行保养作业。振动器存放时，不得堆压软管，应平直放好，并应对电动机采取防潮措施。

2.附着式、平板式振动器

（1）附着式、平板式振动器轴承不应承受轴向力，在使用时，电动机轴应保持水平状态。

（2）在一个模板上同时使用多台附着式振动器时，各振动器的频率应保持一致，相对面的振动器应错开安装。

（3）作业前，应对附着式振动器进行检查和试振。试振不得在干硬土或硬质物体上进行。安装在搅拌站料仓上的振动器，应安置橡胶垫。

（4）安装时，振动器底板安装螺孔的位置应正确，应防止底脚螺栓安装扭斜而使机壳受损。底脚螺栓应紧固，各螺检的紧固程度应一致。

（5）使用时，引出电缆线不得拉得过紧，更不得断裂。作业时，应随时观察电气设备的漏电保护器和接地或接零装置并确认合格。

（6）附着式振动器安装在混凝土模板上时，每次振动时间不应超过 1min，当混凝土在模内泛浆流动或成水平状时即可停振，不得在混凝土初凝状态时再振。

（7）装置振动器的构件模板应坚固牢靠，其面积应与振动器额定振动面积相适应。

（8）平板式振动器作业时，应使平板与混凝土保持接触，使振波有效地振实混凝土，待表面出浆，不再下沉后，即可缓慢向前移动，移动速度应能保证混凝土振实出浆。在振的振动器，不得搁置在已凝或初凝的混凝土上。

第 2 讲　木工机械

一、带锯机安全操作技术

（1）工作场所应备有齐全可靠的消防器材。工作场所严禁吸烟和明火，并不得存放油、棉纱等易燃品。

（2）工作场所的待加工和已加工木料应堆放整齐，保证道路畅通。

（3）机械应保持清洁，安全防护装置齐全可靠，各部连接紧固，工作台上不得放置杂物。

（4）作业前，检查锯条，如锯条齿侧的裂纹长度超过 10mm，锯条接头处裂纹长度超过 10mm，以及连续缺齿两个和接头超过三个的锯条均不得使用。裂纹在以上规定内必须在裂纹终端冲一止裂孔。锯条松紧度调整适当后先空载运转，如声音正常，无串条现象时，方可作业。

（5）作业中，操作人员应站在带锯机的两则，跑车开动后，行程范围内的轨道周围不准站人，严禁在运行中上、下跑车。

（6）原木进锯前，应调好尺寸，进锯后不得调整。进锯速度应均匀，不能过猛。

（7）在木材的尾端越过锯条 0.5m 后，方可进行倒车。倒车速度不宜过快，要注意木槎、节疤碰卡锯条。

（8）平台式带锯作业时，送接料要配合一致。送料、接料时不得将手送进台面。锯短料时，应用推棍送料。回送木料时，要离开锯条 50mm 以上，并须注意木槎、节疤碰卡锯条。

（9）装设有气力吸尘罩的带锯机，当木屑堵塞吸尘管口时，严禁在运转中用木棒在锯轮背侧清理管口。

（10）锯机张紧装置的压砣（重锤），应根据锯条的宽度与厚度调节档位或增减副砣，不得用增加重锤重量的办法克服锯条口松或串条等现象。

（11）作业后，切断电源，锁好闸箱，进行擦拭、润滑、清除木屑、刨花。

二、圆盘锯安全操作技术

（1）工作场所应备有齐全可靠的消防器材。工作场所严禁吸烟和明火，并不得存放油、棉纱等易燃品。

（2）工作场所的待加工和已加工木料应堆放整齐，保证道路畅通。

（3）机械应保持清洁，安全防护装置齐全可靠，各部连接紧固，工作台上不得放置杂物。

（4）锯片上方必须安装保险挡板和滴水装置，在锯片后面，离齿 10～15mm 处，必须安装弧形楔刀。锯片的安装，应保持与轴同心。

（5）锯片必须锯齿尖锐，不得连续缺齿两个，裂纹长度不得超过 20mm，裂逢末端应冲止裂孔。

（6）被锯木料厚度，以锯片能露出木料 10～20mm 为限，夹持锯片的法兰盘的直径应为锯片直径的 1/4。

（7）启动后，待转速正常后方可进行锯料。送料时不得将木料左右晃动或高抬，遇木节要缓缓送料。锯料长度应不小于 500mm。接近端头时，应用推棍送料。

（8）如锯线走偏，应逐渐纠正，不得猛扳，以免损坏锯片。

（9）操作人员不得站在和面对与锯片旋转的离心力方向操作，手不得跨越锯片。

（10）锯片温度过高时，应用水冷却，直径 600mm 以上的锯片，在操作中应喷水冷却。

（11）作业后，切断电源，锁好闸箱，进行擦拭、润滑、清除木屑、刨花。

三、平面刨（手牙刨）安全操作技术

（1）工作场所应备有齐全可靠的消防器材。工作场所严禁吸烟和明火，并不得存放油、棉纱等易燃品。

（2）工作场所的待加工和已加工木料应堆放整齐，保证道路畅通。

（3）机械应保持清洁，安全防护装置齐全可靠，各部连接紧固，工作台上不得放置杂物。

（4）作业前，检查安全防护装置必须齐全有效。

（5）刨料时，手应按在料的上面，手指必须离开刨口 50mm 以上。严禁用手在木料后端送料跨越刨口进行刨削。

（6）被刨木料的厚度小于 30mm，长度小于 400mm 时，应用压板或压棍推进。厚度在 15mm，长度在 250mm 以下的木料，不得在平刨上加工。

（7）被刨木料如有破裂或硬节等缺陷时，必须处理后再施刨。刨旧料前，必须将料上的钉子、杂物清除干净。遇木槎、节疤要缓慢送料。严禁将手按在节疤上送料。

（8）刀片和刀片螺丝的厚度、重量必须一致，刀架夹板必须平整贴紧，合金刀片焊缝的高度不得超出刀头，刀片紧固螺丝应嵌入刀片槽内，槽端离刀背不得小于 10mm。紧固刀片螺丝时，用力应均匀一致，不得过松或过紧。

（9）机械运转时，不得将手伸进安全挡板里侧去移动挡板或拆除安全挡板进行刨削。严禁戴手套操作。

（10）作业后，切断电源，锁好闸箱，进行擦拭、润滑、清除木屑、刨花。

四、压刨床安全操作技术

（1）工作场所应备有齐全可靠的消防器材。工作场所严禁吸烟和明火，并不得存放油、棉纱等易燃品。

（2）工作场所的待加工和已加工木料应堆放整齐，保证道路畅通。

（3）机械应保持清洁，安全防护装置齐全可靠，各部连接紧固，工作台上不得放置杂物。

（4）压刨床必须用单向开关，不得安装倒顺开关，三、四面刨应按顺序开动。

（5）作业时，严禁一次刨削两块不同材质、规格的木料，被刨木料的厚度不得超过 50mm。操作者应站在机床的一侧，接、送料时不得戴手套，送料时必须先进大头。

（6）刨刀与刨床台面的水平间隙应在 10～30mm 之间，刨刀螺丝必须重量相等，紧固时用力应均匀一致，不得过紧或过松，严禁使用带开口槽的刨刀。

（7）每次进刀量应为 2～5mm，如遇硬木或节疤，应减小进刀量，降低送料速度。

（8）刨料长度不得短于前后压滚的中心距离，厚度小于 10mm 薄板，必须垫托板。

（9）压刨必须装有回弹灵敏的逆止爪装置，进料齿辊及托料光辊应调整水平和上下距离一致，齿辊应低于工件表面 1～2mm，光辊应高出台面 0.3～0.8mm，工作台面不得歪斜和高低不平。

（10）作业后，切断电源，锁好闸箱，进行擦拭、润滑、清除木屑、刨花。

第 3 讲　装修工程施工机械

一、灰浆搅拌机安全操作技术

（1）固定式搅拌机应有牢靠的基础，移动式搅拌机应采用方木或撑架固定，并保持水平。

（2）作业前应检查并确认传动机构、工作装置、防护装置等牢固可靠，三角胶带松紧度适当，搅拌叶片和筒壁间隙在 3～5mm 之间，搅拌轴两端密封良好。

（3）启动后，应先空运转，检查搅拌叶旋转方向正确，方可加料加水，进行搅拌作业。加入的砂子应过筛。

（4）运转中，严禁用手或木棒等伸进搅拌筒内，或在筒口清理灰浆。

（5）作业中，当发生故障不能继续搅拌时，应立即切断电源，将筒内灰浆倒出，排除故障后方可使用。

（6）固定式搅拌机的上料斗应能在轨道上移动。料斗提升时，严禁斗下有人。

（7）作业后，应清除机械内外砂浆和积料，用水清洗干净。

（8）灰浆机外露的传动部分应有防护罩，作业时，不得随意拆卸。

（9）灰浆机应安装在防雨、防风沙的机棚内。

（10）长期搁置再用的机械，使用前除必要的机械部分维修保养外，必须测量电动机的绝缘电阻，合格后方可使用。

二、灰浆泵安全操作技术

（1）灰浆机的工作机构应保证强度和精度，及完好状态，安装稳妥，坚固可靠。

（2）灰浆机外露传动部分应有防护罩，作业时，不得随意拆卸。

（3）灰浆泵应安装平稳。输送管路的布置宜短直、少弯头；全部输送管道接头应紧密连接，不得渗漏；垂直管道应固定牢固；管道上不得加压或悬挂重物。

（4）作业前应检查并确认球阀完好，泵内无干硬灰浆等物，各连接件坚固牢靠，安全阀已调整到预定的安全压力。

（5）泵送前，应先用水进行泵送试验，检查并确认各部位无渗漏。当有渗漏时，应先排除。

（6）被输送的灰浆应搅拌均匀，不得有干砂和硬块；不得混入石子或其他杂物；灰浆稠度应为 80～120mm。

（7）泵送时，应先开机后加料；应先用泵压送适量石灰膏润滑输送管道，然后再加入稀灰浆，最后调整到所需稠度。

（8）泵送过程应随时观察压力表的泵送压力，当泵送压力超过预调的 1.5MPa 时，应反向泵送，使管道内部分灰浆返回料斗，再缓慢泵送；当无效时，应停机卸压检查，不得强行泵送。

（9）泵送过程不宜停机。当短时间内不需泵送时，可打开回浆阀使灰浆在泵体内循环运行。当停泵时间较长时，应每隔 3～5min 泵送一次，泵送时间宜为 0.5min，应防灰浆凝固。

（10）故障停机时，应打开泄浆阀使压力下降，然后排除故障。灰浆泵压力未达到零时，不得拆卸空气室、安全阀和管道。

（11）作业后，应采用石灰膏或浓石灰水把输送管道里的灰浆全部泵出，再用清水将泵和输送管道清洗干净。

（12）灰浆机械应安装在防雨、防风沙的机棚内。

（13）长期搁置再用的机械，在使用前除必要的机械部分维修保养外，必须测量电动机绝缘电阻，合格后方可使用。

三、高压无气喷涂机安全操作技术

（1）启动前，调压阀、卸压阀应处于开启状态，吸入软管，回路软管接头和压力表、高压软管及喷枪等均应连接牢固。

（2）喷涂燃点在 21℃以下的易燃涂料时，必须接好地线，地线的一端接电动机零线位置，另一端应接涂料桶或被喷的金属物体。喷涂机不得和被喷物放在同一房间里，周围严禁有明火。

（3）作业前，应先空载运转，然后用水或溶剂进行运转检查。确认运转正常后，方可作业。

（4）喷涂中，当喷枪堵塞时，应先将枪关闭，使喷嘴手柄旋转 180°，再打开喷枪用压力涂料排除堵塞物，当堵塞严重时，应停机卸压后，拆下喷嘴，排除堵塞。

（5）不得用手指试高压射流，射流严禁正对其他人员。喷涂间隙时，应随手关闭喷枪安全装置。

（6）高压软管的弯曲半径不得小于 250mm，亦不得在尖锐的物体上用脚踩高压软管。

（7）作业中，当停歇时间较长时，应停机卸压，将喷枪的喷嘴部位放入溶剂内。

（8）作业后，应彻底清洗喷枪。清洗时不得将溶剂喷回小口径的溶剂桶内。应防产生静电火花引起着火。

（9）高压无气喷涂机外露的传动部分应有防护罩，作业时，不得随意拆卸。

（10）高压无气喷涂机械应安装在防雨、防风沙的机棚内。

（11）长期搁置再用的机械，在使用前除必要的机械部分维修保养外，必须测量电动机绝缘电阻，合格后方可使用。

四、水磨石机安全操作技术

（1）水磨石机宜在混凝土达到设计强度 70%～80%时进行磨削作业。

（2）作业前，应检查并确认各连接件紧固，当用木槌轻击磨石发出无裂纹的清脆声音时，方可作业。

（3）电缆线应离地架设，不得放在地面上拖动。电缆线应无破损，保护接地良好。

（4）在接通电源、水源后，应手压扶把使磨盘开地面，再起动电动机。并应检查确认磨盘旋转方向与箭头所示方向一致，待运转正常后，再缓慢放下磨盘，进行作业。

（5）作业中，使用的冷却水不得间断，用水量宜调至工作面不发干。

（6）作业中，当发现磨盘跳动或异响，应立即停机检修。停机时，应先提升磨盘后关机。

（7）更换新磨石后，应先在废水磨石地坪上或废水泥制品表面磨 1～2h，待金刚石切削刃磨出后，再投入工作面作业。

（8）作业后，应切断电源，清洗各部位的泥浆，放置在干燥处，用防雨布遮盖。

（9）长期搁置再用的机械，在使用前除必要的机械维修和保养外，必须测量电动机的绝缘电阻，合格后方可使用。

五、混凝土切割机安全操作技术

（1）切割机机械上的工作机构应保证状态、性能正常，安装稳妥，紧固可靠。

（2）使用前，应检查并确认电动机、电缆线均正常，保护接地良好，防护装置安全有效，锯片选用符合要求，安装正确。

（3）启动后，应空载运转，检查并确认锯片运转方向正确，升降机构灵活，运转中无异常、异响，一切正常后，方可作业。

（4）操作人员应双手按紧工件，均匀送料，在推进切割机时，不得用力过猛。操作时不得带手套。

（5）切割厚度应按机械出厂铭牌规定进行，不得超厚切割。

（6）加工件送到与锯片相距 300mm 处或切割小块料时，应使用专用工具送料，不得直接用手推料。

（7）作业中，当工件发生冲击、跳动及异常音响时，应立即停机检查，排除故障后，方可继续作业。

（8）严禁在运转中检查、维修各部件。锯台上和构件锯缝中的碎屑应采用专用工具及时清除，不得用手拣拾或抹拭。

（9）作业后，应清洗机身，擦干锯片，排放水箱余水，收回电缆线，并存放在干燥、通风处。

（10）长期搁置再用的机械，在使用前除必要的的机械维修和保养外，必须测量电动机绝缘电阻，合格后方可使用。

第 4 单元　安装工程机械

第 1 讲　钣金和管工机械安全操作技术

一、咬口机安全操作技术

（1）钣金和管工机械上刃具、胎、模具等强度和精度应符合要求，刃磨锋利，安装稳固，紧固可靠。

（2）钣金和管工机械上的传动部分应设有防护罩，作业时，严禁拆卸。机械均应安装在机棚内。

（3）作业时，非操作和辅助人员不得在机械四周停留观看。

（4）应先空载运转，确认正常后，方可作业。

（5）工件长度、宽度不得超过机具允许范围。

（6）作业中，当有异物进入辊轮中时，应及时停机修理。

（7）严禁用手触摸转动中的辊轮。用手送料到末端时，手指必须离开工件。

（8）作业后，应切断电源，锁好电闸箱，并做好日常保养工作。

二、圆盘下料机安全操作技术

（1）圆盘下料机械上的刃具，强度和精度应符合要求，刃磨锋利，安装稳固，紧固可靠。

（2）圆盘下料机械上的传动部分应设有防护罩，作业时，严禁拆卸。机械均应安装在机棚内。

（3）作业时，非操作和辅助人员不得在机械四周停留观看。

（4）圆盘下料机下料的直径、厚度等不得超过机械出厂铭牌规定，下料前应先将整板切割成方块料，在机旁堆放整齐。

（5）下料机应安装在稳固的基础上。

（6）作业前，应检查并确认各传动部件连接牢固可靠，先空运转，确认正常后，方可开始作业。

（7）当作业开始需对上、下刀刃时，应先手动盘车，将上下刀刃的间隙调整到板厚的 1.2 倍，再开机试切。应经多次调整到被切的圆形板无毛刺时，方可批量下料。

（8）作业后，应对下料机进行清洁保养工作，并应清除边角料，保持现场整洁。

（9）作业后，应切断电源，锁好电闸箱，并做好日常保养工作。

三、套丝切管机安全操作技术

（1）套丝切管机械上的刃具、胎、模具等强度和精度应符合要求，刃磨锋利，安装稳固，紧固可靠。

（2）套丝切管机械上的传动部分应设有防护罩，作业时，严禁拆卸。机械均应安装在机棚内。

（3）套丝切管机应安放在稳固的基础上。

（4）应先空载运转，进行检查、调整，确认运转正常，方可作业。

（5）应按加工管径选用板牙头和板牙，板牙应按顺序放入，作业时应采用润滑油润滑板牙。

（6）当工件伸出卡盘端面的长度过长时，后部应加装辅助托架，并调整好高度。

（7）切断作业时，不得在旋转手柄上加长力臂；切平管端时，不得进刀过快。

（8）当加工件的管径或椭圆度较大时，应两次进刀。

（9）作业中应采用刷子清除切屑，不得敲打震落。

（10）作业时，非操作和辅助人员不得在机械四周停留观看。

（11）作业后，应切断电源，锁好电闸箱，并做好日常保养工作。

四、弯管机安全操作技术

（1）弯管机械上的刃具、胎、模具等强度和精度应符合要求，刃磨锋利，安装稳固，紧固可靠。

（2）弯管机械上的传动部分应设有防护罩，作业时，严禁拆卸。机械均应安装在机棚内。

（3）作业场所应设置围栏。

（4）作业前，应先空载运转，确认正常后，再套模弯管。

（5）应按加工管径选用管模，并应按顺序放好。

（6）不得在管子和管模之间加油。

（7）应夹紧机件，导板支承机构应按弯管的方向及时进行换向。

（8）作业时，非操作和辅助人员不得在机械四周停留观看。

（9）作业后，应切断电源，锁好电闸箱，并做好日常保养工作。

五、坡口机安全操作技术

（1）坡口机机械上的刃具、胎、模具等强度和精度应符合要求，刃磨锋利，安装稳固，紧固可靠。

（2）坡口机机械上的传动部分应设有防护罩，作业时，严禁拆卸。机械均应安装在机棚内。

（3）应先空载运转，确认正常后，方可作业。

（4）刀排、刀具应稳定牢固。

（5）当管子过长时，应加装辅助托架。

（6）作业中，不得俯身近视工件。严禁用手摸坡口及擦拭铁屑。

（7）作业时，非操作人员和辅助人员不得在机械四周停留观看。

（8）作业后，应切断电源，锁好电闸箱，并做好日常保养工作。

第 2 讲　铆焊设备安全操作技术

一、风动铆焊工具安全操作技术

（1）风动铆接工具使用时风压应为 0.7MPa，最低不得小于 0.5MPa。

（2）各种规格的风管的耐风压应为 0.8MPa 及以上，各种管接头应无泄漏。

（3）使用各类风动工具前，应先用汽油浸泡、拆检清洗每个部件呈金属光泽，再用干布、棉纱擦拭干净后，方可组装。组装时，运动部分均应滴入适量润滑油保持工作机构干净和润滑良好。

（4）风动铆钉枪使用前应先上好窝头，用铁丝将窝头沟槽在风枪口留出运动量后，并与风枪上的原铁丝连接绑扎牢固，方可使用。

（4）风动铆钉枪作业时，操作的二人应密切配合，明确手势及喊话。开始作业前，应至少作两次假动作试铆，确认无误后，方可开始作业。

（6）在作业中严禁随意开风门（放空枪）或铆冷钉。

（7）使用风钻时，应先用铣孔工具，根据原钉孔大小选配铣刀，其规格不得大于孔径。

（8）风钻钻孔时，钻头中心应与钻孔中心对正后方可开钻。

（9）加压杠钻孔时，作业的二人应密切配合，压杠人员应听从握钻人员的指挥，不得随意加压。

（10）风动工具使用完毕，应将工具清洗后干燥保管，各种风管及刃具均应盘好后入库保管，不得随意堆放。

二、直流电焊机安全操作技术

1.旋转式直流电焊机

（1）新机使用前，应将换向器上的污物擦干净，换向器与电刷接触应良好。

（2）启动时，应检查并确认转子的旋转方向符合焊机标志的箭头方向。

（3）启动后，应检查电刷和换向器，当有大量火花时，应停机查明原因，排除故障后方可使用。

（4）当数台焊机在同一场地作业时，应逐台起动。

（5）运行中，当需调节焊接电流和极性开关时，不得在负荷时进行。调节不得过快、过猛。

2.硅整流直流焊机

（1）焊机应在出厂说明书要求的条件下作业。

（2）使用前，应检查并确认硅整流元件与散热片连接紧固，各接线端头紧固。

（3）使用时，应先开启风扇电机，电压表指示值应正常，风扇电机无异响。

（4）硅整流直流电焊机主变压器的次级线圈和控制变压器的次级线圈严禁用摇表测试。

（5）硅整流元件应进行保护和冷却。当发现整流元件损坏时，应查明原因，排除故障后，方可更换新件。

（6）整流元件和有关电子线路应保持清洁和干燥。启用长期停用的焊机时，应空载通电一定时间进行干燥处理。

（7）搬运由高导磁材料制成的磁放大铁芯时，应防止强烈震击引起磁能恶化。

（8）停机后，应清洁硅整流器及其它部件。

三、交流电焊机安全操作技术

（1）使用前，应检查并确认初、次级线接线正确，输入电压符合电焊机的铭牌规定。接通电源后，严禁接触初级线路的带电部分。

（2）次级抽头联接铜板应压紧，接线柱应有垫圈。合闸前，应详细检查接线螺帽、螺栓及其它部件并确认完好齐全、无松动或损坏。

（3）多台电焊机集中使用时，应分接在三相电源网络上，使三相负载平衡。多台焊机的接地装置，应分别由接地极处引接，不得串联。

（4）移动电焊机时，应切断电源，不得用拖拉电缆的方法移动焊机。当焊接中突然停电时，应立即切断电源。

四、氩弧焊机安全操作技术

（1）氩弧焊机的使用应执行《建筑机械使用安全技术规程》（JGJ33-2012）的规定。

（2）应检查并确认电源、电压符合要求，接地装置安全可靠。

（3）应检查并确认气管、水管不受外压和无外漏。

（4）应根据材质的性能、尺寸、形状先确定极性，再确定电压、电流和氩气的流量。

（5）安装的氩气减压阀、管接头不得沾有油脂。安装后，应进行试验并确认无障碍和漏气。

（6）冷却水应保持清洁，水冷型焊机在焊接过程中，冷却水的流量应正常，不得断水施焊。

（7）高频引弧的焊机，其高频防护装置应良好，亦可通过降低频率进行防护；不得发生短路，振荡器电源线路中的联锁开关严禁分接。

（8）使用氩弧焊时，操作者应戴防毒面罩，钍钨棒的打磨应设有抽风装置，贮存时宜放在铅盒内。钨极粗细应根据焊接厚度确定，更换钨极时，必须切断电源。磨削钨极端头时，操作人员必须戴手套和口罩，磨削下来的粉尘，应及时清除，钍、铈、钨极不得随身携带。

（9）焊机作业附近不宜装置有震动的其它机械设备，不得放置易燃、易爆物品。工作场所应有良好的通风措施。

（10）氮气瓶和氩气瓶与焊接地点不应靠得太近，并应直立固定放置，不得倒放。

（11）作业后，应切断电源，关闭水源和气源。焊接人员必须及时脱去工作服、清洗手脸和外露的皮肤。

五、二氧化碳气体保护焊安全操作技术

（1）作业前预热 15min，开气时，操作人员必须站在瓶嘴的侧面。

（2）二氧化碳气体预热器端的电压不得高于 36V。

（3）二氧化碳气瓶应放在阴凉处，不得靠近热源。最高温度不得超过 30° C，并应放置牢靠。

（4）作业前应进行检查，焊丝的进给机构、电源的连接部分、二氧化碳气体的供应系统以及冷却水循环系统均应符合要求。

六、等离子切割机安全操作技术

（1）应检查并确认电源、气源、水源无漏电、漏气、漏水，接地或接零安全可靠。

（2）小车、工件应放在适当位置，并应使工件和切割电路正极接通，切割工作面下应设有熔渣坑。

（3）应根据工件材质、种类和厚度选定喷嘴孔径，调整切割电源、气体流量和电极的内缩量。

（4）自动切割小车应经空车运转，并选定切割速度。

（5）操作人员必须戴好防护面罩、电焊手套、帽子、滤膜防尘口罩和隔音耳罩。不戴防护镜的人员严禁直接观察等离子弧，裸露的皮肤严禁接近等离子弧。

（6）切割时，操作人员应站在上风处操作。可从工作台下部抽风，并宜缩小操作台上的敞开面积。

（7）切割时，当空载电压过高时，应检查电器接地、接零和割炬手把绝缘情况，应将工作台与地面绝缘，或在电气控制系统安装空载断路继电器。

（8）高频发生器应没有屏蔽护罩，用高频引弧后，应立即切断高频电路。

（9）使用钍、钨电极应符合《建筑机械使用安全技术规程》（JGJ33-2012）的规定。

（10）作业后，应切断电源，关闭气源和水源。

七、对焊机安全操作技术

（1）电焊机的使用应执行标准《建筑机械使用安全技术规程》（JGJ33-2012）的规定。

（2）对焊机应安置在室内，并应有可靠的接地或接零。当多台对焊机并列安装时，相互间距不得小于 3m，应分别接在不同相位的电网上，并应分别有各自的刀型开关。导线的截面不应小于下表的规定。

表 4－1　导线截面

对焊机的额定功能率（kVA）	25	50	75	100	150	200	500
一次电压为 220V 时导线截面（mm^2）	10	25	35	45	—	—	—
一次电压为 380V 时导线截面（mm^2）	6	16	25	35	50	70	150

（3）焊接前，应检查并确认对焊机的压力机构灵活，夹具牢固，气压、液压系统无泄漏，一切正常后，方可施焊。

（4）焊接前，应根据所焊接钢筋截面，调整二次电压，不得焊接超过对焊机规定直径的钢筋。

（5）断路器的接触点、电极应定期光磨，二次电路全部连接螺栓应定期紧固。冷却水温度不得超过 40℃；排水量应根据温度调节。

（6）焊接较长钢筋时，应设置托架，配合搬运钢筋的操作人员，在焊接时应防止火花烫伤。

（7）闪光区应设挡板，与焊接无关的人员不得入内。

（8）冬季施焊时，室内温度不应低于 8℃。作业后，应放尽机内冷却水。

八、电焊机安全操作技术

（1）作业前，应清除上、下两电极的油污。通电后，机体外壳应无漏电。

（2）启动前，应先接通控制线路的转向开关和焊接电流的小开关，调整好极数，再接通水源、气源，最后接通电源。

（3）焊机通电后，应检查电气设备、操作机构、冷却系统、气路系统及机体外壳有无漏电现象。电极触头应保持光洁。有漏电时，应立即更换。

（4）作业时，气路、水冷系统应畅通。气体应保持干燥。排水温度不得超过 40℃，排水量可根据气温调节。

（5）严禁在引燃电路中加大熔断器。当负载过小使引燃管内电弧不能发生时，不得闭合控制箱的引燃电路。

（6）当控制箱长期停用时，每月应通电加热 30min。更换闸流管时应预热 30min。正常工作的控制箱的预热时间不得小于 5min。

九、气焊设备安全操作技术

（1）一次加电石 10kg 或每小时产生 5m^3 乙炔气的乙炔发生器应采用固定式，并应建立乙炔站（房），由专人操作。乙炔站与厂房及其它建筑物的距离应符合现行国家标准《乙炔站设计规范》（GB 50031-1991）及《建筑设计防火规范》（GB50016-2014）的有关规定。

（2）乙炔发生器（站）、氧气瓶及软管、阀、表均应齐全有效，紧固牢靠，不得松动、破损和漏气。氧气瓶及其附件、胶管、工具不得沾染油污。软管接头不得采用铜质材料制作。

（3）乙炔发生器、氧气瓶和焊炬相互间的距离不得小于 10m。当不满足上述要求时，应采取隔离措施。同一地点有两个以上乙炔发生器时，其相互间距不得小于 10m。

（4）电石的贮存地点应干燥，通风良好，室内不得有明火或敷设水管、水箱。电石桶应密封，桶上应标明“电石桶”和“严禁用水消火”等字样。电石有轻微的受潮时，应轻轻取出电石，不得倾倒。

（5）搬运电石桶时，应打开桶上小盖。严禁用金属工具敲击桶盖。取装电石和砸碎电石时，操作人员应戴手套、口罩和眼镜。

（6）电石起火时必须用于砂或二氧化碳灭火器，严禁用泡沫、四氯化碳灭火器或水灭火。电石粒末应在露天销毁。

（7）使用新品种电石前，应作温水浸试，在确认无爆炸危险时，方可使用。

（8）乙炔发生器的压力应保持正常，压力超过 147kPa 时应停用。乙炔发生器的用水应为饮用水。发气室内壁不得用含铜或含银材料制作，温度不得超过 80℃。对水入式发生器，其冷却水温不得超过 50℃；对浮桶式发生器，其冷却水温不得超过 60℃。当温度超过规定时应停止作业，并采用冷水喷射降温和加入低温的冷却水。不得以金属棒等硬物敲击乙炔发生器的金属部分。

（9）使用浮筒式乙炔发生器时，应装设回火防止器。在内筒顶部中间，应设有防爆球或胶皮薄膜，球壁或膜壁厚度不得大于 1mm，其面积应为内筒底面积的 60%以上。

（10）乙炔发生器应放在操作地点的上风处，并应有良好的散热条件，不得放在供电电线的下方，亦不交得放在强烈日光下曝晒。四周应设围栏，并应悬挂“严禁烟火”标志。

（11）碎电石应在掺入小块电石后装入乙炔发生器中使用，不得完全使用碎电石。夜间添加电石时不得采用明火照明。

（12）氧气橡胶软管应为红色，工作压力应为 1500kPa；乙炔橡胶软管应为黑色，工作压力应为 300kPa。新橡胶软管应经压力试验。未经压力试验或代用品及变质、老化、脆裂、漏气及沾上油脂的胶管均不得使用。

（13）不得将橡胶软管放在高温管道和电线上，或将重物及热的物件压在软管上，且不得将软管与电焊用的导线敷设在一起。软管经过车行道时，应加护套或盖板。

（14）氧气瓶应与其它易燃气瓶、油脂和其他易燃、易爆物品分别存放，且不得同车运输。氧气瓶应有防震圈和安全帽；不得倒置；不得在强烈日光下曝晒。不得用行车或吊车吊运氧气瓶。

（15）开启氧气瓶阀门时，应采用专用工具，动作应缓慢，不得面对减压器，压力表指针应灵敏正常。氧气瓶中的氧气不得全部用尽，应留 49kPa 以上的剩余压力。

（16）未安装减压器的氧气瓶严禁使用。

（17）安装减压器时，应先检查氧气瓶阀门接头，不得有油脂，并略开氧气瓶阀门吹除污垢，然后安装减压器，操作者不得正对氧气瓶阀门出气口，关闭氧气瓶阀门时，应先松开减压器的活门螺丝。

（18）点燃焊（割）炬时，应先开乙炔阀点火，再开氧气阀调整火焰。关闭时，应先关闭乙炔阀，再关闭氧气阀。

（19）在作业中，发现氧气瓶阀门失灵或损坏不能关闭时，应让瓶内的氧气自动放尽后，再进行拆卸修理。

（20）当乙炔发生器因漏气着火燃烧时，应立即将乙炔发生器朝安全方向推倒，并用黄砂扑灭火种，不得堵塞或拔出浮筒。

（21）乙炔软管、氧气软管不得错装。使用中，当氧气软管着火时，不得折弯软管断气，应迅速关闭氧气阀门，停止供氧。当乙炔软管着火时，应先关熄炬火，可采用弯折前面一段软管将火熄灭。

（22）冬季在露天施工， 当软管和回火防止器冻结时， 可用热水或在暖气设备下化冻。严禁用火焰烘烤。

（23）不得将橡胶软管背在背上操作。当焊枪内带有乙炔、氧气时不得放在金属管、槽、缸、箱内。

（24）氢氧并用时，应先开乙炔气，再开氢气，最后开氧气，再点燃。熄灭时，应先关氧气，再关氢气，最后关乙炔气。

（25）作业后，应卸下减压器，拧上气瓶安全帽，将软管卷起捆好，挂在室内干燥处，并将乙炔发生器卸压，放水后取出电石篮。剩余电石和电石滓，应分别放在指定的地方。

第 3 讲　水工设备安全操作技术

一、水工机械操作一般规定

（1）水泵放置地点应坚实，实装应牢固、平稳，并应有防雨设施。多级水泵的高压软管接头应牢固可靠，放置宜平直，转弯处应固定牢靠。数台水泵并列安装时，其扬程宜相同，每台之间应有 0.8～1.0m 的距离；串联安装时，应有相同的流量。

（2）冬季运转时，应做好管路、泵房的防冻、保温工作。

（3）启动前检查项目应符合下列要求：

1）电动机与水泵的连接同心，联轴节的螺栓紧固，联轴节的转动部分有防护装置，泵的周围无障碍物；

2）管路支架牢固，密封可靠，泵体、泵轴、填料和压盖严密，吸水管底阀无堵塞或漏水；

3）排气阀畅通，进、出水管接头严密不漏，泵轴与泵体之间不漏水。

（4）启动时应加足引水，并将出水阀关闭；当水泵达到额定转速时，旋开真空表和压力表的阀门，待指针位置正常后，方可逐步打开出水阀。

（5）运转中发现下列情况，应立即停机检修：

1）漏水、漏气、填料部分发热；

2）底阀滤网堵塞，运转声音异常；

3）电动机温升过高，电流突然增大；

4）机械零件松动或其他故障。

（6）升降吸水管时，应在有护栏的平台上操作。

（7）运转时，严禁人员从机上跨越。

（8）水泵停止作业时，应先关闭压力表，再关闭出水阀，然后切断电源。冬季使用时，应将各部放水阀打开，放净水泵和水管中积水。将泵的四周设立坚固的防护围网。泵应直立于水中，水深不得小于 0.5m，

不得在含泥砂的水中使用。

（9）潜水泵放入水中或提出水面时，应先切断电源，严禁拉拽电缆或出水管。

（10）潜水泵应装设保护接零或漏电保护装置，工作时泵周围 30m 以内水面，不得有人、畜进入。

（11）启动前检查项目应符合下列要求：

1）水管结扎牢固；

2）放气、放水、注油等螺塞均旋紧；

3）叶轮和进水节无杂物；

4）电缆绝缘良好。

（12）接通电源后，应先试运转，并应检查并确认旋转方向正确，在水外运转时间不得超过 5min。

（13）应经常观察水位变化，叶轮中心至水平距离应在 0.5～3.0m 之间，泵体不得陷入污泥或露出水面。电缆不得与井壁、池壁相擦。

（14）新泵或新换密封圈，在使用 50h 后，应旋开放水封口塞，检查水、油的泄漏量。当泄漏量超过 5mL 时，应进行 0.2MPa 的气压试验，查出原因，予以排除，以后应每月检查一次；当泄漏量不超过 25mL 时，可继续使用。检查后应换上规定的润滑油。

（15）经过修理的油浸式潜水泵，应先经 0.2MPa 气压试验，检查各部无泄漏现象，然后将润滑油加入上、下壳体内。

（16）当气温降到 0℃以下时，在停止运转后，应从水中提出潜水泵擦干后存放室内。

（17）每周应测定一次电动机定子绕组的绝缘电阻，其值应无下降。

二、离心水泵安全操作技术

1.水泵安装应牢固、平稳，电气设备应由防雨防潮设施。高压软管接头连接应牢固可靠，并宜平直放置。数台水泵并列安装时，每台之间应有 0.8m~1.0m 的距离；串联安装时，应有相同的流量。

2.冬季运转时应做好管路、泵房的防冻、保温工作。

3.启动前应进行检查，并应符合下列规定：

（1）电动机与水泵的连接应同心，联轴节的螺栓应紧固，联轴节的转动部分应有防护装置；

（2）管路支架应稳固。管路应密封可靠，不得有堵塞或漏水现象；

（3）排气阀应畅通。

4.启动时，应加足引水，并应将出水阀关闭；当水泵达到额定转速时，旋开真空表和压力表的阀门，在指针位置正常后，逐步打开出水阀。

5.运转中发现下列现象之一时，应立即停机检修：

（1）漏水、漏气及填料部分发热；

（2）底阀滤网堵塞，运转声音异常；

（3）电动机温升过高，电流突然增大；

（4）机械零件松动。

6.水泵运转时，人员不得从机上跨越。

7.水泵停止作业时，应先关闭压力表。再关闭出水阀，然后切断电源。冬季停用时，应放尽水泵和水管中积水。

三、潜水泵安全操作技术

1.潜水泵应直立于水中，水深不得小于 0.5m，不宜在含大量泥沙的水中使用。

2.潜水泵放入水中或提出水面时，不得拉拽电缆或出水管，并应切断电源。

3.潜水泵应装设保护接零和漏电保护装置，工作时，泵周围 30cm 以内水面。不得有人、畜进入。

4.启动前应进行检查，并应符合下列规定：

（1）水管绑扎应牢固；

（2）放气、放水、注油等螺塞应旋紧；

（3）叶轮和进水节不得有杂物；

（4）电气绝缘应良好。

5.接通电源后，应先试运转，检查并确认旋转方向应正确，无水运转时间不得超过使用说明书规定。

6.应经常观察水位变化，叶轮中心至水平面距离应在 0.5m~3.0m 之间，泵体不得陷入污泥或露出水面。电缆不得与井壁、池壁摩擦。

7.潜水泵的启动电压应符合使用说明书的规定，电动机电流超过说明书规定的限值时，应停机检查，并不得频繁开关机。

8.潜水泵不用时，不得长期浸没于水中，应放置在干燥通风处。

9.电动机定子绕组的绝缘电阻不得低于 0.5MΩ。

四、深井泵安全操作技术

1.深井泵应使用在含沙量低于 0.01%的水中，泵房内设有预润水箱。

2.深井泵的叶轮在运转中，不得与壳体摩擦。

3.深井泵在运转前，应将清水注入壳体内进行预润。

4.深井泵启动前，应检查并确认：

（1）底座基础螺栓应紧固；

（2）轴向间隙应符合要求，调节螺栓的保险螺母应安装好；

（3）填料压盖因旋紧，并应经过润滑；

（4）电动机轴承应进行润滑；

（5）用手旋动电动机转子和止退机构，应灵活有效。

5.深井泵不得在无水情况下空转。水泵中的一、二级叶轮应浸入水位 1m 以下。运转中应经常观察井中水位的变化情况。

6.当水泵振动较大时，应检查水泵的轴承或电动机填料处磨损情况，并应及时更换零件。

7.停泵时，应先关闭出水阀，再切断电源，锁好开关箱。

五、泥浆泵安全操作技术

（1）泥浆泵应安装在稳固的基础架或地基上，不得松动。

（2）启动前应进行检查，并应符合下列规定：

1）各部位连接应牢固；

2）电动机旋转方向应正确；

3）离合器应灵活可靠；

4）管路连接应牢固，并应密封可靠，底阀应灵活有效。

（3）启动前，吸水管、底阀及泵体内应注满引水，压力表缓冲器上端应注满油。

（4）启动时，应先将活塞往复运动两次，并不得有阻梗，然后空载启动。

（5）运转中，应经常测试泥浆含沙量。泥浆含沙量不得超过 10%。

（6）有多档速度的泥浆泵，在每班运转中，应将几档速度分别运转，运转时间不得少于 30min。

（7）泥浆泵换挡变速应在停泵后进行。

（8）运转中，当出现异响、电机明显温升或水量、压力不正常时，应停泵检查。

（9）泥浆泵应在空载时停泵。停泵时间较长时，应全部打开防水孔，并松开缸盖，提起底阀放水杆，放尽泵体及管道中的全部泥浆。

（10）当长期停用时，应清洗各部泥沙、油垢，放尽曲轴箱内的润滑油，并应采取防锈、防腐措施。

六、真空泵安全操作技术

（1）真空室内过滤网应完整，集水室通向真空泵的回水管上的旋塞开启应灵活，指示仪表应正常，进出水管应按出厂说明书要求连接。

（2）真空泵启动后，应检查并确认电机旋转方向与罩壳上箭头指向一致，然后应堵住进水口，检查泵机空载真空度，表值显示不小于 96kPa。当不符合上述要求时，应检查泵组。管道及工作装置的密封情况，有损坏时，应及时修理或更换。

（3）作业时，应经常观察机组真空表，并应随时做好记录。

（4）作业后，应冲洗水箱及过滤网的泥沙，并应放尽水箱内存水。

（5）冬季施工或存放不用时，应把真空泵内的冷却水放尽。

第 5 单元　安全用电技术

第 1 讲　手持电动工具

一、冲击钻、电锤安全操作技术

（1）作业前的检查应符合下列要求：

1）外壳、手柄不出现裂缝、破损；

2）电缆软线及插头等完好无损，开关动作正常，保护接零连接正确牢固可靠；

3）各部防护罩齐全牢固，电气保护装置可靠。

（2）机具启动后，应空载运转，应检查并确认机具联动灵活无阻。作业时，加力应平稳，不得用力过猛。

（3）作业时应掌握电钻或电锤手柄，打孔时先将钻头抵在工作表面，然后开动，用力适度，避免晃动；转速若急剧下降，应减少用力，防止电机过载，严禁用木杠加压。

（4）钻孔时，应注意避开混凝土中的钢筋。

（5）电钻和电锤为 40%断续工作制，不得长时间连续使用。

（6）作业孔径在 25mm 以上时，应有稳固的作业平台，周围应设护栏。

（7）严禁超载使用。作业中应注意音响及温升，发现异常应立即停机检查。在作业时间过长，机具温升超过 60℃时，应停机，自然冷却后再行作业。

（8）作业中，不得用手触摸刃具、模具和砂轮，发现其有磨钝、破损情况时，应立即停机修整或更换，然后再继续进行作业。

（9）机具转动时，不得撒手不管。

二、瓷片切割机安全操作技术

（1）作业前的检查应符合下列要求：

1）外壳、手柄不出现裂缝、破损；

2）电缆软线及插头等完好无损，开关动作正常，保护接零连接正确牢固可靠；

3）各部防护罩齐全牢固，电气保护装置可靠。

（2）机具启动后，应空载运转，应检查并确认机具联动灵活无阻。作业时，加力应平稳，不得用力过猛。

1）作业时应防止杂物、泥尘混入电动机内，并应随时观察机壳温度，当机壳温度过高及产生炭刷火花时，应立即停机检查处理；

2）切割过程中用力应均匀适当，推进刀片时不得用力过猛。当发生刀片卡死时，应立即停机，慢慢退出刀片，应在重新对正后方可再切割。

（3）严禁超载使用。作业中应注意音响及温升，发现异常应立即停机检查。在作业时间过长，机具温升超过 60℃时，应停机，自然冷却后再行作业。

（4）作业中，不得用手触摸刃具、模具和砂轮，发现其有磨钝、破损情况时，应立即停机修整或更换，然后再继续进行作业。

（5）机具转动时，不得撒手不管。

三、角向磨光机安全操作技术

（1）作业前的检查应符合下列要求：

1）外壳、手柄不出现裂缝、破损；

2）电缆软线及插头等完好无损，开关动作正常，保护接零连接正确牢固可靠；

3）各部防护罩齐全牢固，电气保护装置可靠。

（2）机具启动后，应空载运转，应检查并确认机具联动灵活无阻。作业时，加力应平稳，不得用力过猛。

（3）使用砂轮的机具，应检查砂轮与接盘间的软垫并安装稳固，螺帽不得过紧，凡受潮、变形、裂纹、破碎、磕边缺口或接触过油、碱类的砂轮均不得使用，并不得将受潮的砂轮片自行烘干使用。

（4）砂轮应选用增强纤维树脂型，其安全线速度不得小于80m/s。配用的电缆与插头应具有加强绝缘性能，并不得任意更换。

（5）磨削作业时，应使砂轮与工作面保持15°～30°的倾斜位置；切削作业时，砂轮不得倾斜，并不得横向摆动。

（6）严禁超载使用。作业中应注意音响及温升，发现异常应立即停机检查。在作业时间过长，机具温升超过60℃时，应停机，自然冷却后再行作业。

（7）作业中，不得用手触摸刃具、模具和砂轮，发现其有磨钝、破损情况时，应立即停机修整或更换，然后再继续进行作业。

（8）机具转动时，不得撒手不管。

四、电剪安全操作技术

（1）作业前应先根据钢板厚度调节刀头间隙量；

（2）使用刃具的机具，应保持刃磨锋利，完好无损，安装正确，牢固可靠。

（3）作业前的检查应符合下列要求：

1）外壳、手柄不出现裂缝、破损；

2）电缆软线及插头等完好无损，开关动作正常，保护接零连接正确牢固可靠；

3）各部防护罩齐全牢固，电气保护装置可靠。

（4）机具启动后，应空载运转，应检查并确认机具联动灵活无阻。作业时，加力应平稳，不得用力过猛。

（5）作业时不得用力过猛，当遇刀轴往复次数急剧下降时，应立即减少推力。

（6）严禁超载使用。作业中应注意音响及温升，发现异常应立即停机检查。在作业时间过长，机具温升超过60℃时，应停机，自然冷却后再行作业。

（7）作业中，不得用手触摸刃具，发现其有磨钝、破损情况时，应立即停机修整或更换，然后再继续进行作业。

（8）机具转动时，不得撒手不管。

五、射钉枪安全操作技术

（1）作业前的检查应符合下列要求：

1）外壳、手柄不出现裂缝、破损；

2）电缆软线及插头等完好无损，开关动作正常，保护接零连接正确牢固可靠；

3）各部防护罩齐全牢固，电气保护装置可靠。

（2）严禁用手掌推压钉管和将枪口对准人。

（3）击发时，应将射钉枪垂直压紧在工作面上，当两次扣动扳机，子弹均不击发时，应保持原射击位置数秒钟后，再退出射钉弹。

（4）在更换零件或断开射钉枪之前，射枪内均不得装有射钉弹。

（5）严禁超载使用。作业中应注意音响及温升，发现异常应立即停机检查。在作业时间过长，机具温升超过60℃时，应停机，自然冷却后再行作业。

六、拉铆枪安全操作技术

（1）使用拉铆枪时应符合下列要求：

（2）作业前的检查应符合下列要求：

1）外壳、手柄不出现裂缝、破损；

2）电缆软线及插头等完好无损，开关动作正常，保护接零连接正确牢固可靠；

3）各部防护罩齐全牢固，电气保护装置可靠。

（3）被铆接物体上的铆钉孔应与铆钉滑配合，并不得过盈量太大。

（4）铆接时，当铆钉轴未拉断时，可重复扣动扳机，直到拉断为止，不得强行扭断或撬断。

（5）作业中，接铆头子或并帽若有松动，应立即拧紧。

（6）严禁超载使用。作业中应注意音响及温升，发现异常应立即停机检查。在作业时间过长，机具温升超过60℃时，应停机，自然冷却后再行作业。

七、手持式电动工具用电安全技术

（1）空气湿度小于 75%的一般场所可选用Ⅰ类或Ⅱ类手持式电动工具，其金属外壳与PE线的连接点不得少于2处；除塑料外壳Ⅱ类工具外，相关开关箱中漏电保护器的额定漏电动作电流不应大于15mA，额定漏电动作时间不应大于0.1s，其负荷线插头应具备专用的保护触头。所用插座和插头在结构上应保持一致，避免导电触头和保护触头混用。

（2）在潮湿场所或金属构架上操作时，必须选用Ⅱ类或由安全隔离变压器供电的Ⅲ类手持式电动工具。金属外壳Ⅱ类手持式电动工具使用时，必须符合上述（1）的要求；其开关箱和控制箱应设置在作业场所外面。在潮湿场所或金属构架上严禁使用Ⅰ类手持式电动工具。

（3）狭窄场所必须选用由安全隔离变压器供电的Ⅲ类手持式电动工具，其开关箱和安全隔离变压器均应设置在狭窄场所外面，并连接PE线。漏电保护器的选择应符合使用于潮湿或有腐蚀介质场所漏电保护器的要求。操作过程中，应有人在外面监护。

（4）手持式电动工具的负荷线应采用耐气候型的橡皮护套铜芯软电缆，并不得有接头。

（5）手持式电动工具的外壳、手柄、插头、开关、负荷线等必须完好无损，使用前必须做绝缘检查和空载检查，在绝缘合格、空载运转正常后方可使用。绝缘电阻不应小于下表规定的数值。

表4－2 手持式电动工具绝缘电阻限值

测量部位	绝缘电阻（MΩ		
	Ⅰ类	Ⅱ类	Ⅲ类
带电零件与外壳之间	2	7	1

注：绝缘电阻用500V兆欧表测量。

（6）使用手持式电动工具时，必须按规定穿、戴绝缘防护用品。

第2讲 建筑机械用电安全

一、起重机械用电安全技术

（1）塔式起重机的电气设备应符合现行国家标准《塔式起重机安全规程》（GB 5144-2006）中的要求。

（2）塔式起重机应按要求做重复接地和防雷接地。轨道式塔式起重机接地装置的设置应符合下列要求：

1）轨道两端各设一组接地装置；

2）轨道的接头处作电气连接，两条轨道端部做环形电气连接；

3）较长轨道每隔不大于30m加一组接地装置。

（3）塔式起重机与外电线路的安全距离应符合规范要求。

（4）轨道式塔式起重机的电缆不得拖地行走。

（5）需要夜间工作的塔式起重机，应设置正对工作面的投光灯。

（6）塔身高于30m的塔式起重机，应在塔顶和臂架端部设红色信号灯。

（7）在强电磁波源附近工作的塔式起重机，操作人员应戴绝缘手套和穿绝缘鞋，并应在吊钩与机体间采取绝缘隔离措施，或在吊钩吊装地面物体时，在吊钩上挂接临时接地装置。

（8）外用电梯梯笼内、外均应安装紧急停止开关。

（9）外用电梯和物料提升机的上、下极限位置应设置限位开关。

（10）外用电梯和物料提升机在每日工作前必须对行程开关、限位开关、紧急停止开关、驱动机构和制动器等进行空载检查，正常后方可使用。检查时必须有防坠落措施。

二、桩工机械用电安全技术

（1）潜水式钻孔机电机的密封性能应符合现行国家标准《外壳防护等级（IP代码）》（GB 4208-2008）中的IP68级的规定。

（2）潜水电机的负荷线应采用防水橡皮护套铜芯软电缆，长度不应小于1.5m，且不得承受外力。

（3）潜水式钻孔机开关箱中的漏电保护器必须符合额定漏电动作电流应不大于15mA，额定漏电动作时间应小于0.1s的要求。

（4）元件接触良好，接头牢固。

（5）所有电气、电机以及其防护罩绝缘良好，有接地线。

（6）晚间工作有照明设备。

三、夯土机械用电安全技术

（1）夯土机械开关箱中的漏电保护器必须符合潮湿场所选用漏电保护器的要求。

（2）夯土机械 PE 线的连接点不得少于 2 处。

（3）夯土机械的负荷线应采用耐气候型橡皮护套铜芯软电缆。

（4）使用夯土机械必须按规定穿戴绝缘用品，使用过程应有专人调整电缆，电缆长度不应大于 50m。电缆严禁缠绕、扭结和被夯土机械跨越。

（5）多台夯土机械并列工作时，其间距不得小于 5m；前后工作时，其间距不得小于 10m。

（6）夯土机械的操作扶手必须绝缘。

四、焊接机械用电安全技术

（1）电焊机械应放置在防雨、干燥和通风良好的地方。焊接现场不得有易燃、易爆物品。

（2）交流弧焊机变压器的一次侧电源线长度不应大于 5m，其电源进线处必须设置防护罩。发电机式直流电焊机的换向器应经常检查和维护，应消除可能产生的异常电火花。

（3）电焊机械开关箱中的漏电保护器必须符合要求。交流电焊机械应配装防二次侧触电保护器。

（4）电焊机械的二次线应采用防水橡皮护套铜芯软电缆，电缆长度不应大于 30m，不得采用金属构件或结构钢筋代替二次线的地线。

（5）使用电焊机械焊接时必须穿戴防护用品。严禁露天冒雨从事电焊作业。

六、其他建筑机械用电安全技术

（1）混凝土搅拌机、插入式振动器、平板振动器、地面抹光机、水磨石机、钢筋加工机械、木工机械、盾构机械、水泵等设备的漏电保护应符合要求。

（2）混凝土搅拌机、插入式振动器、平板振动器、地面抹光机、水磨石机、钢筋加工机械、木工机械、盾构机械的负荷线必须采用耐气候型橡皮护套铜芯软电缆，并不得有任何破损和接头。

水泵的负荷线必须采用防水橡皮护套铜芯软电缆，严禁有任何破损和接头，并不得承受任何外力。

盾构机械的负荷线必须固定牢固，距地高度不得小于 2.5m。

（3）对混凝土搅拌机、钢筋加工机械、木工机械、盾构机械等设备进行清理、检查、维修时，必须首先将其开关箱分闸断电，呈现可见电源分断点，并关门上锁。

第5部分

施工机械管理相关法律法规知识

第1单元　建筑机械管理相关法律法规简介

第1讲　建筑机械管理人员学习法律法规知识的意义

近年来，由于各级政府与生产企业始终坚持“安全第一、预防为主”的安全生产工作方针，坚持以人为本的安全管理理念，坚持依照法律法规加强安全生产管理，切实强化了企业的安全生产主体责任，生产领域内安全事故发生频率及伤亡人数逐年呈下降趋势，安全生产整体处于平稳发展的态势。

但是，毋庸置疑的是全国各地区、各行业企业生产安全发展极为不平衡，建筑业在“五大高危行业”（指矿山生产企业、建筑施工企业、危险化学品生产企业、烟花爆竹生产企业和民用爆破器材生产企业）中生产安全事故发生的次数和伤亡人数始终都处于前列，其中，机械伤害义与高处坠落、坍塌、物体打击和触电事故成为建筑业常发生的“五大伤害”，近年来，由于机械管理不善引发的事故屡见不鲜，对企业、对个人，乃至对社会造成的损失和不良影响都是十分巨大的。

生产领域内发生生产安全事故主要是人的不安全行为、物的不安全状态、环境的不安全因素及管理的缺陷造成的，其中人的不安全行为是主要因素，据有关资料显示，生产过程中由于人的不安全行为导致的事故占事故总数的88%，即使是物的因素导致的生产安全事故也与人的因素密切相关。

加强建筑机械管理，杜绝建筑机械使用过程的生产安全事故，从根本上说，就是要规范人的行为。规范人的行为的方式与手段很多，最重要的手段就是依靠法律法规来约束人的行为，也就是我们通常说的要依法办事，依法保护自己。

建筑机械管理相关法律法规的核心内容是针对人的行为规范展开的。其根本宗旨在于通过规范人的行为来保证建筑机械本身的安全。这正是我们机械管理人员为什么要学习相关法律法规知识的目的和意义。

第 2 讲　建筑机械管理相关法律法规简介

目前涉及建筑机械管理的法律法规及技术标准规范很多，从法律法规的构成体系而言，它主要包括：宪法、法律、行政法规、部门规章、地方性法规和地方政府规章，以及与建筑机械管理相关的技术规范与技术标准。这些法律法规、技术规范和技术标准，虽然适用对象和范围有所不同，但相互之间都有一定的内在联系。

为了帮助机械管理人员学习和掌握与建筑机械管理相关的法律法规知识，本章将对主要的法律法规作一些简单的介绍。

一、宪法

宪法是我国的根本大法，在我国法律体系中具有最高的法律地位和法律效力。宪法是由国家权力机关——全国人民代表大会制定的。宪法是制定其他一切法律法规的根据和基础，一切法律法规均不得与宪法的规定相抵触，否则一律无效。

现行的《中华人民共和国宪法》于 1982 年 12 月 4 日第五届全国人民代表大会第五次会议通过，1982 年 12 月 4 日全国人民代表大会公告公布施行，2004 年 3 月 14 日第十届全国人民代表大会第二次会议并对《中华人民共和国宪法》进行了修正。

《宪法》提出中华人民共和国公民享有劳动的权利和义务。《宪法》有关“加强劳动保护，改善劳动条件”的要求已经成为国家和企业共同遵循的安全生产基本原则。

二、法律

法是指国家制定或认可的，体现执政阶级意志并由国家强制力保障实施的社会行为规范的总称。作为广义法律的法是指整个法的体系中的全部内容，而狭义的法律是指全国人大及其常委会制定的法律文件。与建筑机械管理相关的法律有：

1.《中华人民共和国建筑法》

1997 年 11 月 1 日第八届人大常委会第 28 次会议讨论通过了《中华人民共和国建筑法》。该法自 1998 年 3 月 1 日在全国实施。2011 年 4 月 22 日第十一届全国人民代表大会常务委员会第二十次会议决定针对 1998 年 3 月 1 日开始实施的《中华人民共和国建筑法》作了个别条文的修改。《建筑法》的颁布与实施，标志着中国的建筑业生产管理从此走上了法制化轨道。

《中华人民共和国建筑法》包括：总则、建筑许可、建筑工程发包与承包、建筑工程监理、建筑安全生产管理、建筑工程质量管理、法律责任、附则等内容。

《建筑法》第五条规定：从事建筑活动应当遵守法律、法规，不得损害社会公共利益和他人的合法权益。

《建筑法》第四十四条规定：建筑施工企业必须依法加强对建筑安全生产的管理，执行安全生产责任制度，采取有效措施，防止伤亡和其他安全生产事故的发生。建筑施工企业的法定代表人对本企业的安全生产负责。

《建筑法》第四十六条规定：建筑施工企业应当建立健全劳动安全生产教育培训制度，加强对职工的安全生产教育培训，未经安全生产教育培训的人员，不得上岗作业。

新修订的《建筑法》第四十八条规定：建筑施工企业应当依法为职工参加工伤保险缴纳工伤保险费。鼓励企业为从事危险作业的职工办理意外伤害保险，支付保险费。

2.《中华人民共和国安全生产法》

《中华人民共和国安全生产法》于 2002 年 6 月 29 日全国人大常委会审议通过，自 2002 年 11 月 1 日起施行。《安全生产法》是我国安全生产的第一部大法。它共有七章九十七条，其中《安全生产法》第三条正式确立了“安全第一，预防为主”的安全生产管理方针，尤其具有十分重大的意义。

《安全生产法》第十六条明确提出：生产经营单位应当具备本法和有关法律、行政法规和国家标准或行业标准规定的安全生产条件；不具备安全生产条件的，不得从事生产经营活动。它最早提出了“安全生产条件”这一概念，是我国建立安全生产许可制度的法律依据。

《安全生产法》中涉及到建筑机械管理的条文还有：

第二十九条　安全设备的设计、制造、安装、使用、检测、维修、改造和报废，应当符合国家标准或者行业标准。

生产经营单位必须对安全设备进行经常性维护、保养，并定期检测，保证正常运转。维护、保养、检测应当作好记录，并由有关人员签字。

第三十条　生产经营单位使用的涉及生命安全、危险性较大的特种设备，以及危险物品的容器、运输工具，必须按照国家有关规定，由专业生产单位生产，并经取得专业资质的检测、检验机构检测、检验合格，取得安全使用证或者安全标志，方可投入使用。检测、检验机构对检测、检验结果负责。

涉及生命安全、危险性较大的特种设备的目录由国务院负责特种设备安全监督管理的部门制定，报国务院批准后执行。

第三十一条　国家对严重危及生产安全的工艺、设备实行淘汰制度。

生产经营单位不得使用国家明令淘汰、禁止使用的危及生产安全的工艺、设备。

第三十五条生产经营单位进行爆破、吊装等危险作业，应当安排专门人员进行现场安全管理，确保操作规程的遵守和安全措施的落实。

第四十一条　生产经营单位不得将生产经营项目、场所、设备发包或者出租给不具备安全生产条件或者相应资质的单位或者个人。

第五十六条　负有安全生产监督管理职责的部门依法对生产经营单位执行有关安全生产的法律、法规和国家标准或者行业标准的情况进行监督检查，行使以下职权：对有根据认为不符合保障安全生产的国家标准或者行业标准的设施、设备、器材予以查封或者扣押，并应当在 15 日内依法作出处理决定。

3.《中华人民共和国特种设备安全法》

《中华人民共和国特种设备安全法》于 2013 年 6 月 29 日中华人民共和国第十

二届全国人民代表大会常务委员会第三次会议通过，自2014年1月1日起施行，是我国特种设备管理的第一部法律。

《中华人民共和国特种设备安全法》包括总则、生产经营使用、检验检测、监督管理、事故应急救援与调差处理、法律责任、附则等内容。

《中华人民共和国特种设备安全法》的制定目的是：加强特种设备安全工作，预防特种设备事故，保障人身和财产安全，促进经济社会发展。

《中华人民共和国特种设备安全法》的适用对象是：特种设备的生产（包括设计、制造、安装、改造、修理）、经营、使用、检验、检测和特种设备安全的监督管理。

第七条　规定：特种设备生产、经营、使用单位应当遵守本法和其他有关法律、法规，建立、健全特种设备安全和节能责任制度，加强特种设备安全和节能管理，确保特种设备生产、经营、使用安全，符合节能要求。

第八条　规定：特种设备生产、经营、使用、检验、检测应当遵守有关特种设备安全技术规范及相关标准。

特种设备安全技术规范由国务院负责特种设备安全监督管理的部门制定。

第十三条　特种设备生产、经营、使用单位及其主要负责人对其生产、经营、使用的特种设备安全负责。

特种设备生产、经营、使用单位应当按照国家有关规定配备特种设备安全管理人员、检测人员和作业人员，并对其进行必要的安全教育和技能培训。

第十四条　特种设备安全管理人员、检测人员和作业人员应当按照国家有关规定取得相应资格，方可从事相关工作。特种设备安全管理人员、检测人员和作业人员应当严格执行安全技术规范和管理制度，保证特种设备安全。

第十五条　特种设备生产、经营、使用单位对其生产、经营、使用的特种设备应当进行自行检测和维护保养，对国家规定实行检验的特种设备应当及时申报并接受检验。

第十六条　特种设备采用新材料、新技术、新工艺，与安全技术规范的要求不一致，或者安全技术规范未作要求、可能对安全性能有重大影响的，应当向国务院负责特种设备安全监督管理的部门申报，由国务院负责特种设备安全监督管理的部门及时委托安全技术咨询机构或者相关专业机构进行技术评审，评审结果经国务院负责特种设备安全监督管理的部门批准，方可投入生产、使用。

国务院负责特种设备安全监督管理的部门应当将允许使用的新材料、新技术、新工艺的有关技术要求，及时纳入安全技术规范。

第十七条　国家鼓励投保特种设备安全责任保险。

第十八条　国家按照分类监督管理的原则对特种设备生产实行许可制度。特种设备生产单位应当具备下列条件，并经负责特种设备安全监督管理的部门许可，方可从事生产活动：

（一）有与生产相适应的专业技术人员；

（二）有与生产相适应的设备、设施和工作场所；

（三）有健全的质量保证、安全管理和岗位责任等制度。

第十九条特种设备生产单位应当保证特种设备生产符合安全技术规范及相关标准的要求，对其生产的特种设备的安全性能负责。不得生产不符合安全性能要求和能效指标以及国家明令淘汰的特种设备。

第二十一条　特种设备出厂时，应当随附安全技术规范要求的设计文件、产品质量合格证明、安装及使用维护保养说明、监督检验证明等相关技术资料和文件，并在特种设备显著位置设置产品铭牌、安全警示标志及其说明。

第二十三条　特种设备安装、改造、修理的施工单位应当在施工前将拟进行的特种设备安装、改造、修理情况书面告知直辖市或者设区的市级人民政府负责特种设备安全监督管理的部门。

第二十四条　特种设备安装、改造、修理竣工后，安装、改造、修理的施工单位应当在验收后三十日内将相关技术资料和文件移交特种设备使用单位。特种设备使用单位应当将其存入该特种设备的安全技术档案。

第二十五条　锅炉、压力容器、压力管道元件等特种设备的制造过程和锅炉、压力容器、压力管道、电梯、起重机械、客运索道、大型游乐设施的安装、改造、重大修理过程，应当经特种设备检验机构按照安全技术规范的要求进行监督检验；未经监督检验或者监督检验不合格的，不得出厂或者交付使用。

第三十二条　特种设备使用单位应当使用取得许可生产并经检验合格的特种设备。

禁止使用国家明令淘汰和已经报废的特种设备。

第三十三条　特种设备使用单位应当在特种设备投入使用前或者投入使用后三十日内，向负责特种设备安全监督管理的部门办理使用登记，取得使用登记证书。登记标志应当置于该特种设备的显著位置。

第三十四条　特种设备使用单位应当建立岗位责任、隐患治理、应急救援等安全管理制度，制定操作规程，保证特种设备安全运行。

第三十五条　特种设备使用单位应当建立特种设备安全技术档案。安全技术档案应当包括以下内容：

（一）特种设备的设计文件、产品质量合格证明、安装及使用维护保养说明、监督检验证明等相关技术资料和文件；

（二）特种设备的定期检验和定期自行检查记录；

（三）特种设备的日常使用状况记录；

（四）特种设备及其附属仪器仪表的维护保养记录；

（五）特种设备的运行故障和事故记录。

第三十七条　特种设备的使用应当具有规定的安全距离、安全防护措施。

与特种设备安全相关的建筑物、附属设施，应当符合有关法律、行政法规的规定。

第三十八条　特种设备属于共有的，共有人可以委托物业服务单位或者其他管理人管理特种设备，受托人履行本法规定的特种设备使用单位的义务，承担相应责任。共有人未委托的，由共有人或者实际管理人履行管理义务，承担相应责任。

第三十九条 特种设备使用单位应当对其使用的特种设备进行经常性维护保养和定期自行检查，并作出记录。

特种设备使用单位应当对其使用的特种设备的安全附件、安全保护装置进行定期校验、检修，并作出记录。

第四十条 特种设备使用单位应当按照安全技术规范的要求，在检验合格有效期届满前一个月向特种设备检验机构提出定期检验要求。

特种设备检验机构接到定期检验要求后，应当按照安全技术规范的要求及时进行安全性能检验。特种设备使用单位应当将定期检验标志置于该特种设备的显著位置。

未经定期检验或者检验不合格的特种设备，不得继续使用。

第四十一条 特种设备安全管理人员应当对特种设备使用状况进行经常性检查，发现问题应当立即处理；情况紧急时，可以决定停止使用特种设备并及时报告本单位有关负责人。

特种设备作业人员在作业过程中发现事故隐患或者其他不安全因素，应当立即向特种设备安全管理人员和单位有关负责人报告；特种设备运行不正常时，特种设备作业人员应当按照操作规程采取有效措施保证安全。

第四十二条 特种设备出现故障或者发生异常情况，特种设备使用单位应当对其进行全面检查，消除事故隐患，方可继续使用。

第四十七条 特种设备进行改造、修理，按照规定需要变更使用登记的，应当办理变更登记，方可继续使用。

第四十八条 特种设备存在严重事故隐患，无改造、修理价值，或者达到安全技术规范规定的其他报废条件的，特种设备使用单位应当依法履行报废义务，采取必要措施消除该特种设备的使用功能，并向原登记的负责特种设备安全监督管理的部门办理使用登记证书注销手续。

前款规定报废条件以外的特种设备，达到设计使用年限可以继续使用的，应当按照安全技术规范的要求通过检验或者安全评估，并办理使用登记证书变更，方可继续使用。允许继续使用的，应当采取加强检验、检测和维护保养等措施，确保使用安全。

第六十九条 国务院负责特种设备安全监督管理的部门应当依法组织制定特种设备重特大事故应急预案，报国务院批准后纳入国家突发事件应急预案体系。

县级以上地方各级人民政府及其负责特种设备安全监督管理的部门应当依法组织制定本行政区域内特种设备事故应急预案，建立或者纳入相应的应急处置与救援体系。

特种设备使用单位应当制定特种设备事故应急专项预案，并定期进行应急演练。

第七十条 特种设备发生事故后，事故发生单位应当按照应急预案采取措施，组织抢救，防止事故扩大，减少人员伤亡和财产损失，保护事故现场和有关证据，并及时向事故发生地县级以上人民政府负责特种设备安全监督管理的部门和有关部门报告。

县级以上人民政府负责特种设备安全监督管理的部门接到事故报告，应当尽快核实情况，立即向本级人民政府报告，并按照规定逐级上报。必要时，负责特种设备安全监督管理的部门可以越级上报事故情况。对特别重大事故、重大事故，国务院负责特种设备安全监督管理的部门应当立即报告国务院并通报国务院安全生产监督管理部门等有关部门。

与事故相关的单位和人员不得迟报、谎报或者瞒报事故情况，不得隐匿、毁灭有关证据或者故意破坏事故现场。

第七十三条　组织事故调查的部门应当将事故调查报告报本级人民政府，并报上一级人民政府负责特种设备安全监督管理的部门备案。有关部门和单位应当依照法律、行政法规的规定，追究事故责任单位和人员的责任。

事故责任单位应当依法落实整改措施，预防同类事故发生。事故造成损害的，事故责任单位应当依法承担赔偿责任。

4.《中华人民共和国劳动法》

《劳动法》于1994年7月5日第八届全国人民代表大会常务委员会第八次会议通过，自1995年1月1日起施行。

《劳动法》依据宪法制定，制定的目的是为了保护劳动者的合法权益，调整劳动关系，建立和维护适应社会主义市场经济的劳动制度，促进经济发展和社会进步。

《劳动法》适用对象是在中华人民共和国境内的企业、个体经济组织（以下统称用人单位）和与之形成劳动关系的劳动者以及国家机关、事业组织、社会团体和与之建立劳动合同关系的劳动者。

第三条　规定劳动者享有平等就业和选择职业的权利、取得劳动报酬的权利、休息休假的权利、获得劳动安全卫生保护的权利、接受职业技能培训的权利、享受社会保险和福利的权利、提请劳动争议处理的权利以及法律规定的其他劳动权利。劳动者应当完成劳动任务，提高职业技能，执行劳动安全卫生规程，遵守劳动纪律和职业道德。

第四条　规定用人单位应当依法建立和完善规章制度，保障劳动者享有劳动权利和履行劳动义务。

第十五条　禁止用人单位招用未满十六周岁的未成年人。

第五十二条用人单位必须建立、健全劳动安全卫生制度，严格执行国家劳动安全卫生规程和标准，对劳动者进行劳动安全卫生教育，防止劳动过程中的事故，减少职业危害。

第五十三条　劳动安全卫生设施必须符合国家规定的标准。

新建、改建、扩建工程的劳动安全卫生设施必须与主体工程同时设计、同时施工、同时投入生产和使用。

第五十四条　用人单位必须为劳动者提供符合国家规定的劳动安全卫生条件和必要的劳动防护用品，对从事有职业危害作业的劳动者应当定期进行健康检查。

第五十五条　从事特种作业的劳动者必须经过专门培训并取得特种作业资格。

第五十六条　劳动者在劳动过程中必须严格遵守安全操作规程。劳动者对用人单位管理人员违章指挥、强令冒险作业，有权拒绝执行；对危害生命安全和身体健康的行为，有权提出批评、检举和控告。

第六十八条　用人单位应当建立职业培训制度，按照国家规定提取和使用职业培训经费，根据本单位实际，有计划地对劳动者进行职业培训。从事技术工种的劳动者，上岗前必须经过培训。

5.《劳动合同法》

为了完善劳动合同制度，明确劳动合同双方当事人的权利和义务，保护劳动者的合法权益，构建和发展和谐稳定的劳动关系，制定本法。中华人民共和国境内的企业、个体经济组织、民办非企业单位等组织（以下称用人单位）与劳动者建立劳动关系，订立、履行、变更、解除或者终止劳动合同，适用本法。

第三条规定：订立劳动合同，应当遵循合法、公平、平等自愿、协商一致、诚实信用的原则。依法订立的劳动合同具有约束力，用人单位与劳动者应当履行劳动合同约定的义务。

第四条　用人单位应当依法建立和完善劳动规章制度，保障劳动者享有劳动权利、履行劳动义务。

用人单位在制定、修改或者决定有关劳动报酬、工作时间、休息休假、劳动安全卫生、保险福利、职工培训、劳动纪律以及劳动定额管理等直接涉及劳动者切身利益的规章制度或者重大事项时，应当经职工代表大会或者全体职工讨论，提出方案和意见，与工会或者职工代表平等协商确定。

在规章制度和重大事项决定实施过程中，工会或者职工认为不适当的，有权向用人单位提出，通过协商予以修改完善。

用人单位应当将直接涉及劳动者切身利益的规章制度和重大事项决定公示，或者告知劳动者。

第七条　用人单位自用工之日起即与劳动者建立劳动关系。用人单位应当建立职工名册备查。

第八条　用人单位招用劳动者时，应当如实告知劳动者工作内容、工作条件、工作地点、职业危害、安全生产状况、劳动报酬，以及劳动者要求了解的其他情况；用人单位有权了解劳动者与劳动合同直接相关的基本情况，劳动者应当如实说明。

第九条　用人单位招用劳动者，不得扣押劳动者的居民身份证和其他证件，不得要求劳动者提供担保或者以其他名义向劳动者收取财物。

第十条　建立劳动关系，应当订立书面劳动合同。

已建立劳动关系，未同时订立书面劳动合同的，应当自用工之日起一个月内订立书面劳动合同。

用人单位与劳动者在用工前订立劳动合同的，劳动关系自用工之日起建立。

第十一条　用人单位未在用工的同时订立书面劳动合同，与劳动者约定的劳动报酬不明确的。新招用的劳动者的劳动报酬按照集体合同规定的标准执行；没有集体合同或者集体合同未规定的，实行同工同酬。

第二十二条　用人单位为劳动者提供专项培训费用，对其进行专业技术培训的，可以与该劳动者订立协议，约定服务期。

劳动者违反服务期约定的，应当按照约定向用人单位支付违约金。违约金的数额不得超过用人单位提供的培训费用。用人单位要求劳动者支付的违约金不得超过服务期尚未履行部分所应分摊的培训费用。

用人单位与劳动者约定服务期的，不影响按照正常的工资调整机制提高劳动者在服务期间的劳动报酬。

第三十二条 劳动者拒绝用人单位管理人员违章指挥、强令冒险作业的，不视为违反劳动合同。

劳动者对危害生命安全和身体健康的劳动条件，有权对用人单位提出批评、检举和控告。

6.《刑法》

《中华人民共和国刑法》于 1979 年 7 月 1 日第五届全国人民代表大会第 2 次会议通过，1997 年 3 月 14 日第八届全国人民代表大会第 5 次会议修订，1997 年 3 月 14 日中华人民共和国主席令第 83 号公布。2006 年 6 月 29 日，中华人民共和国第十届全国人民代表大会常务委员会第 22 次会议通过《中华人民共和国刑法修正案（六）》，其中对安全生产刑事责任作了具体规定。主要内容有：在生产、作业中违反有关安全管理的规定，因而发生重大伤亡事故或者造成其他严重后果的；强令他人违章冒险作业，因而发生重大伤亡事故或者造成其他严重后果的；安全生产设施或者安全生产条件不符合国家规定，因而发生重大伤亡事故或者造成其他严重后果的；在安全事故发生后，负有报告职责的人员不报或者谎报事故情况，贻误事故抢救，情节严重的，相关责任人员要承担相应的刑事责任。

2011 年 2 月 25 日第十一届全国人民代表大会常务委员会第十九次会议对《刑法》进行了第八次修改。刑法修正案（八）共五十条，对刑法相关条款进行了修改、增加。刑法修正案（八）进一步落实宽严相济刑事政策，取消了 13 个经济性非暴力犯罪死刑罪名，对判处死缓和无期徒刑罪犯的减刑、假释作了严格规范，对数罪并罚执行期限作了调整，加大了对累犯和黑社会性质组织犯罪的惩处力度；将醉酒驾车、飙车、拒不支付劳动报酬等严重危害群众利益的行为规定为犯罪，细化了危害食品安全、生产销售假药和破坏环境资源等方面犯罪的规定，进一步强化了刑法对民生的保护，对依法进行社区矫正作出规定。

三、行政法规

行政法规是最高国家行政机关即国务院制定的法律文件。与建筑机械管理相关的行政法规主要有：

1.《特种设备安全监察条例》

《特种设备安全监察条例》于 2003 年 2 月 19 日国务院第 68 次常务会议通过，2003 年 3 月 11 日中华人民共和国国务院令第 373 号公布。2009 年 1 月 24 日国务院第 46 次常务会议通过《国务院关于修改〈特种设备安全监察条例〉的决定》，并以国务院令第 549 号公布，自 2009 年 5 月 1 日起施行。

制定《特种设备安全监察条例》的目的是为加强特种设备的安全监察、防止和减少事故，保障人民群众生命和财产安全，促进经济发展。

该条例所称特种设备是指涉及生命安全、危险性较大的锅炉、压力容器（含气瓶，下同）、压力管道、电梯、起重机械、客运索道、大型游乐设施和场（厂）内专用机动车辆。《特种设备安全监察条例》第九十九条第四、五、八款还对电梯、起重机械、场（厂）内专用机动车辆进行了具体的说明。

特种设备的生产（含设计、制造、安装、改造、维修）、使用、检验检测及其监督检查，应当遵守该条例，但该条例另有规定的除外。

该条例共 8 章 103 条，包括总则、特种设备的生产、特种设备的使用、检验检测、监督检查、事故预防和调查处理、法律责任、附则。其中在总则第三条明确规定："房屋建筑工地和市政工程工地用起重机械、场（厂）内专用机动车辆的安装、使用的监督管理，由建设行政主管部门依照有关法律、法规的规定执行"。

《特种设备安全监察条例》与建筑机械管理相关的条文还有：

第五条　特种设备生产、使用单位应当建立健全特种设备安全、节能管理制度和岗位安全、节能责任制度。

特种设备生产、使用单位的主要负责人应当对本单位特种设备的安全和节能全面负责。特种设备生产、使用单位和特种设备检验检测机构，应当接受特种设备安全监督管理部门依法进行的特种设备安全监察。

第十条第二款：特种设备生产单位对其生产的特种设备的安全性能和能效指标负责，不得生产不符合安全性能要求和能效指标的特种设备，不得生产国家产业政策明令淘汰的特种设备。

第十五条　特种设备出厂时，应当附有安全技术规范要求的设计文件、产品质量合格证明、安装及使用维修说明、监督检验证明等文件。

第二十四条　特种设备使用单位应当使用符合安全技术规范要求的特种设备。特种设备投入使用前，使用单位应当核对其是否附有本条例第十五条规定的相关文件。

第二十五条　特种设备在投入使用前或者投入使用后 30 日内，特种设备使用单位应当向直辖市或者设区的市的特种设备安全监督管理部门登记。登记标志应当置于或者附着于该特种设备的显著位置。

第二十六条　特种设备使用单位应当建立特种设备安全技术档案。

第二十七条　特种设备使用单位应当对在用特种设备进行经常性日常维护保养，并定期自行检查。

特种设备使用单位对在用特种设备应当至少每月进行一次自行检查，并作出记录。特种设备使用单位在对在用特种设备进行自行检查和日常维护保养时发现异常情况的，应当及时处理。

特种设备使用单位应当对在用特种设备的安全附件、安全保护装置、测量调控装置及有关附属仪器仪表进行定期校验、检修，并作出记录。

第二十八条　特种设备使用单位应当按照安全技术规范的定期检验要求，在安全检验合格有效期届满前 1 个月向特种设备检验检测机构提出定期检验要求。

未经定期检验或者检验不合格的特种设备，不得继续使用。

第二十九条　特种设备出现故障或者发生异常情况，使用单位应当对其进行全面检查，消除事故隐患后，方可重新投入使用。

第三十九条　特种设备使用单位应当对特种设备作业人员进行特种设备安全、节能教育和培训，保证特种设备作业人员具备必要的特种设备安全、节能知识。

特种设备作业人员在作业中应当严格执行特种设备的操作规程和有关的安全规章制度。

第四十八条　特种设备检验检测机构进行特种设备检验检测，发现严重事故隐患或者能耗严重超标的，应当及时告知特种设备使用单位，并立即向特种设备安全监督管理部门报告。

第五十八条　特种设备安全监督管理部门对特种设备生产、使用单位和检验检测机构进行安全监察时，发现有违反本条例规定和安全技术规范要求的行为或者在用的特种设备存在事故隐患、不符合能效指标的，应当以书面形式发出特种设备安全监察指令，责令有关单位及时采取措施，予以改正或者消除事故隐患。紧急情况下需要采取紧急处置措施的，应当随后补发书面通知。

2.《建设工程安全生产管理条例》

《建设工程安全生产管理条例》于 2003 年 11 月 12 日国务院第 28 次常务会议通过，2003 年 11 月 24 日中华人民共和国国务院令第 393 号公布，自 2004 年 2 月 1 日起施行。

该条例的制定是为了加强建没工程安全生产监督管理，保障人民群众生命和财产安全。根据《中华人民共和国建筑法》、《中华人民共和国安全生产法》而制定的。

该条例适用于在中华人民共和国境内从事建设工程的新建、扩建、改建和拆除等有关活动及实施对建设工程安全生产的监督管理。条例所称建设工程，是指土木工程、建筑工程、线路管道和设备安装工程及装修工程。

《建设工程安全生产管理条例》明确了建设单位，施工单位，勘察、设计、工程监理及其他有关单位的安全责任，以及各级建设行政主管部门的监督管理责任，规定了生产安全事故的应急救援和调查处理办法，该条例还明确了各责任主体不能履行安全生产管理职责应承担的法律责任。条例共八章七十一条。

该条例与建筑机械管理相关的条文主要有：

第九条　建设单位不得明示或暗示施工单位购买、租赁、使用不符合安全施工要求的安全防护用具、机械设备、施工机具及配件、消防设施和器材。

第十五条　为建设工程提供机械设备和配件的单位，应当按照安全施工的要求配备齐全有效的保险、限位等安全设施和装置。

第十六条　出租的机械设备和施工机具及配件，应当具有生产（制造）许可证、产品合格证。出租单位应当对出租的机械设备和施工机具及配件的安全性能进行检测，在签订租赁合同时，应当出具检测合格证明。

禁止出租不合格的机械设备和施工机具及配件。

第十七条　在施工现场安装、拆卸施工起重机械和整体提升脚手架、模板等自升式架设设施，必须由具有相应资质的单位承担。

安装、拆卸施工起重机械和整体提升脚手架、模板等自升式架设设施，应当编制拆装方案、制定安全施工措施，并南专业技术人员现场监督。

施工起重机械和整体提升脚手架、模板等自升式架设设施安装、拆卸完毕后，安装单位应当出具自检合格证明，并向施工单位进行安全使用说明，办理验收手续并签字。

第十八条　施工起重机械和整体提升脚手架、模板等自升式架设设施的使用达到国家规定的检验检测期限的，必须经具有专业资质的检验检测机构检测。经检验不合格的，不得继续使用。

第二十五条　垂直运输机械作业人员、安装拆卸工、爆破作业人员、起重信号工、登高架设作业人员等特种作业人员，必须按照国家有关规定经过专门的安全作业培训，并取得特种作业操作资格证书后，方可上岗作业。

第二十八条　施工单位应当在施工现场入口处、施工起重机械、临时用电设施、脚手架、出入通道口、楼梯口、电梯井口、孔洞口、桥梁口、隧道口、基坑边沿、爆破物及有害危险气体和液体存放处等危险部位，设置明显的安全警示标志。安全警示标志必须符合国家标准。

第三十三条　作业人员应当遵守安全施工的强制性标准、规章制度和操作规程，正确使用安全防护用具、机械设备等。

第三十四条　施工单位采购、租赁的安全防护用具、机械设备、施工机具及配件，应当具有生产（制造）许可证、产品合格证，并在进入施工现场前进行查验。

施工现场的安全防护用具、机械设备、施 T 机具及配件必须由专人管理，定期进行检查、维修和保养，建立相应的资料档案，并按照国家有关规定及时报废。

第三十五条　施工单位在使用施工起重机械和整体提升脚手架、模板等自升式架设设施前，直当组织有关单位进行验收，也可以委托具有相应资质的检验检测机构进行验收；使用承租的机械设备和施工机具及配件的，由施工总承包单位、分包单位、出租单位和安装单位共同进行验收。验收合格的方可使用。

《特种设备安全监察条例》规定的施工起重机械，在验收前应当经有相应资质的检验检测机构监督检验合格。

施工单位应当自施工起重机械和整体提升脚手架、模板等白升式架设设施验收合格之日起 30 日内，向建设行政主管部门或者其他有关部门登记。登记标志应当置于或者附着于该设备的显著位置。

3.《安全生产许可证条例》

《安全生产许可证条例》于 2004 年 1 月 7 日国务院第 34 次常务会议通过，2004 年 1 月 13 日中华人民共和国国务院令第 397 号公布。《安全生产许可证条例》是根据《中华人民共和国安全生产法》的有关规定而制定的。《安全生产许可证条例》

的实施标志着我国一项新的许可制度的诞生。

该条例制定的目的是：为了严格规范安全生产条件，进一步加强安全生产监督管理，防止和减少生产安全事故。

该条例第一次提出企业从事生产经营活动必须具备十三项安全生产条件。

该条例规定：矿山企业、建筑施工企业和危险化学品、烟花爆竹、民用爆破器材生产企业实行安全生产许可制度。上述企业未取得安全生产许可证的，不得从事生产活动。

该条例主要内容还有：安全生产许可证的颁发和管理、安全生产许可证工作的监督检查、违反《安全生产许可证条例》应承担的法律责任。

《安全生产许可证条例》中与建筑机械管理相关的内容主要有：

第六条企业取得安全生产许可证，应当具备下列安全生产条件：

（五）特种作业人员经有关业务主管部门考核合格，取得特种作业操作资格证书；

（八）厂房、作业场所和安全设施、设备、工艺符合有关安全生产法律、法规、标准和规程的要求；

（十一）有重大危险源检测、评估、监控措施和应急预案。

第十四条企业取得安全生产许可证后，不得降低安全生产条件，并应当加强日常安全生产管理，接受安全生产许可证颁发管理机关的监督检查。

安全生产许可证颁发管理机关应当加强对取得安全生产许可证的企业的监督检查，发现其不再具备本条例规定的安全生产条件的，应当暂扣或者吊销安全生产许可证。

4.《生产安全事故报告与调查处理条例》

《生产安全事故报告和调查处理条例》经 2007 年 3 月 28 日国务院第 172 次常务会议通过，2007 年 4 月 7 日公布，自 2007 年 6 月 1 日起施行。

该条例是为了规范生产安全事故的报告和调查处理，落实生产安全事故责任追究制度，防止和减少生产安全事故，根据《中华人民共和国安全生产法》和有关法律而制定的。生产经营活动中发生的造成人身伤亡或者直接经济损失的生产安全事故的报告和调查处理，适用本条例；

该条例根据生产安全事故（以下简称事故）造成的人员伤亡或者直接经济损失，事故一般分为：特别重大事故、重大事故、较大事故、一般事故四个等级。

该条例对事故的报告时间、内容和程序，对事故的调查职权、调查组的组成和调查的内容，以及对事故的处理等作出了明确规定。

该条例还对生产安全事故负有责任的单位和个人应承担的法律责任作出了明确定规定。

5.《建设工程质量管理条例》

《建设工程质量管理条例》2000 年 1 月 10 日国务院第 25 次常务会议通过，2000 年 1 月 30 日中华人民共和国国务院令第 279 号公布，自公布之日起施行。

该条例是为了加强对建设工程质量的管理，保证建设工程质量，保护人民生命和财产安全，根据《中华人民共和国建筑法》制定的。凡在中华人民共和国境内从事建设工程的新建、扩建、改建等有关活动及实施对建设工程质量监督管理的，必须遵守本条例。

第二十五条　施工单位应当依法取得相应等级的资质证书，并在其资质等级许可的范围内承揽工程。

禁止施工单位超越本单位资质等级许可的业务范围或者以其他施工单位的名义承揽工程。禁止施工单位允许其他单位或者个人以本单位的名义承揽工程。

施工单位不得转包或者违法分包工程。

第二十六条　施工单位对建设工程的施工质量负责。

施工单位应当建立质量责任制，确定工程项目的项目经理、技术负责人和施工管理负责人。

建设工程实行总承包的，总承包单位应当对全部建设工程质量负责；建设工程勘察、设计、施工、设备采购的一项或者多项实行总承包的，总承包单位应当对其承包的建设工程或者采购的设备的质量负责。

第二十七条　总承包单位依法将建设工程分包给其他单位的，分包单位应当按照分包合同的约定对其分包工程的质量向总承包单位负责，总承包单位与分包单位对分包工程的质量承担连带责任。

第二十八条　施工单位必须按照工程设计图纸和施工技术标准施工，不得擅自修改工程设计，不得偷工减料。

施工单位在施工过程中发现设计文件和图纸有差错的，应当及时提出意见和建议。

第二十九条　施工单位必须按照工程设计要求、施工技术标准和合同约定，对建筑材料、建筑构配件、设备和商品混凝土进行检验，检验应当有书面记录和专人签字；未经检验或者检验不合格的，不得使用。

第三十条　施工单位必须建立、健全施工质量的检验制度，严格工序管理，作好隐蔽工程的质量检查和记录。隐蔽工程在隐蔽前，施工单位应当通知建设单位和建设工程质量监督机构。

第三十一条　施工人员对涉及结构安全的试块、试件以及有关材料，应当在建设单位或者工程监理单位监督下现场取样，并送具有相应资质等级的质量检测单位进行检测。

第三十二条　施工单位对施工中出现质量问题的建设工程或者竣工验收不合格的建设T程，应当负责返修。

第三十三条　施工单位应当建立、健全教育培训制度，加强对职工的教育培训；未经教育培训或者考核不合格的人员，不得上岗作业。

四、部门规章

部门规章是国务院各部、委制定的法律文件。与建筑机械管理相关的部门规章主要有：

1.《建筑起重机械安全监督管理规定》

《建筑起重机械安全监督管理规定》于2008年1月8日经建设部第145次常务会议讨论通过，2008年1月28日以建设部令第166号发布，自2008年6月1日起施行。

《建筑起重机械安全监督管理规定》全文共三十五条，主要内容有：

①制定的目的、依据和适应范围。为了加强建筑起重机械的安全监督管理，防止和减少生产安全事故，保障人民群众生命和财产安全，依据《建设工程安全生产管理条例》、《特种设备安全监察条例》、《安全生产许可证条例》而制定本规定。

该规定适用于建筑起重机械的租赁、安装、拆卸、使用及其监督管理。该规定所称建筑起重机械，是指纳入特种设备目录，在房屋建筑工地和市政工程工地安装、拆卸、使用的起重机械。 ②主体责任。

（1）《建筑起重机械安全监督管理规定》明确建筑起重机械的出租单位或自购自用的使用单位应履行的管理职责共5条。其中：

第四条 出租单位出租的建筑起重机械和使用单位购置、租赁、使用的建筑起重机械应当具有特种设备制造许可证、产品合格证、制造监督检验证明。

第五条 出租单位在建筑起重机械首次出租前，自购建筑起重机械的使用单位在建筑起重机械首次安装前，应当持建筑起重机械特种设备制造许可证、产品合格证和制造监督检验证明到本单位工商注册所在地县级以上地方人民政府建设主管部门办理备案。

第六条 出租单位应当在签订的建筑起重机械租赁合同中，明确租赁双方的安全责任，并出具建筑起重机械特种设备制造许可证、产品合格证、制造监督检验证明、备案证明和自检合格证明，提交安装使用说明书。

第七条 有下列情形之一的建筑起重机械，不得出租、使用：

（一）属国家明令淘汰或者禁止使用的；

（二）超过安全技术标准或者制造厂家规定的使用年限的；

（三）经检验达不到安全技术标准规定的；

（四）没有完整安全技术档案的；

（五）没有齐全有效的安全保护装置的。

第八条 建筑起重机械有本规定第七条第（一）、（二）、（三）项情形之一的，出租单位或者自购建筑起重机械的使片J单位应当予以报废，并向原备案机关办理注销手续。

第九条 出租单位、自购建筑起重机械的使用单位，应当建立建筑起重机械安全技术档案。

建筑起重机械安全技术档案应当包括以下资料：

（一）购销合同、制造许可证、产品合格证、制造监督检验证明、安装使用说明书、备案证明等原始资料；

（二）定期检验报告、定期自行检查记录、定期维护保养记录、维修和技术改造记录、运行故障和生产安全事故记录、累计运转记录等运行资料；

（三）历次安装验收资料。

（2）《建筑起重机械安全监督管理规定》明确建筑起重机械安装拆卸单位应履行的管理职责共6条。其中：

第十条　从事建筑起重机械安装、拆卸活动的单位（以下简称安装单位）应当依法取得建设主管部门颁发的相应资质和建筑施工企业安全生产许可证，并在其资质许可范围内承揽建筑起重机械安装、拆卸工程。

第十一条　建筑起重机械使用单位和安装单位应当在签订的建筑起重机械安装、拆卸合同巾明确双方的安全生产责任。

实行施工总承包的，施工总承包单位应当与安装单位签订建筑起重机械安装、拆卸工程安全协议书。

第十二条　安装单位应当履行下列安全职责：

（一）按照安全技术标准及建筑起重机械性能要求，编制建筑起重机械安装、拆卸工程专项施工方案，并由本单位技术负责人签字；

（二）按照安全技术标准及安装使用说明书等检查建筑起重机械及现场施工条件；

（三）组织安全施工技术交底并签字确认；

（四）制定建筑起重机械安装、拆卸工程生产安全事故应急救援预案；

（五）将建筑起重机械安装、拆卸工程专项施工方案，安装、拆卸人员名单，安装、拆卸时间等材料报施工总承包单位和监理单位审核后，告知工程所在地县级以上地方人民政府建设主管部门。

第十三条　安装单位应当按照建筑起重机械安装、拆卸工程专项施工方案及安全操作规程组织安装、拆卸作业。

安装单位的专业技术人员、专职安全生产管理人员应当进行现场监督，技术负责人应当定期巡查。

第十四条　建筑起重机械安装完毕后，安装单位应当按照安全技术标准及安装使用说明书的有关要求对建筑起重机械进行自检、调试和试运转。自检合格的，应当出具自检合格证明，并向使用单位进行安全使用说明。

第十五条　安装单位应当建立建筑起重机械安装、拆卸工程档案。

建筑起重机械安装、拆卸工程档案应当包括以下资料：

（一）安装、拆卸合同及安全协议书；

（二）安装、拆卸工程专项施工方案；

（三）安全施工技术交底的有关资料；

（四）安装工程验收资料；

（五）安装、拆卸工程生产安全事故应急救援预案。

（3）《建筑起重机械安全监督管理规定》明确建筑起重机械使用单位应履行的职责共5条。其中：

第十六条　建筑起重机械安装完毕后，使用单位应当组织出租、安装、监理等有关单位进行验收，或者委托具有相应资质的检验检测机构进行验收。建筑起重机械经验收合格后方可投入使用，未经验收或者验收不合格的不得使用。

实行施工总承包的，由施工总承包单位组织验收。

建筑起重机械在验收前应当经有相应资质的检验检测机构监督检验合格。

检验检测机构和检验检测人员对检验检测结果、鉴定结论依法承担法律责任。

第十七条　使用单位应当自建筑起重机械安装验收合格之日起30日内，将建筑起重机械安装验收资料、建筑起重机械安全管理制度、特种作业人员名单等，向工程所在地县级以上地方人民政府建设主管部门办理建筑起重机械使用登记。登记标志置于或者附着于该设备的显著位置。

第十八条　使用单位应当履行下列安全职责：

（一）根据不同施工阶段、周围环境以及季节、气候的变化，对建筑起重机械采取相应的安全防护措施；

（二）制定建筑起重机械生产安全事故应急救援预案；

（三）在建筑起重机械活动范围内设置明显的安全警示标志，对集中作业区做好安全防护；

（四）设置相应的设备管理机构或者配备专职的设备管理人员；

（五）指定专职设备管理人员、专职安全生产管理人员进行现场监督检查；

（六）建筑起重机械出现故障或者发生异常情况的，立即停止使用，消除故障和事故隐患后，方可重新投入使用。

第十九条 使用单位应当对在用的建筑起重机械及其安全保护装置、吊具、索具等进行经常性和定期的检查、维护和保养，并做好记录。

使用单位在建筑起重机械租期结束后，应当将定期检查、维护和保养记录移交出租单位。

建筑起重机械租赁合同对建筑起重机械的检查、维护、保养另有约定的，从其约定。

第二十条　建筑起重机械在使用过程中需要附着的，使用单位应当委托原安装单位或者具有相应资质的安装单位按照专项施工方案实施，并按照本规定第十六条规定组织验收。验收合格后方可投入使用。

建筑起重机械在使用过程中需要顶升的，使用单位委托原安装单位或者具有相应资质的安装单位按照专项施工方案实施后，即可投入使用。

禁止擅自在建筑起重机械上安装非原制造厂制造的标准节和附着装置。

Ⅳ《建筑起重机械安全监督管理规定》明确该规定还明确了施工总承包单位、监理单位、建设单位和建设行政主管部门的相关职责。其中：

第二十一条　施工总承包单位应当履行下列安全职责：

（一）向安装单位提供拟安装设备位置的基础施工资料，确保建筑起重机械进场安装、拆卸所需的施工条件；

（二）审核建筑起重机械的特种设备制造许可证、产品合格证、制造监督检验证明、备案证明等文件；

（三）审核安装单位、使用单位的资质证书、安全生产许可证和特种作业人员的特种作业操作资格证书；

（四）审核安装单位制定的建筑起重机械安装、拆卸工程专项施工方案和生产安全事故应急救援预案；

（五）审核使用单位制定的建筑起重机械生产安全事故应急救援预案；

（六）指定专职安全生产管理人员监督检查建筑起重机械安装、拆卸、使用情况；

（七）施工现场有多台塔式起重机作业时，应当组织制定并实施防止塔式起重机相互碰撞的安全措施。

第二十三条　依法发包给两个及两个以上施工单位的工程，不同施工单位在同一施工现场使用多台塔式起重机作业时，建设单位应当协调组织制定防止塔式起重机相互碰撞的安全措施。

安装单位、使用单位拒不整改生产安全事故隐患的，建设单位接到监理单位报告后，应当责令安装单位、使用单位立即停工整改。

该规定还特别强调国务院建设行政主管部门对全国的建筑起重机械的租赁、安装、拆卸、使用依法实施监督管理，县级以上建设行政主管部门对本行政区域内的建筑起重机械的租赁、安装、拆卸、使用依法实施监督管理的要求。

③法律责任。

该规定明确了各责任主体如不履行建筑起重机械管理职责应承担的法律责任共7条。

依照此规定，建设部陆续出台了《建筑施工特种作业人员管理规定》（建质[2008]75号）、《建筑起重机械备案登记办法》（建质[2008]76号）等相应的规定和管理办法。

（2）《建筑起重机械备案登记办法》

《建筑起重机械备案登记办法》于2008年4月18日由中华人民共和国住房和城乡建设部以建质[2008]76号文件形式发布。该文件是为了加强建筑起重机械备案登记管理，根据《建筑起重机械安全监督管理规定》而制定的。

该办法所称建筑起重机械备案登记包括建筑起重机械的备案、安装（拆卸）告知和使用登记。（相关链接：2006年9月20日，江苏省建筑工程管理局印发《江苏省建筑施工起重机械设备使用登记办法》，规定对在本省行政区域内进行房屋建筑工程和市政工程施工的起重机械实行登记管理。江苏省实行的建筑起重机械登记包括产权登记、使用登记和使用登记注销，俗称“二登记一注销”。其中使用登记注销，是指：施工现场使用的建筑起重机械在拆除前一周内，使用单位必须到工程所在地登记部门办理使用注销手续。）

第五条规定：建筑起重机械出租单位或者自购建筑起重机械使用单位（简称“产权单位”）在建筑起重机械首次出租或安装前，应当向本单位工商注册所在地县级以上地方人民政府建设主管部门办理备案。

第十三条规定：安装单位应当在建筑起重机械安装（拆卸）前2个工作日内通过书面形式、传真或者计算机信息系统告知工程所在地县级以上地方人民政府建设主管部门，同时按规定提交经施工总承包单位、监理单位审核合格的有关资料。

第十四条规定：建筑起重机械使用单位在建筑起重机械安装验收合格之日起 30 日内，向工程所在地县级以上地方人民政府建设主管部门办理使用登记。

该办法还对备案、告知和登记的程序和应提交的资料等作了详细的规定。

2.《建筑施工特种作业人员管理规定》

《建筑施工特种作业人员管理规定》于 2008 年 4 月 18 日由中华人民共和国住房和城乡建设部以建质[2008]75 号文件形式发布，于 2008 年 6 月 1 日起正式实施。

该规定所称建筑施工特种作业人员是指在房屋建筑和市政工程施工活动中，从事可能对本人、他人及周同设备设施的安全造成重大危害作业的人员。

建筑施工特种作业包括：

（一）建筑电工；

（二）建筑架子工；

（三）建筑起重信号司索工；

（四）建筑起重机械司机；

（五）建筑起重机械安装拆卸工；

（六）高处作业吊篮安装拆卸工；

（七）经省级以上人民政府建设主管部门认定的其他特种作业。（相关链接：2009 年 1 月 20 日，江苏省建筑工程管理局印发《江苏省建筑施工特种作业人员管理暂行办法》，在国家住房和城乡建设部确定的建筑施工特种作业工种设置的基础上增加了五个特种作业工种：建筑焊工；建筑施工机械安装质量检验工；桩机操作工；建筑混凝土泵操作工；建筑施工现场场内机动车司机。）

该规定第八条明确提出申请从事建筑施工特种作业的人员，应当具备下列基本条件：

（一）年满 18 周岁且符合相关工种规定的年龄要求；

（二）经医院体检合格且无妨碍从事相应特种作业的疾病和生理缺陷；

（三）初中及以上学历；

（四）符合相应特种作业需要的其他条件。

该规定第四条明确要求：建筑施工特种作业人员必须经建设主管部门考核合格，取得建筑施工特种作业人员操作资格证书（以下简称“资格证书”），方可上岗从事相应作业。（相关链接：《建筑施工特种作业人员考核工作的实施意见》规定，建筑施工特种作业人员考核内容应当包括安全技术理论和安全操作技能。安全技术理论考核不合格的，不得参加安全操作技能考核。安全技术理论考试和实际操作技能考核均合格的，为考核合格。）

《建筑施工特种作业人员管理规定》对特种作业人员管理的主要内容有：

第十五条 持有资格证书的人员，应当受聘于建筑施工企业或者建筑起重机械出租单位（以下简称用人单位），方可从事相应的特种作业。

第十六条 用人单位对于首次取得资格证书的人员，应当在其正式上岗前安排不少于 3 个月的实习操作。（相关链接：《建筑施工特种作业人员考核工作的实施意见》规定首次取得《建筑施工特种作业操作资格证书》的人员实习操作不得少于三个月。实习操作期间，用人单位应当指定专人指导和监督作业。指导人员应当从取得相应特种作业资格证书并从事相关工作3年以上、无不良记录的熟练工中选择。实习操作期满，经用人单位考核合格，方可独立作业。）

第十七条 建筑施工特种作业人员应当参加年度安全教育培训或者继续教育，每年不得少于24小时。

第二十一条 建筑施工特种作业人员变动工作单位，任何单位和个人不得以任何理由非法扣押其资格证书。

第二十二条 特种作业人员的资格证书有效期为两年。有效期满需要延期的，建筑施工特种作业人员应当于期满前3个月内向原考核发证机关申请办理延期复核手续。延期复核合格的，资格证书有效期延期2年。

该规定还明确了特种作业人员的权利和义务，明确了用人单位应当履行的职责（共8项）。

该规定还对特种作业人员考核发证和申请延期复核的要求与程序，考核发证机关对特种作业人员的监督管理作了详细的规定。如第24条规定：对生产安全事故负有责任的；2年内违章操作记录达3次（含3次）以上的；未按规定参加年度安全教育培训或者继续教育的等，延期复核均为不合格。

3.《建筑施工企业安全生产许可证管理规定》

2004年6月29日国家建设部第37次常务会议根据《安全生产许可证条例》的管理要求，讨论通过了《建筑施工企业安全生产许可证管理规定》，于2004年7月5日以建设部令第128号公布施行。

该规定明确，国家对建筑施工企业实行安全生产许可制度。从事土木丁程、建筑工程、线路管道和设备安装工程及装修工程的新建、扩建、改建和拆除等有关活动的企业，未取得安全生产许可证的，不得从事建筑施工活动。

国家建设部根据建筑施工企业管理的特点，确定建筑施丁企业安全生产条件共计12项。其中与建筑机械管理相关的条件有：

（五）特种作业人员经有关业务主管部门考核合格，取得特种作业操作资格证书；

（八）施工现场的办公、生活区及作业场所和安全防护用具、机械设备、施工机具及配件符合有关安全生产法律、法规、标准和规程的要求；

（十）有对危险性较大的分部分项工程及施工现场易发生重大事故的部位、环节的预防、监控措施和应急预案；

《建筑施工企业安全生产许可证管理规定》还对建筑施工企业安全生产许可证管理及相关的法律责任作出了具体的规定。

第2单元 法律责任

第1讲 法律责任概述

法律责任是行为人因违反法律义务而应承担的不利的法律后果。法律义务不同，行为人所需要承担法律责任的形式也不同。法律责任的形式主要可分为民事责任、行政责任、刑事责任等。有时，法律关系主体的同一行为可能违反多项法律义务，而需承担多种形式的法律责任。

法律责任有两个特征：（1）法律责任以违反法律义务（包括法定义务和契约义务）为前提，法律义务是认定法律责任的前提基础。（2）法律责任具有国家强制性，表现在它是由国家强制力实施或潜在保证的。

第2讲 法律责任的种类

一、民事法律责任

1.民事法律责任的种类

民事责任是指由于违反民事法律、违约或者由于民法规定所应承担的一种法律责任。民事责任分为侵权责任和违约责任两类。违约责任是指行为人不履行合同义务而承担的责任；侵权责任是指行为人侵犯国家、集体和公民的财产权利以及侵犯法人名称和自然人的人身权时所应承担的责任。

建筑机械管理过程中所涉及到的民事法律责任主要是侵权责任。

2.民事法律责任的方式

民事责任承担形式是多种多样的，主要包括：停止侵权、排除妨碍、消除危险；返还财产；恢复原状；修理、重作、更换；赔偿损失；支付违约金；消除影响，恢复名誉；赔礼道歉等。建筑机械管理过程中所涉及到的民事法律责任方式主要是财产责任，即人身伤害和财产损失的赔偿。

二、行政法律责任

1.行政法律责任的种类

行政责任是指因违反行政法或者因行政规定而应当承担的法律责任。行政法律责任分为行政处罚和行政处分两大类，公民和法人因违反行政管理法律、法规的行为而应承担的行政处罚；国家工作人员因违反政纪或在执行职务时违反行政的规定而受到的行政处分。建筑饥械管理过程中所涉及到的行政法律责任主要是行政处罚。

2.行政处罚的方式

根据《行政处罚法》第8条的规定，行政处罚的种类包括：

①警告；②罚款；③没收违法所得或财物；④责令停产停业；⑤暂扣或者吊销许可证与执照；⑥行政拘留；⑦法律、行政法规所规定的其他行政处罚。

三、刑事法律责任

1.刑事法律责任的种类

刑事责任是指由于犯罪行为而承担的法律责任。刑事法律责任的种类分为主刑和附加刑两类。主刑只能单独适用，不能附加适用。附加刑可以附加主刑适用，也可以单独适用。

2.刑事法律责任的方式

①主刑分为：管制、拘役、有期徒刑、无期徒刑及死刑；

②附加刑分为：罚金、剥夺政治权利与没收财产。

法律责任除了上面提到的民事责任、刑事责任、行政责任外，还有违宪责任和国家赔偿责任。在建筑机械管理中，因不履行管理职责导致严重后果的，相关责任人应该承担的法律责任主要是民事责任、刑事责任和行政责任。

第3讲 与建筑机械管理相关的法律责任具体内容

一、《中华人民共和国建筑法》

第七十一条 建筑施工企业违反本法规定，对建筑安全事故隐患不采取措施予以消除的，责令改正，可以处以罚款；情节严重的，责令停业整顿，降低资质等级或者吊销资质证书；构成犯罪的，依法追究刑事责任。

二、《中华人民共和国安全生产法》

第八十二条 生产经营单位有下列行为之一的，责令限期改正；逾期未改正的，责令停产停业整顿，可以并处二万元以下的罚款：

（四）特种作业人员未按照规定经专门的安全作业培训并取得特种作业操作资格证书，上岗作业的。

第八十三条 生产经营单位有下列行为之一的，责令限期改正；逾期未改正的，责令停止建设或者停产停业整顿，可以并处五万元以下的罚款；造成严重后果，构成犯罪的，依照刑法有关规定追究刑事责任：

（四）未在有较大危险因素的生产经营场所和有关设施、设备上设置明显的安全警示标志的；

（五）安全设备的安装、使用、检测、改造和报废不符合国家标准或者行业标准的；

（六）未对安全设备进行经常性维护、保养和定期检测的；

（八）特种设备以及危险物品的容器、运输工具未经取得专业资质的机构检测检验合格，取得安全使用证或者安全标志，投入使用的；

（九）使用国家明令淘汰、禁止使用的危及生产安全的工艺、设备的。

第八十五条　生产经营单位有下列行为之一的，责令限期改正；逾期未改正的，责令停产停业整顿，可以并处二万元以上十万元以下的罚款；造成严重后果，构成犯罪的，依照刑法有关规定追究刑事责任：

（二）对重大危险源未登记建档，或者未进行评估、监控，或者未制汀应急预案的；

（三）进行爆破、吊装等危险作业，未安排专门管理人员进行现场安全管理的。

第八十六条　生产经营单位将生产经营项目、场所、设备发包或者出租给不具备安全生产条件或者相应资质的单位或者个人的，责令限期改正，没收违法所得；违法所得五万元以上的，并处违法所得一倍以上五倍以下的罚款；没有违法所得或者违法所得不足五万元的，单处或者并处一万元以上五万元以下的罚款；导致发生生产安全事故给他人造成损害的，与承包方、承租方承担连带赔偿责任。

生产经营单位未与承包单位、承租单位签订专门的安全生产管理协议或者未在承包合同、租赁合同中明确各自的安全生产管理职责，或者未对承包单位、承租单位的安全生产统一协调、管理的，责令限期改正；逾期未改正的，责令停产停业整顿。

第九十三条　生产经营单位不具备本法和其他有关法律、行政法规和国家标准或者行业标准规定的安全生产条件，经停产停业整顿仍不具备安全生产条件的，予以关闭；有关部门应当依法吊销其有关证照。

三、《中华人民共和国特种设备安全法》

第七十四条　违反本法规定，未经许可从事特种设备生产活动的，责令停止生产，没收违法制造的特种设备，处十万元以上五十万元以下罚款；有违法所得的，没收违法所得；已经实施安装、改造、修理的，责令恢复原状或者责令限期由取得许可的单位重新安装、改造、修理。

第七十七条　违反本法规定，特种设备出厂时，未按照安全技术规范的要求随附相关技术资料和文件的，责令限期改正；逾期未改正的，责令停止制造、销售，处二万元以上二十万元以下罚款；有违法所得的，没收违法所得。

第七十八条　违反本法规定，特种设备安装、改造、修理的施工单位在施工前未书面告缸负责特种设备安全监督管理的部门即行施工的，或者在验收后三十日内未将相关技术资判和文件移交特种设备使用单位的，责令限期改正；逾期未改正的，处一万元以上十万元以下罚款。

第七十九条 违反本法规定，特种设备的制造、安装、改造、重大修理以及锅炉清洗过程，未经监督检验的，责令限期改正；逾期未改正的，处五万元以上二十万元以下罚款；有违法所得的，没收违法所得；情节严重的，吊销生产许可证。

第八十一条　违反本法规定，特种设备生产单位有下列行为之一的，责令限期改正；逾期未改正的，责令停止生产，处五万元以上五十万元以下罚款；情节严重的，吊销生产许可证：

（一）不再具备生产条件、生产许可证已经过期或者超出许可范围生产的；

（二）明知特种设备存在同一性缺陷，未立即停止生产并召回的。

违反本法规定，特种设备生产单位生产、销售、交付国家明令淘汰的特种设备的，责令停止生产、销售，没收违法生产、销售、交付的特种设备，处三万元以上三十万元以下罚款；有违法所得的，没收违法所得。

特种设备生产单位涂改、倒卖、出租、出借生产许可证的，责令停止生产，处五万元以上五十万元以下罚款；情节严重的，吊销生产许可证。

第八十三条 违反本法规定，特种设备使用单位有下列行为之一的，责令限期改正；逾期未改正的，责令停止使用有关特种设备，处一万元以上十万元以下罚款：

（一）使用特种设备未按照规定办理使用登记的；

（二）未建立特种设备安全技术档案或者安全技术档案不符合规定要求，或者未依法设置使用登记标志、定期检验标志的；

（三）未对其使用的特种设备进行经常性维护保养和定期白行检查，或者未对其使用的特种设备的安全附件、安全保护装置进行定期校验、检修，并作出记录的；

（四）未按照安全技术规范的要求及时申报并接受检验的；

（五）未按照安全技术规范的要求进行锅炉水（介）质处理的；

（六）未制定特种设备事故应急专项预案的。

第八十四条　违反本法规定，特种设备使用单位有下列行为之一的，责令停止使用有关特种设备，处三万元以上三十万元以下罚款：

（一）使用未取得许可生产，未经检验或者检验不合格的特种设备，或者国家明令淘汰、已经报废的特种设备的；

（二）特种设备出现故障或者发生异常情况，未对其进行全面检查、消除事故隐患，继续使用的；

（三）特种设备存在严重事故隐患，无改造、修理价值，或者达到安全技术规范规定的其他报废条件，未依法履行报废义务，并办理使用登记证书注销手续的。

第八十六条　违反本法规定，特种设备生产、经营、使用单位有下列情形之一的，责令限期改正；逾期未改正的，责令停止使用有关特种设备或者停产停业整顿，处一万元以上五万元以下罚款：

（一）未配备具有相应资格的特种设备安全管理人员、检测人员和作业人员的；

（二）使用未取得相应资格的人员从事特种设备安全管理、检测和作业的；

（三）未对特种设备安全管理人员、检测人员和作业人员进行安全教育和技能培训的。

第八十九条发生特种设备事故，有下列情形之一的，对单位处五万元以上二十万元以下罚款；对主要负责人处一万元以上五万元以下罚款；主要负责人属于国家_丁作人员的，并依法给予处分：

（一）发生特种设备事故时，不立即组织抢救或者在事故调查处理期间擅离职守或者逃匿的；

（二）对特种设备事故迟报、谎报或者瞒报的。

第九十条发生事故，对负有责任的单位除要求其依法承担相应的赔偿等责任外，依照下列规定处以罚款：

（一）发生一般事故，处十万元以上二十万元以下罚款；

（二）发生较大事故，处二十万元以上五十万元以下罚款；

（三）发生重大事故，处五十万元以上二百万元以下罚款。

第九十一条　对事故发生负有责任的单位的主要负责人未依法履行职责或者负有领导责任的，依照下列规定处以罚款；属于国家工作人员的，并依法给予处分：

（一）发生一般事故，处上一年年收入百分之三十的罚款；

（二）发生较大事故，处上一年年收入百分之四十的罚款；

（三）发生重大事故，处上一年年收入百分之六十的罚款。

第九十二条 违反本法规定，特种设备安全管理人员、检测人员和作业人员不履行岗位职责，违反操作规程和有关安全规章制度，造成事故的，吊销相关人员的资格。

第九十五条　违反本法规定，特种设备生产、经营、使用单位或者检验、检测机构拒不接受负责特种设备安全监督管理的部门依法实施的监督检查的，责令限期改正；逾期未改正的，责令停产停业整顿，处二万元以上二十万元以下罚款。

特种设备生产、经营、使用单位擅自动用、调换、转移、损毁被查封、扣押的特种设备或者其主要部件的，责令改正，处五万元以上二十万元以下罚款；情节严重的，吊销生产许可证，注销特种设备使用登记证书。

第九十六条　违反本法规定，被依法吊销许可证的，自吊销许可证之日起三年内，负责特种设备安全监督管理的部门不予受理其新的许可申请。

第九十七条　违反本法规定，造成人身、财产损害的，依法承担民事责任。

违反本法规定，应当承担民事赔偿责任和缴纳罚款、罚金，其财产不足以同时支付时，先承担民事赔偿责任。

第九十八条　违反本法规定，构成违反治安管理行为的，依法给予治安管理处罚；构成犯罪的，依法追究刑事责任。

四、《中华人民共和国劳动法》

《劳动法》规定了用人单位、劳动者、劳动行政部门或有关部门的有关工作人员的违法违规行为应承担的责任：

第八十九条　用人单位制定的劳动规章制度违反法律、法规规定的，由劳动行政部门给予警告，责令改正；对劳动者造成损害的，应当承担赔偿责任。

第九十条　用人单位违反本法规定，延长劳动者工作时间的，由劳动行政部门给予警告，责令改正，并可以处以罚款。

第九十一条　用人单位有下列侵害劳动者合法权益情形之一的，南劳动行政部门责令支付劳动者的工资报酬、经济补偿，并可以责令支付赔偿金：

（一）克扣或者无故拖欠劳动者工资的；（二）拒不支付劳动者延长工作时间工资报酬的；（三）低于当地最低工资标准支付劳动者工资的；（四）解除劳动合同后，未依照本法规定给予劳动者经济补偿的。

第九十二条 用人单位的劳动安全设施和劳动卫生条件不符合国家规定或者未向劳动者提供必要的劳动防护用品和劳动保护设施的，由劳动行政部门或者有关部门责令改正，可以处以罚款；情节严重的，提请县级以上人民政府决定责令停产整顿；对事故隐患不采取措施，致使发生重大事故，造成劳动者生命和财产损失的，对责任人员比照刑法第一百八十七条的规定追究刑事责任。

第九十三条　用人单位强令劳动者违章冒险作业，发生重大伤亡事故，造成严重后果的，对责任人员依法追究刑事责任。

第九十四条　用人单位非法招用未满十六周岁的未成年人的，由劳动行政部门责令改正，处以罚款；情节严重的，由工商行政管理部门吊销营业执照。

五、《中华人民共和国劳动合同法》

《劳动合同法》对用人单位违法违规的处理规定：

第八十条　用人单位直接涉及劳动者切身利益的规章制度违反法律、法规规定的，由劳动行政部门责令改正，给予警告；给劳动者造成损害的，应当承担赔偿责任。

第八十一条　用人单位提供的劳动合同文本未载明本法规定的劳动合同必备条款或者用人单位未将劳动合同文本交付劳动者的，由劳动行政部门责令改正；给劳动者造成损害的，应当承担赔偿责任。

第八十五条　用人单位有下列情形之一的，由劳动行政部门责令限期支付劳动报酬、加班费或者经济补偿；劳动报酬低于当地最低工资标准的，应当支付其差额部分；逾期不支付的，责令用人单位按应付金额百分之五十以上百分之一百以下的标准向劳动者加付赔偿金：

（一）未按照劳动合同的约定或者国家规定及时足额支付劳动者劳动报酬的；

（二）低于当地最低工资标准支付劳动者工资的；

（三）安排加班不支付加班费的；

（四）解除或者终止劳动合同，未依照本法规定向劳动者支付经济补偿的。

第九十四条　个人承包经营违反本法规定招用劳动者，给劳动者造成损害的，发包的组织与个人承包经营者承担连带赔偿责任。

六、《刑法修正案（六）》

第 134 条在生产、作业中违反有关安全管理的规定，因而发生重大伤亡事故或者造成：乓他严重后果的，处 3 年以下有期徒刑或者拘役；情节特别恶劣的，处 3 年以上 7 年以下有期徒刑。

强令他人违章冒险作业，因而发生重大伤亡事故或者造成其他严重后果的，处

5年以下有期徒刑或者拘役；情节特别恶劣的，处5年以上有期徒刑。

第135条安全生产设施或者安全生产条件不符合国家规定，因而发生重大伤亡事故或者造成其他严重后果的，对直接负责的主管人员和其他直接责任人员，处3年以下有期徒刑或者拘役；情节特别恶劣的，处3年以上7年以下有期徒刑。

第139条　在安全事故发生后，负有报告职责的人员不报或者谎报事故情况，贻误事故抢救，情节严重的，处3年以下有期徒刑或者拘役；情节特别严重的，处3年以上7年以下有期徒刑。

七、《特种设备安全监察条例》

第八十条第一款：未经许可，擅自从事移动式压力容器或者气瓶充装活动的，由特种设备安全监督管理部门予以取缔，没收违法充装的气瓶，处10万元以上50万元以下罚款；有违法所得的，没收违法所得；触犯刑律的，对负有责任的主管人员和其他直接责任人员依照刑法关于非法经营罪或者其他罪的规定，依法追究刑事责任。

第八十条第二款：移动式压力容器、气瓶充装单位未按照安全技术规范的要求进行充装活动的，由特种设备安全监督管理部门责令改正，处2万元以上10万元以下罚款；情节严重的.撤销其充装资格。

第八十二条　已经取得许可、核准的特种设备生产单位、检验检测机构有下列行为之一的，由特种设备安全监督管理部门责令改正，处2万元以上10万元以下罚款；情节严重的，撤销其相应资格：

（一）未按照安全技术规范的要求办理许可证变更手续的；

（二）不再符合本条例规定或者安全技术规范要求的条件，继续从事特种设备生产、检验检测的；

（三）未依照本条例规定或者安全技术规范要求进行特种设备生产、检验检测的；

（四）伪造、变造、出租、出借、转让许可证书或者监督检验报告的。

第八十三条　特种设备使用单位有下列情形之一的，由特种设备安全监督管理部门责令限期改正；逾期未改正的，处2000元以上2万元以下罚款；情节严重的，责令停止使用或者停产停业整顿：

（一）特种设备投入使用前或者投入使用后30日内，未向特种设备安全监督管理部门登记，擅自将其投入使用的；

（二）未依照本条例第二十六条的规定，建立特种设备安全技术档案的；

（三）未依照本条例第二十七条的规定，对在用特种设备进行经常性日常维护保养和定期自行检查的.或者对在用特种设备的安全附件、安全保护装置、测量调控装置及有关附属仪器仪表进行定期校验、检修，并作出记录的；

（四）未按照安全技术规范的定期检验要求，在安全检验合格有效期届满前1个月向特种设备检验检测机构提出定期检验要求的；

（五）使用未经定期检验或者检验不合格的特种设备的；

（六）特种设备出现故障或者发生异常情况，未对其进行全面检查、消除事故隐患，继续投入使用的；

（七）未制定特种设备事故应急专项预案的；

（八）特种设备不符合能效指标，未及时采取相应措施进行整改的。

第八十六条　特种设备使用单位有下列情形之一的，由特种设备安全监督管理部门责令限期改正；逾期未改正的，责令停止使用或者停产停业整顿，处 2000 元以上 2 万元以下罚款：

（一）未依照本条例规定设置特种设备安全管理机构或者配备专职、兼职的安全管理人员的；

（二）从事特种设备作业的人员，未取得相应特种作业人员证书，上岗作业的；

（三）未对特种设备作业人员进行特种设备安全教育和培训的。

第八十七条　发生特种设备事故，有下列情形之一的，对单位，由特种设备安全监督管理部门处 5 万元以上 20 万元以下罚款；对主要负责人，由特种设备安全监督管理部门处 4000 元以上 2 万元以下罚款；属于国家工作人员的，依法给予处分；触犯刑律的，依照刑法关于重大责任事故罪或者其他罪的规定，依法追究刑事责任：

（一）特种设备使用单位的主要负责人在本单位发生特种设备事故时，不立即组织抢救或者在事故调查处理期间擅离职守或者逃匿的；

（二）特种设备使用单位的主要负责人对特种设备事故隐瞒不报、谎报或者拖延不报的。

第八十八条　对事故发生负有责任的单位，由特种设备安全监督管理部门依照下列规定处以罚款：

（一）发生一般事故的，处 10 万元以上 20 万元以下罚款；

（二）发生较大事故的，处 20 万元以上 50 万元以下罚款；

（三）发生重大事故的，处 50 万元以上 200 万元以下罚款。

第八十九条　对事故发生负有责任的单位的主要负责人未依法履行职责，导致事故发生的，由特种设备安全监督管理部门依照下列规定处以罚款；属于国家工作人员的，并依法给予处分；触犯刑律的，依照刑法关于重大责任事故罪或者其他罪的规定，依法追究刑事责任：

（一）发生一般事故的，处上一年年收入 30%的罚款；

（二）发生较大事故的，处上一年年收入 40%的罚款；

（三）发生重大事故的，处上一年年收入 60%的罚款。

第九十八条第二款：特种设备生产、使用单位擅自动用、调换、转移、损毁被查封、扣押的特种设备或者其主要部件的，由特种设备安全监督管理部门责令改正，处 5 万元以上 20 万元以下罚款；情节严重的，撤销其相应资格。

八、《安全生产许可证条例》

第十四条 企业取得安全生产许可证后，不得降低安全生产条件，并应当加强日常安全生产管理，接受安全生产许可证颁发管理机关的监督检查。

安全生产许可证颁发管理机关应当加强对取得安全生产许可证的企业的监督检查，发现其不再具备本条例规定的安全生产条件的，应当暂扣或者吊销安全生产许可证。

第十九条　违反本条例规定，未取得安全生产许可证擅自进行生产的，责令停止生产，没收违法所得，并处 10 万元以上 50 万元以下的罚款；造成重大事故或者其他严重后果，构成犯罪的，依法追究刑事责任。

第二十条　违反本条例规定，安全生产许可证有效期满未办理延期手续，继续进行生产的，责令停止生产，限期补办延期手续，没收违法所得，并处 5 万元以上 10 万元以下的罚款；逾期仍不办理延期手续，继续进行生产的，依照本条例第十九条的规定处罚。

第二十一条　违反本条例规定，转让安全生产许可证的，没收违法所得，处 10 万元以上 50 万元以下的罚款，并吊销其安全生产许可证；构成犯罪的，依法追究刑事责任；接受转让的，依照本条例第十九条的规定处罚。

冒用安全生产许可证或者使用伪造的安全生产许可证的，依照本条例第十九条的规定处罚。

九、《建设工程安全生产管理条例》

第五十九条　违反本条例的规定，为建设工程提供机械设备和配件的单位，未按照安全施工的要求配备齐全有效的保险、限位等安全设施和装置的，责令限期改正，处合同价款 1 倍以上 3 倍以下的罚款；造成损失的，依法承担赔偿责任。

第六十条 违反本条例的规定，出租单位出租未经安全性能检测或者经检测不合格的机械设备和施工机具及配件的，责令停业整顿，并处 5 万元以上 10 万元以下的罚款；造成损失的，依法承担赔偿责任。

第六十一条　违反本条例的规定，施工起重机械和整体提升脚手架、模板等自升式架设设施安装、拆卸单位有下列行为之一的，责令限期改正，处 5 万元以上 10 万元以下的罚款；情节严重的，责令停业整顿，降低资质等级，直至吊销资质证书；造成损失的，依法承担赔偿责任：

（一）未编制拆装方案、制订安全施工措施的；

（二）未由专业技术人员现场监督的；

（三）未出具自检合格证明或者出具虚假证明的；

（四）未向施工单位进行安全使用说明，办理移交手续的。

施工起重机械和整体提升脚手架、模板等自升式架设设施安装、拆卸单位有前款规定的第（一）项、第（三）项行为，经有关部门或者单位职工提出后，对事故隐患仍不采取措施，因而发生重大伤亡事故或者造成其他严重后果，构成犯罪的，对直接责任人员，依照刑法有关规定追究刑事责任。

第六十五条 违反本条例的规定，施工单位有下列行为之一的，责令限期改正；逾期未改正的，责令停业整顿，并处 10 万元以上 30 万元以下的罚款；情节严重的，降低资质等级，直至吊销资质证书；造成重大安全事故，构成犯罪的，对直接责任人员，依照刑法有关规定追究刑事责任；造成损失的，依法承担赔偿责任：

（一）安全防护用具、机械设备、施工机具及配件在进入施工现场前未经查验或者查验不合格即投入使用的；

（二）使用未经验收或者验收不合格的施工起重机械和整体提升脚手架、模板等自升式架设设施的；

（三）委托不具有相应资质的单位承担施工现场安装、拆卸施工起重机械和整体提升脚手架、模板等自升式架设设施的；

（四）在施工组织设计中未编制安全技术措施、施工现场临时用电方案或者专项施工方案的。

第六十七条　施工单位取得资质证书后，降低安全生产条件的，责令限期改正；经整改仍未达到与其资质等级相适应的安全生产条件的，责令停业整顿，降低其资质等级直至吊销资质证书。

十、《建设工程质量管理条例》

第五十四条　违反本条例规定，建设单位将建设工程发包给不具有相应资质等级的勘察、设计、施工单位或者委托给不具有相应资质等级的工程监理单位的，责令改正，处 50 万元以上 100 万元以下的罚款。

第五十五条　违反本条例规定，建设单位将建设工程肢解发包的，责令改正，处工程合同价款百分之零点五以上百分之一以下的罚款；对全部或者部分使用国有资金的项目，并可以暂停项目执行或者暂停资金拨付。

第六十条　违反本条例规定，勘察、设计、施工、工程监理单位超越本单位资质等级承揽 T 程的，责令停止违法行为，对勘察、设计单位或者工程监理单位处合同约定的勘察费、设计费或者监理酬金 1 倍以上 2 倍以下的罚款；对施工单位处工程合同价款百分之二以上百分之四以下的罚款，可以责令停业整顿，降低资质等级；情节严重的，吊销资质证书；有违法所得的，予以没收。

未取得资质证书承揽工程的，予以取缔，依照前款规定处以罚款；有违法所得的，予以没收。

以欺骗手段取得资质证书承揽工程的，吊销资质证书，依照本条第一款规定处以罚款；有违法所得的，予以没收。

第六十一条 违反本条例规定，勘察、设计、施工、工程监理单位允许其他单位或者个人以本单位名义承揽工程的，责令改正，没收违法所得，对勘察、设计单位和工程监理单位处合同约定的勘察费、设计费和监理酬金 1 倍以上 2 倍以下的罚款；对施工单位处工程合同价款百分之二以上百分之四以下的罚款；可以责令停业整顿，降低资质等级；情节严重的，吊销资质证书。

第六十二条　违反本条例规定，承包单位将承包的工程转包或者违法分包的，责令改正，没收违法所得，对勘察、设计单位处合同约定的勘察费、设计费百分之二十五以上百分之五十以下的罚款；对施工单位处工程合同价款百分之零点五以上百分之一以下的罚款；可以责令停业整顿，降低资质等级；情节严重的，吊销资质证书。

第六十四条 违反本条例规定，施工单位在施工中偷工减料的，使用不合格的建筑材料、建筑构配件和设备的，或者有不按照工程设计图纸或者施工技术标准施工的其他行为的，责令改正，处工程合同价款百分之二以上百分之四以下的罚款；造成建设工程质量不符合规定的质量标准的，负责返工、修理，并赔偿因此造成的损失；情节严重的，责令停业整顿，降低资质等级或者吊销资质证书。

第六十五条 违反本条例规定，施工单位未对建筑材料、建筑构配件、设备和商品混凝土进行检验，或者未对涉及结构安全的试块、试件以及有关材料取样检测的，责令改正，处 10 万元以上 20 万元以下的罚款；情节严重的，责令停业整顿，降低资质等级或者吊销资质证书；造成损失的，依法承担赔偿责任。

第七十条 发生重大工程质量事故隐瞒不报、谎报或者拖延报告期限的，对直接负责的主管人员和其他责任人员依法给予行政处分。

第七十七条 建设、勘察、设计、施工、工程监理单位的工作人员因调动工作、退休等原因离开该单位后，被发现在该单位工作期间违反国家有关建设工程质量管理规定，造成重大工程质量事故的，仍应当依法追究法律责任。

十一、《建筑起重机械安全监督管理规定》

第二十八条 违反本规定，出租单位、自购建筑起重机械的使用单位，有下列行为之一的，由县级以上地方人民政府建设主管部门责令限期改正，予以警告，并处以 5000 元以上 1 万元以下罚款：

（一）未按照规定办理备案的；

（二）未按照规定办理注销手续的；

（三）未按照规定建立建筑起重机械安全技术档案的。

第二十九条 违反本规定，安装单位有下列行为之一的，由县级以上地方人民政府建设主管部门责令限期改正，予以警告，并处以 5000 元以上 3 万元以下罚款：

（一）未履行第十二条第（二）、（四）、（五）项安全职责的；

（二）未按照规定建立建筑起重机械安装、拆卸工程档案的；

（三）未按照建筑起重机械安装、拆卸工程专项施工方案及安全操作规程组织安装、拆卸作业的。

第三十条 违反本规定，使用单位有下列行为之一的，由县级以上地方人民政府建设主管部门责令限期改正，予以警告，并处以 5000 元以上 3 万元以下罚款：

（一）未履行第十八条第（一）、（二）、（四）、（六）项安全职责的；

（二）未指定专职设备管理人员进行现场监督检查的；

（三）擅自在建筑起重机械上安装非原制造厂制造的标准节和附着装置的。

第三十一条 违反本规定，施工总承包单位未履行第二十一条第（一）、（三）、（四）、（五）、（七）项安全职责的，由县级以上地方人民政府建设主管部门责令限期改正，予以警告，并处以 5000 元以上 3 万元以下罚款。

十二、《建筑施工企业安全生产许可证管理规定》

第二十二条　取得安全生产许可证的建筑施工企业，发生重大安全事故的，暂扣安全生产许可证并限期整改。

第二十三条　建筑施工企业不再具备安全生产条件的，暂扣安全生产许可证并限期整改；情节严重的，吊销安全生产许可证。

第二十四条　违反本规定，建筑施工企业未取得安全生产许可证擅自从事建筑施工活动的，责令其在建项目停止施工，没收违法所得，并处10万元以上50万元以下的罚款；造成重大安全事故或者其他严重后果，构成犯罪的，依法追究刑事责任。

第二十五条　违反本规定，安全生产许可证有效期满未办理延期手续，继续从事建筑施工活动的，责令其在建项目停止施工，限期补办延期手续，没收违法所得，并处5万元以上10万元以下的罚款；逾期仍不办理延期手续，继续从事建筑施工活动的，依照本规定第二十四条的规定处罚。

第二十六条　违反本规定，建筑施工企业转让安全生产许可证的，没收违法所得，处10万元以上50万元以下的罚款，并吊销安全生产许可证；构成犯罪的，依法追究刑事责任；接受转让的，依照本规定第二十四条的规定处罚。

冒用安全生产许可证或者使用伪造的安全生产许可证的，依照本规定第二十四条的规定处罚。

十三、《建筑施工特种作业人员管理规定》

第二十九条　有下列情形之一的，考核发证机关应当撤销资格证书：

（一）持证人弄虚作假骗取资格证书或者办理延期复核手续的；

（二）考核发证机关工作人员违法核发资格证书的；

（三）考核发证机关规定应当撤销资格证书的其他情形。

第三十条 有下列情形之一的，考核发证机关应当注销资格证书：

（一）依法不予延期的；

（二）持证人逾期未申请办理延期复核手续的；

（三）持证人死亡或者不具有完全民事行为能力的；

（四）考核发证机关规定应当注销的其他情形。

参 考 文 献

[1] 中华人民共和国住房和城乡建设部. 建筑与市政工程施工现场专业人员职业标准（JGJ/T 250-2011）[S]. 北京：中国建筑工业出版社，2011.

[2] 曹德雄等. 机械员. [M]. 北京：中国建筑工业出版社，2016.

[3] 本书编委会. 建筑施工手册 [M]. 5 版. 北京：中国建筑工业出版社，2012.

[4] 江苏省建设教育协会. 机械员专业基础知识 [M]. 北京：中国建筑工业出版社，2014.

[5] 中华人民共和国住房和城乡建设部. 混凝土结构工程施工规范（GB 50666-2011）[S]. 北京：中国建筑工业出版社，2011.

[6] 本书编委会. 新版建筑工程施工质量验收规范汇编 [M]. 3版. 北京：中国建筑工业出版社，2014.

中国建材工业出版社
China Building Materials Press